教育部高等学校电子信息类专业教学指导委员会规划教材

高等学校电子信息类专业系列教材

Verilog数字系统设计与FPGA应用

（第2版）（MOOC版）

赵倩 叶波 邵洁 周多 林丽萍 编著

U0227671

清华大学出版社

北京

内 容 简 介

本书按照 Verilog 数字系统设计的前端设计流程编写，从 Verilog HDL、HDL 编码指南、逻辑验证到测试平台，在此基础上对当前主流 Altera FPGA/CPLD 器件的应用进行介绍，并对片上可编程系统进行深入探讨。本书内容由浅入深、循序渐进，既容易入门，又能深入到集成电路设计领域。

本书可作为电子、计算机等信息类专业高年级本科生及研究生的教材，也可以作为集成电路设计和 FPGA 开发工程师的技术参考书。

图书在版编目（CIP）数据

Verilog 数字系统设计与 FPGA 应用：MOOC 版/赵倩等编著. —2 版. —北京：清华大学出版社，2022.8（2024.2重印）

高等学校电子信息类专业系列教材

ISBN 978-7-302-59660-8

Ⅰ. ①V… Ⅱ. ①赵… Ⅲ. ①硬件描述语言－系统设计－高等学校－教材 ②可编程序逻辑器件－系统设计－高等学校－教材 Ⅳ. ①TP312 ②TP332.1

中国版本图书馆 CIP 数据核字（2021）第 249691 号

责任编辑：闫红梅　薛　阳
封面设计：李召霞
责任校对：焦丽丽
责任印制：杨　艳

出版发行：清华大学出版社
　　　　网　　　址：https://www.tup.com.cn,https://www.wqxuetang.com
　　　　地　　　址：北京清华大学学研大厦 A 座　　邮　　编：100084
　　　　社 总 机：010-83470000　　　　　　　　邮　　购：010-62786544
　　　　投稿与读者服务：010-62776969，c-service@tup.tsinghua.edu.cn
　　　　质量反馈：010-62772015，zhiliang@tup.tsinghua.edu.cn
　　　　课件下载：https://www.tup.com.cn,010-83470236
印 装 者：三河市铭诚印务有限公司
经　　销：全国新华书店
开　　本：185mm×260mm　　印　张：23.75　　　　　字　　数：577 千字
版　　次：2012 年 11 月第 1 版　2022 年 8 月第 2 版　　印　次：2024 年 2 月第 4 次印刷
印　　数：4501～6500
定　　价：69.00 元

产品编号：089639-01

前 言

　　随着半导体技术的不断发展和进步,数字系统的设计方法发生了很大的变化,由中小规模集成度的标准通用集成电路,向用户定制的专用集成电路(ASIC)过渡。现代较复杂的数字系统,若采用 SSI/MSI 器件来设计,不仅要占用很大的物理空间,而且功耗较大,可靠性差;采用 LSI/VLSI 器件的专用电路设计,则具有相当高的系统集成度和相对小的功耗,可靠性强,但开发周期长,开发费用高,投资强度大,具有一定的风险性。基于 EDA 技术的 FPGA 芯片设计正在成为数字系统设计的主流。FPGA 技术因其功能强大、开发工程投资小、周期短、可反复编程、保密性能好、开发工具智能化等特点,在电子、通信等领域得到了广泛的应用,成为数字系统设计领域中的重要器件之一。新一代的 FPGA 甚至集成了中央处理器(CPU)或数字处理器(DSP)内核,在一片 FPGA 上进行软硬件协调设计,为实现片上可编程系统(System On Programmable Chip,SOPC)提供了强大的硬件支持。

　　本教材按照 Verilog 数字系统设计的前端设计流程编写,从 Verilog HDL、HDL 编码指南、逻辑验证到测试平台等,这部分内容也是 FPGA 应用所必需的,在此基础上对当前主流的 Altera FPGA/CPLD 器件的应用进行了详细的介绍,最后对可编程片上系统(SOPC)也进行了深入的探讨。为便于学生练习,每章都提供了大量的实例,并且有专门的章节介绍数字系统设计实例。教材最后的附录是常用的 EDA 软件的使用指南。整本教材显得有血有肉,即使没有太多经验的读者,也很容易上手。

　　本版是在前一版本的基础上,经过改革实验、总结提高、修改增删而成的。更新章节说明如下。

　　第 1 章绪论部分,根据集成电路发展修改了部分背景知识。

　　第 2 章精选内容,推陈出新,并针对关键语法知识引入从简单到复杂的例程,读者可以按照这些例题实际操作。

　　第 3 章从层次化设计的角度,引入不同的建模方式的解释,力求做到通俗易懂、适教适学。

　　第 4 章围绕如何实现 Verilog 有限状态机设计,介绍 FSM 的基本知识,以同一实例的不同实现方式对比说明一段式、两段式及三段式的优缺点。最后给出根据状态机图和算法状态机图(ASM 图)实现 Verilog 有限状态机设计的综合实例。

　　第 5 章原版本只介绍了 Verilog 代码规范,而代码规范之后的一个境界是优良的代码风格,代码风格不同于代码规范,其重点强调逻辑上的风格,同样的功能使用不同的代码风格,代码综合面积可能是几倍的关系。增加了基于数字系统设计的一些基本原则和设计技巧的代码风格,这些代码风格不仅适用于 ASIC 设计,同时也适用于 FPGA 设计。

　　第 6 章在原版基础实例上,增加了三个应用实例,展示对复杂设计的测试代码的编写方法,而不是停留在课程知识认知层。

　　附录 A 介绍常用 EDA 软件使用指南,以文本输入法设计电路实例、混合输入法完成层次化设计实例及嵌入式锁相环宏功能模块使用实例为例介绍 Quartus Ⅱ软件的使用。

本书中全部设计实例在 Quartus Ⅱ 9.1 或 ModelSim 10.1a 软件环境下编译通过,授课教师在教学过程中酌情考虑取舍。

本书由上海电力大学"FPGA 应用开发"课程教学团队编写,该课程为上海高校市级精品课程和上海高等学校一流本科课程。本书的教学视频可以在"智慧树"网站搜索"FPGA 应用开发"课程进行观看。

本书由赵倩担任主编,第 2 章由赵倩编写,第 1、7 章由叶波编写,第 3 章由邵洁编写,第 4、5 章由赵倩和周多共同编写,第 6 章由叶波和赵倩共同编写,第 8 章由周多编写,第 9 章由赵倩、林丽萍、周多共同编写,第 10 章由林丽萍编写,附录由赵倩和林丽萍共同编写。全书由赵倩负责策划、组织整理和定稿。

我们真诚地希望读者对书中的疏漏和错误给予批评指正。

编　者

2022 年 2 月于上海

目 录

第1章

绪论

1.1 集成电路设计技术的发展

自 1947 年美国贝尔实验室的肖克莱、巴丁、布拉坦发明晶体管以来,集成电路技术得到了飞速的发展。集成电路工艺水平已从十年前的 22nm 发展到现在的 5nm,目前正向 2nm 工艺迈进。晶体管密度达到每平方毫米超过 1 亿个晶体管,Intel 公司 2018 年打造的首款 10nm 工艺 CPU,其晶体管密度就达到每平方毫米 1 亿个晶体管。多媒体技术和数据通信的发展,特别是移动通信的飞速发展,对集成电路提出了更高的要求,越来越多的系统要求把包括 CPU、DSP 等在内的系统集成到一块芯片上,即片上系统(System on Chip,SoC)。2019 年 9 月华为发布的麒麟 990 5G 移动终端 SoC 芯片,集成了 5G 基带芯片巴龙 5000,同时支持 SA/NSA 两种 5G 组网模式,单片集成了 103 亿个晶体管。由于集成电路设计技术的发展速度远远落后于集成电路工艺发展速度,在数字逻辑设计领域,迫切需要一种共同的工业标准来统一对数字逻辑电路及系统的描述,这样就能把系统设计工作分解为逻辑设计(前端)、电路实现(后端)和验证三个相互独立而又相关的部分,Verilog HDL 和 VHDL 这两种工业标准的产生顺应了时代的潮流,因而得到了迅速的发展。Verilog HDL 和 VHDL 这两种语言都得到了集成电路和 FPGA 仿真和综合等 EDA 工具的广泛支持,如 Synopsys 公司的 VCS,Cadence 公司的 NCVerilog 等,Mentor Graphics 公司的 Modelsim 支持 Verilog HDL 和 VHDL 的混合仿真。为支持更高抽象级别的设计,在 Verilog 基础上又发展了 System C 和 System Verilog 语言,在系统芯片 SoC 的验证中得到了广泛的应用。

虽然通过 HDL 可以很方便地实现描述不同层次的数字系统,然后通过成熟的 EDA 工具进行仿真、综合,并通过版图设计后进行流片来实现各种专用集成电路(ASIC)或系统芯片(SoC),但由于 ASIC 和 SoC 的设计周期长、MASK 改版成本高、灵活性低,严重制约了其应用范围,因而 IC 设计工程师们希望有一种更灵活的设计方法,根据需要,在实验室就能设计和更改大规模的数字逻辑,研制自己的 ASIC 或 SoC 并马上投入使用。因而现场可编程逻辑器件(FPGA)和可编程片上系统(SOPC)就应运而生。

1.2 Verilog HDL 和 VHDL

1.2.1 Verilog HDL 和 VHDL 的发展历史

硬件描述语言(Hardware Description Language,HDL)已有许多种,但目前最流行和通用的只有 Verilog HDL 和 VHDL 两种。

Verilog 最初于 1983 年由美国 GDA（Gateway Design Automation）公司的 Phil Moorby 开发成功，是一种在 C 语言基础上发展起来的硬件描述语言。Verilog 最初只设计了一个仿真与验证工具，之后又陆续开发了相关的故障模拟与时序分析工具。1984—1985 年，Moorby 设计出了一个名为 Verilog-XL 的仿真器，获得了巨大成功；1986 年又提出了用于快速门级仿真的 XL 算法，从而使 Verilog HDL 得到了迅速的推广和使用。1989 年，美国 Cadence 公司收购了 GDA 公司，Verilog HDL 成为 Cadence 公司的专利。1990 年，Cadence 公司公开发表了 Verilog HDL，并成立 OVI(Open Verilog International)组织来负责促进 Verilog HDL 的发展。基于 Verilog HDL 的优越性，1995 年 Verilog HDL 成为 IEEE 标准，即 IEEE Std 1364—1995，2001 年和 2005 年又相继发布了 Verilog HDL 1364—2001 和 Verilog HDL 1364—2005 标准。特别是 2005 年 System Verilog IEEE 1800—2005 标准的公布，更使得 Verilog 语言在仿真、综合、验证和 IP 模块的重用等方面都有大幅提高。2009 年，IEEE 1364—2005 和 System Verilog IEEE 1800—2005 两个部分合并为 IEEE 1800—2009，成为一个新的统一的 System Verilog 硬件描述验证语言（Hardware Description and Verification Language，HDVL）。

Verilog 语言不仅定义了语法，而且对每个语法结构都清晰定义了仿真语义，从而便于仿真调试。Verilog 语言继承了 C 语言的很多操作符和语法结构，对初学者而言易学易用。此外，Verilog 语言具有很强的扩展性，Verilog 2001 标准大大扩展了 Verilog 的应用灵活性。

VHDL 是 Very High Speed Integrated Circuit HDL 的缩写。VHDL 是在 Ada 语言基础上发展起来的，诞生于 1982 年。由于 VHDL 得到美国国防部的支持，并于 1987 年就成为 IEEE 标准（IEEE Standard 1076—1987），此后，各 EDA 公司相继推出了自己的 VHDL 设计环境，从而使得 VHDL 在电子设计领域得到了广泛的应用，并逐步取代了原有的非标准的硬件描述语言。1993 年，IEEE 对 VHDL 进行了修订，从更高的抽象层次和系统描述能力上扩展 VHDL 的内容，公布了新版本的 VHDL，即 IEEE 标准的 1076—1993 版本。

VHDL 主要用于描述数字系统的结构、行为、功能和接口。除了含有许多具有硬件特征的语句外，VHDL 的语言形式、描述风格与句法十分类似于一般的计算机高级语言。VHDL 的程序结构特点是将设计实体分成外部和内部。在对一个设计实体定义了外部界面后，一旦其内部开发完成后，其他的设计就可以直接调用这个实体。这种将设计实体分成内外两部分的概念是 VHDL 系统设计的基本点。

1.2.2　Verilog HDL 和 VHDL 的比较

目前，Verilog HDL 和 VHDL 作为 IEEE 的工业标准硬件描述语言，得到了众多 EDA 公司的支持，在电子工程领域，已成为事实上的通用硬件描述语言。从设计能力而言，都能胜任数字系统的设计要求。

Verilog HDL 和 VHDL 的共同点在于：都能抽象地表示电路的行为和结构，都支持层次化的系统设计，支持电路描述由行为级到门级网表的转换，硬件描述与流片工艺无关。

但是 Verilog HDL 与 VHDL 又有区别。Verilog HDL 最初是为更简捷、更有效地描述数字硬件电路和仿真而设计的，它的许多关键字和语法都继承了 C 语言的传统，因此易学易懂。只要有 C 语言的基础,很快可以采用 Verilog HDL 进行简单的 IC 设计和 FPGA 开发。2005 年,System Verilog IEEE 1800—2005 标准公布以后,集成电路设计界普遍认为 Verilog HDL 将在 10 年内全面取代 VHDL 成为 IC 设计行业包揽设计、测试和验证功能的唯一语言。

与 Verilog HDL 相比,VHDL 具有更强的行为描述能力,它的抽象性更强,从而决定了它成为系统设计领域最佳的硬件描述语言,VHDL 也就更适合描述更高层次如行为级或系统级的硬件电路。强大的行为描述能力是避开具体的器件结构,从逻辑行为上描述和设计大规模电子系统的重要保证。另外,VHDL 丰富的仿真语句和库函数,使得在任何大系统的设计早期就能查验设计系统的功能可行性,随时可对设计进行仿真模拟。

总之,Verilog 和 VHDL 本身并无优劣之分,而是各有所长。由于 Verilog HDL 在其门级描述的底层,也就是晶体管开关的描述方面比 VHDL 具有更强的功能,所以,即使是 VHDL 的设计环境,在底层实质上也是由 Verilog HDL 描述的元件库所支持的。对于 Verilog HDL 的设计,时序和组合逻辑描述清楚,初学者可以快速了解硬件设计的基本概念,因此,对于初学者来说,学习 Verilog HDL 更为容易。

1.3 FPGA/CPLD 简介

1.3.1 可编程逻辑器件的发展历史

可编程逻辑器件是指一切通过软件手段更改、配置器件内部连接结构和逻辑单元,完成既定设计功能的数字集成电路。目前常用的可编程逻辑器件主要有简单逻辑阵列(PAL/GAL)、复杂可编程逻辑器件(CPLD)和现场可编程逻辑阵列(FPGA)三大类。

早期的可编程逻辑器件只有可编程只读存储器(PROM)、紫外线可擦除只读存储器(EPROM)和电可擦除只读存储器(EEPROM)三种。由于结构的限制,它们只能完成简单的数字逻辑功能。其后,出现了一类结构上稍复杂的可编程逻辑器件 PLD,完成各种数字逻辑功能。典型的 PLD 由一个"与"门和一个"或"门阵列组成,而任意一个组合逻辑都可以用"与-或"表达式来描述,所以,PLD 能以乘积和的形式完成大量的组合逻辑功能。这一阶段的产品主要有 PAL 和 GAL。GAL 是在 PAL 的基础上发展起来的一种通用阵列逻辑,如 GAL16V8、GAL22V10 等。它采用了 EEPROM 工艺,实现了电可擦除、电可改写,其输出结构是可编程的逻辑宏单元,因而它的设计具有很强的灵活性,至今仍有许多人在使用。这些早期的 PLD 器件的一个共同特点是可以实现速度特性较好的逻辑功能,但其过于简单的结构也使得它们只能实现规模较小的电路。为了弥补这一缺陷,20 世纪 80 年代中期,Altera 和 Xilinx 分别推出了类似于 PAL 结构的扩展型 CPLD 和与标准门阵列类似的 FPGA,它们都具有体系结构和逻辑单元灵活、集成度高以及适用范围宽等特点。这两种器件兼容了 PLD 和通用门阵列的优点,可实现较大规模的电路,编程也很灵活。与门阵列等其他 ASIC 相比,它们又具有设计开发周期短、设计制造成本低、开发工具先进、标准产品无须测试、质量稳定以及可实时在线检验等优点,因此被广泛应用于产品的原型设计和产品生产。

1.3.2　PAL/GAL

PAL 是 Programmable Array Logic 的缩写,即可编程阵列逻辑;GAL 是 Generic Array Logic 的缩写,即通用可编程阵列逻辑。PAL/GAL 是早期可编程逻辑器件的发展形式,其特点是大多基于 EEPROM 工艺,结构简单,仅能适用于简单的数字逻辑电路。

PAL 由一个可编程的"与"平面和一个固定的"或"平面构成,或门的输出可以通过触发器有选择地被置为寄存状态。PAL 器件是现场可编程的,它的实现工艺有反熔丝技术、EPROM 技术和 EEPROM 技术。还有一类结构更为灵活的逻辑器件是可编程逻辑阵列(PLA),它也由一个"与"平面和一个"或"平面构成,但是这两个平面的连接关系是可编程的。PLA 器件既有现场可编程的,也有掩膜可编程的。

GAL 器件是从 PAL 发展过来的,其采用了 EECMOS 工艺使得该器件的编程非常方便,另外,由于其输出采用了逻辑宏单元结构(Output Logic Macro Cell,OLMC),使得电路的逻辑设计更加灵活。GAL 具有电可擦除的功能,克服了采用熔断丝技术只能一次编程的缺点,其可改写的次数超过 100 次;另外,GAL 还具有加密的功能,保护了知识产权;GAL 在器件中开设了一个存储区域用来存放识别标志,即电子标签的功能。

虽然 PAL/GAL 可编程单元密度较低,但是它们一出现即以其低功耗、低成本、高可靠性、软件可编程、可重复更改等特点引发了数字电路领域的巨大震动。虽然目前较复杂的逻辑电路一般使用 CPLD 甚至 FPGA 实现,但对于很多简单的数字逻辑,GAL 等简单的可编程逻辑器件仍然被大量使用。

1.3.3　CPLD

CPLD(Complex Programmable Logic Device,复杂可编程逻辑器件)是从 PAL 和 GAL 器件发展出来的器件,一般采用 EEPROM 工艺,也有少数厂家采用 Flash 工艺,其基本结构由可编程 I/O 单元、基本逻辑单元、布线池和其他辅助功能模块构成。相比 PAL/GAL,CPLD 规模大、结构复杂,属于大规模集成电路范围,是一种用户根据各自需要而自行构造逻辑功能的数字集成电路。其基本设计方法是借助集成开发软件平台,用原理图、硬件描述语言等方法,生成相应的目标文件,通过下载电缆将代码传送到目标芯片中,实现设计的数字系统。

CPLD 主要是由可编程逻辑宏单元(Macro Cell,MC)围绕中心的可编程互连矩阵单元组成。其中,MC 结构较复杂,并具有复杂的 I/O 单元互连结构,可由用户根据需要生成特定的电路结构,完成一定的功能。由于 CPLD 内部采用固定长度的金属线进行各逻辑块的互连,所以设计的逻辑电路具有时间可预测性,避免了分段式互连结构时序不完全预测的缺点。

CPLD 具有编程灵活、集成度高、设计开发周期短、适用范围宽、开发工具先进、设计制造成本低、对设计者的硬件经验要求低、标准产品无须测试、保密性强、价格大众化等特点,可实现较大规模的电路设计,因此被广泛应用于产品的原型设计和产品生产(一般在 10 000 件以下)之中。几乎所有应用中小规模通用数字集成电路的场合均可应用 CPLD 器件。CPLD 器件已成为电子产品不可缺少的组成部分,它的设计和应用成为电子工程师必备的一种技能。

CPLD 可实现的逻辑功能比 PAL/GAL 有大幅度的提升,可以完成较复杂、较高速度的逻辑功能,经过几十年的发展,许多公司都开发出了 CPLD 可编程逻辑器件。CPLD 的主要器件供应商为 Altera、Xilinx 和 Lattice 等。

1.3.4 FPGA

FPGA(Field Programmable Gate Array,现场可编程门阵列)是在 PAL、GAL、CPLD 等可编程器件的基础上进一步发展起来的高性能可编程逻辑器件。它是作为专用集成电路(ASIC)领域中的一种半定制电路而出现的,既解决了定制电路的不足,又克服了原有可编程器件门电路数有限的缺点。FPGA 可以通过 Verilog 或 VHDL 进行电路设计,然后经过综合与布局,快速地烧录至 FPGA 上进行测试。FPGA 一般采用 SRAM 工艺,也有一些采用 Flash 工艺或反熔丝(Anti-Fuse)工艺等。FPGA 集成度很高,其器件密度从数万门到上千万门,可以完成复杂的时序与组合逻辑电路功能,适用于高速、高密度的高端数字逻辑电路设计领域。FPGA 的基本组成部分有可编程输入/输出单元、基本可编程单元、嵌入式RAM、丰富的布线资源、底层嵌入功能单元、内嵌专用硬核(Hard Core)等。FPGA 的主要器件供应商为 Altera、Xilinx、Lattice、Actel-Lucent 等。

1.3.5 CPLD 与 FPGA 的区别

CPLD 和 FPGA 的主要区别是它们的系统结构。CPLD 是一个有点限制性的结构。这个结构由一个或多个可编辑的结果之和的逻辑组列和一些相对少量的锁定的寄存器。这样的结构缺乏编辑灵活性,但是却有可以预计的延迟时间和逻辑单元对连接单元高比率的优点。而 FPGA 却有很多的连接单元,这样虽然让它可以更加灵活的编辑,但是结构却复杂得多。

CPLD 和 FPGA 另外一个区别是大多数的 FPGA 含有高层次的内置模块(如加法器和乘法器)和内置的记忆体,因此很多新的 FPGA 支持完全的或者部分的系统内重新配置。允许它们的设计随着系统升级或者动态重新配置而改变。一些 FPGA 可以让设备的一部分重新编辑而其他部分继续正常运行。

FPGA 与 CPLD 的辨别和分类主要根据其结构特点和工作原理。通常的分类方法如下。

(1) 将以乘积项结构方式构成逻辑行为的器件称为 CPLD,如 Lattice 的 ispLSI 系列、Xilinx 的 XC9500 系列、Altera 的 MAX7000S 系列和 Lattice 的 Mach 系列等。

(2) 将以查表法结构方式构成逻辑行为的器件称为 FPGA,如 Xilinx 的 SPARTAN 系列、Altera 的 FLEX10K 或 ACEX1K 系列等。

尽管 FPGA 和 CPLD 都是可编程器件,有很多共同特点,但由于 CPLD 和 FPGA 结构上的差异,又有各自的特点。

(1) CPLD 在工艺和结构上与 FPGA 有一定的区别。FPGA 一般采用 SRAM 工艺,如Altera、Xilinx、Lattice 的 FPGA 器件,其基本结构是基于查找表加寄存器的结构。而CPLD 一般是基于乘积项结构的,如 Altera 的 MAX7000、MAX3000 系列器件,Lattice 的

ispMACH4000、ispMACH5000 系列器件,Xilinx 的 XC9500、CoolRunner2 系列器件等。因而 FPGA 适合于完成时序逻辑,而 CPLD 更适合完成各种算法和组合逻辑。

(2) CPLD 的连续式布线结构决定了它的时序延迟是均匀的和可预测的,而 FPGA 的分段式布线结构决定了其延迟的不可预测性,所以对于 FPGA 而言,时序约束和仿真非常重要。

(3) 在编程方式上,CPLD 主要是基于 E^2PROM 或 Flash 存储器编程,无需外部存储器芯片,使用简单,编程次数可达 1 万次,优点是系统断电时编程信息也不丢失。CPLD 又可分为在编程器上编程和在系统编程两类。FPGA 大部分是基于 SRAM 编程,编程信息在系统断电时丢失,每次上电时,需从器件外部将编程数据重新写入 SRAM 中。其优点是可以编程任意次,可在工作中快速编程,从而实现板级和系统级的动态配置,缺点是掉电后程序丢失,使用较复杂。相对来说,CPLD 比 FPGA 使用起来更方便。

(4) FPGA 的集成度比 CPLD 高,新型 FPGA 可达千万门级,因而 FPGA 一般用于复杂的设计,CPLD 用于简单的设计。

(5) CPLD 的速度比 FPGA 快,并且具有较大的时间可预测性。FPGA 是门级编程,并且 CLB 之间采用分布式互连,具有丰富的布线资源,而 CPLD 是逻辑块级编程,并且其逻辑块之间的互连是集总式的。FPGA 布线灵活,但时序难以规划,一般需要通过时序约束、静态时序分析等手段提高和验证时序性能。

(6) CPLD 保密性好,FPGA 保密性差。目前一些采用 Flash 加 SRAM 工艺的新型 FPGA 器件,在内部嵌入了加载 Flash,可以提供更高的保密性。

尽管 FPGA 与 CPLD 在硬件结构上有一定的差别,但 FPGA 与 CPLD 的设计流程是类似的,使用 EDA 软件的设计方法也没有太大差别。

1.3.6　SOPC

用可编程逻辑技术把整个系统放到一块硅片上,称作 SOPC。可编程片上系统(System-On-a-Programmable-Chip,SOPC)是一种特殊的嵌入式系统:首先它是片上系统(SoC),即由单个芯片完成整个系统的主要逻辑功能;其次,它是可编程系统,具有灵活的设计方式,可裁减、可扩充、可升级,并具备软硬件在系统可编程的功能。SOPC 结合了 SoC、PLD 和 FPGA 各自的优点,一般具备以下基本特征:至少包含一个嵌入式处理器内核,具有小容量片内高速 RAM 资源,丰富的 IP Core 资源可供选择,足够的片上可编程逻辑资源,处理器调试接口和 FPGA 编程接口,可能包含部分可编程模拟电路,单芯片,低功耗,微封装。Altera 公司支持 SOPC 的 FPGA 芯片有 Cyclone 系列和 Stratix 系列。

1.4　IP 核

电子系统的设计越向高层发展,基于 IP 核复用的技术越显示出优越性。IP 核(Intellectual Property Core)就是知识产权核或知识产权模块的意思,在 IC 设计领域,可将其理解为实现某种功能的设计模块,IP 核通常已经通过了设计验证,设计人员以 IP 核为基础进行专用集成电路或现场可编程逻辑门阵列的逻辑设计,可以缩短设计所需的周期。因此 IP 核在 EDA 技术开发中具有十分重要的地位。

IP 核分为软核、固核和硬核。软核通常是与工艺无关、具有寄存器传输级硬件描述语言描述的设计代码,可以进行后续设计;硬核是前者通过逻辑综合、布局、布线之后的一系列工艺文件,具有特定的工艺形式、物理实现方式;固核则通常介于上面两者之间,它已经通过功能验证、时序分析等过程,设计人员可以以逻辑门级网表的形式获取。

习题 1

1. 解释 Verilog 与 VHDL 的相同和不同之处。
2. 简述 FPGA 与 CPLD 的不同及相同之处。
3. SOPC 与 SoC 的全称是什么?两者的关系是什么?

第2章

Verilog HDL基础

数字系统设计的过程实质上是系统高层次功能描述(又称行为描述)向低层次结构描述的转换。为了把待设计系统的逻辑功能、实现该功能的算法、选用的电路结构和逻辑模块,以及系统的各种非逻辑约束输入计算机,就必须有相应的描述工具。硬件描述语言(Hardware Description Language, HDL)便应运而生了。硬件描述语言是一种利用文字描述数字电路系统的方法,可以起到和传统的电路原理图描述相同的效果。描述文件按照某种规则(或者说是语法)进行编写,之后利用 EDA 工具进行综合、布局布线等工作,就可以转换为实际电路。

硬件描述语言的出现,使得数字电路迅速发展,同时,数字电路系统的迅速发展也在很大程度上促进了硬件描述语言的发展。到目前为止,已经出现了上百种硬件描述语言,使用最多的有两种,一种是本书要讨论的 Verilog HDL,另一种则是 VHDL;为了迎合数字电路系统的飞速发展而出现的新的语言,也正逐步成为数字电路设计新的宠儿,如 System Verilog、System C 等。

Verilog HDL 是当今世界上应用最广泛的硬件描述语言之一,其允许工程师从不同的抽象级别对数字系统建模,被建模的数字系统对象的复杂性可以介于简单的门和完整的电子数字系统之间。

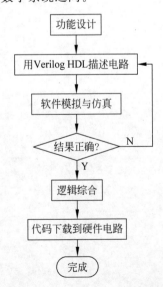

图 2-1 Verilog HDL 设计流程

Verilog HDL 的描述能力可以通过使用编程语言接口(PLI)进一步扩展,PLI 是允许外部函数访问 Verilog HDL 模块内信息,允许设计者与模拟器交互的例程集合。Verilog HDL 作为一种高级的硬件描述编程语言,有着类似 C 语言的风格。其中有许多语句如 if 语句、case 语句等和 C 语言中对应语句十分相似。如果读者已经掌握了 C 语言编程的基础,那么学习 Verilog HDL 并不困难,只要对 Verilog HDL 某些语句的特殊方面着重理解,并加强上机练习就能很好地掌握它,利用它的强大功能来设计复杂的数字逻辑电路。下面将对 Verilog HDL 中的基本语法逐一加以介绍。

如图 2-1 所示是一个典型的数字系统 FPGA/CPLD 设计流程,如果是 ASIC 设计,则不需要"代码下载到硬件电路"这个环节,而是将综合后的结果交给后端设计组(后端设计主要包括版图、布线等)或直接交给集成电路生产厂家。

2.1 Verilog HDL 的基本单元——模块

2.1.1 简单 Verilog HDL 程序实例

模块(module)是 Verilog HDL 的基本描述单位,用于描述某个设计的功能或结构及其与其他模块通信的外部接口。实际意义是代表硬件电路上的逻辑实体(即实现特定逻辑功能的一组电路),其范围可以从简单的门到整个大的系统,如一个计数器、一个存储子系统、一个微处理器等。模块之间是并行运行的,模块又是分层的,高层模块通过调用、连接低层模块来实现复杂功能,各模块连接需要用一个顶层模块(Top-module)完成整个系统。下面先介绍三个简单的 Verilog HDL 程序,然后从中分析 Verilog HDL 程序的特性。

实例一　2 输入与门的描述,图 2-2 是其示意图。

```
module and2gate (              //and2gate 是模块名称
//端口列表
        out,
        a,
        b
        );
//端口定义
input   a,b;
output  out;
//端口数据类型说明
wire   a,b;
reg   out;
//逻辑功能描述
always @ (a or b)
begin
  out = a & b;
end
endmodule
```

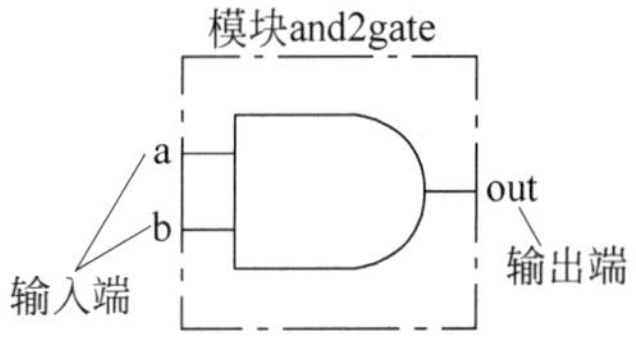

图 2-2　2 输入与门模块示意图

Verilog HDL 程序嵌套在 module 和 endmodule 这两个关键字中间。实例一构建了一个 2 输入与门模型,and2gate 是模块的名称。通常情况下,每个模块都可以完成一定的逻辑功能,给模块取一个和其功能相关的名字,可以更方便地使用和管理它。但取名字的时候,要避免采用 Verilog 的保留字和 Quartus 内置门的名字。例如,这个实例如果把 and2gate 改成 and2,采用 Quartus Ⅱ 进行程序仿真的时候就会报错,因为 and2 是 Quartus Ⅱ 内置门的名字。

实例二　1 位半加器电路的描述。

```
module half_adder (                    //half_adder 是模块名称
//端口列表
        co,
```

```
                  sum,
                  a,
                  b
                  );
//端口定义
input   a,b;
output  co,sum;
//端口数据类型说明
wire  a,b;
wire  co,sum;
//逻辑功能描述
assign {co,sum} = a + b;
endmodule
```

对于一个复杂系统来说,从功能上将其反复地划分为若干小模块是必需的。在 Verilog HDL 程序中,高层模块通过调用低层模块来构建复杂系统。实例三是通过调用实例二所描述的 1 位半加器和或门构建了一个 1 位全加器,图 2-3 是 1 位全加器的示意图,其中,U1 和 U2 是两个 1 位半加器,U3 是一个 2 输入或门。

实例三　通过调用 1 位半加器模块构建 1 位全加器。

```
module full_adder(
//端口列表
                  fco,
                  fsum,
                  cin,
                  a,
                  b);
//端口定义
input   cin,a,b;
output  fco,fsum;
//数据类型说明(端口)
wire   cin,a,b;
wire   fco,fsum;
//数据类型说明(内部变量)
wire   c1,s1,c2;
//逻辑功能描述部分
half_adder   U1(c1,s1,a,b);
half_adder   U2(c2,fsum,s1,cin);
or           U3(fco,c1,c2);
endmodule
```

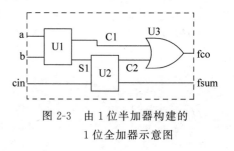

图 2-3　由 1 位半加器构建的
1 位全加器示意图

从上面的几个例子可以总结出以下几点。

(1) Verilog HDL 程序是由模块构成的。每个模块以关键字 module 开始,以 endmodule 结尾,这两个关键字之间的程序用来描述电路的逻辑功能。模块是可以进行层次嵌套的,高层模块通过调用低层模块来构建复杂系统。

(2) 在模块名称后面的括号内是模块的端口列表。和实际电路一样,Verilog HDL 模块也有输入端口和输出端口,它们需要在模块的开始部分就全部列出来。

（3）逻辑功能描述部分是对数字电路系统的建模，是 Verilog HDL 模块中最重要也是最复杂多变的部分，但其最基本的描述方式只有 3 种：always、assign 和创建模块实例。一个模块中允许使用一种或者多种方法描述逻辑功能。

（4）除了 endmodule 语句外，每一条语句必须以分号结尾。

（5）可以用/ * … * /和//对 Verilog HDL 程序的任何部分进行注释，以增强程序的可读性和可维护性。其中，/ * … * /为多行注释符，用于书写多行注释；//…为单行注释符。注意，多行注释不能嵌套。

Verilog HDL 程序文件的后缀都是 v，假如为全加器建模时创建了一个名为 full_adder 的模块，那么这个文件就是 full_adder.v，每个 v 文件里可以有一个或几个模块的描述程序。

从上面 1 位全加器的 Verilog HDL 代码描述可以得知，对于复杂的系统，总能划分成多个小的功能模块。因此系统的设计可以按下面 3 个步骤进行。

（1）把系统划分成模块。

（2）规划各模块的接口。

（3）对模块编程并连接各模块完成系统设计。

每个步骤都涉及模块，可见模块是整个设计中最基本最重要的单元，2.1.2 节将重点介绍模块的结构。

2.1.2 Verilog HDL 程序的基本结构

通过 2.1.1 节中的例子可以看到：Verilog HDL 程序是由模块构成的，一个模块可以包括整个设计模型或者设计模型的一部分。从结构上看，每个模块主要包括模块声明、端口定义、数据类型说明和逻辑功能描述等几个部分，在模块的所有组成部分中，只有 module、模块名和 endmodule 必须出现，其他部分都是可选的，其中，"模块名"是模块唯一标识符。模块基本结构如图 2-4 所示。

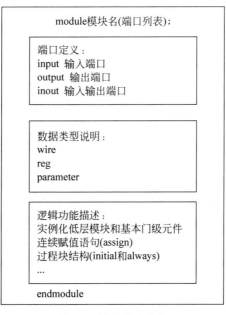

图 2-4 模块基本结构

1．模块声明

模块声明包括模块名和端口列表，其格式如下。

module　模块名(端口1,端口2,端口3,…);

模块结束的标志为关键字 endmodule。

2．端口定义

端口是模块与外界环境交互的接口，例如，IC 芯片的输入、输出引脚就是它的端口。由于模块内部对于外部环境来讲是不可见的，对模块的调用(元件例化)只能通过其端口进行。端口定义要明确说明端口的方向，同实际电路一样，Verilog HDL 包括 input(输入端口)、output(输出端口)和 inout(双向端口)。格式如下。

```
input   端口名1,端口名2,…,端口名 N;        //输入端口
output 端口名1,端口名2,…,端口名 N;        //输出端口
inout   端口名1,端口名2,…,端口名 N;        //输入/输出端口
```

也可以写在端口声明语句里，其格式如下。

module　模块名(input port1, input port2, …, output port1, output port2, …);

3．数据类型说明

信号可以分为端口信号和内部信号，出现在端口列表中的信号是端口信号，其他的信号为内部信号。对模块中所用到的所有信号(包括端口信号、内部信号等)都必须进行数据类型的定义，如寄存器类型(reg 等)还是连线类型(wire 等)。如果信号的数据类型没有定义，则综合器将其默认为 wire 型。不能将 input 和 inout 类型的端口声明为 reg 数据类型，因为 reg 类型的变量是用于保存数值的，而输入端口只反映与其相连的外部信号的变化，并不能保存这些信号的值。

注意：端口的位宽最好在端口定义和数据类型定义中均有标明，不同位宽的端口应分别定义，且位宽说明省略时，默认值为 1。

```
//要这样定义端口的位宽
module test(addr,read,write,datain,dataout);
input[7:0]   datain;
input[15:0]  addr;
input   read,write;
output[7:0]  dataout;
wire[7:0]   datain;
wire[15:0]  addr;
wire   read, write;
reg[7:0]   dataout;
//不要这样定义端口的位宽
module test(addr,read,write,datain,dataout);
input   datain,addr,read,write;
output   dataout;
wire[15:0]  addr;
```

```
wire[7:0] datain;
wire  read,write;
reg[7:0] dataout;
```

4. 模块中的逻辑功能描述

模块中最核心的部分是逻辑功能描述。有多种方法可以在模块中描述和定义逻辑功能，最基本的描述方式有 3 种：always、assign 和实例化低层模块和基本门级元件。一个 Verilog HDL 模块中允许使用一种或多种方法描述逻辑功能。2.1.1 节实例中的逻辑功能描述部分分别采用了这 3 种方法。此外，还可以调用函数（function）和任务（task）来描述逻辑功能。下面简单介绍逻辑功能描述的 3 种基本方法。

2.1.3 逻辑功能描述

1. 用 assign 连续赋值语句

```
assign {co,sum} = a + b;
```

采用 assign 语句是描述组合逻辑电路最常用的方法之一，称为连续赋值方式。多用在输出信号可以和输入信号建立某种直接联系的情况下。

2. 调用元件（元件例化）

调用元件的方法类似于在电路图输入方式下调用电路元件图像符号来完成设计的过程，每个子模块都代表了实际电路图中的某个结构单元。在 Verilog HDL 顶层模块中，用线网类型变量将各个子模块连接在一起，就像在实际电路中用导线将多个结构单元连接起来一样。如图 2-3 所示，在全加器这个顶层模块中，通过 c1、s1、c2 这 3 个线网类型变量将两个半加器和一个或门 3 个元件连接起来。这种方法侧重于电路的结构描述。在 Verilog HDL 中，可通过调用如下元件的方法来描述电路的结构。

（1）调用 Verilog 内置门元件（门级结构描述）。

（2）调用开关级元件（晶体管级结构描述）。

（3）用户定义元件 UDP（也在门级）。

（4）模块实例（创建层次结构）。

3. 用 always 过程块赋值

```
always @ (posedge clk)   //每当 clk 上升沿到来时执行一遍 begin-end 块内的语句
begin
  if (reset)   out = 0;
  else         out = out + 1;
end
```

上面的代码用 always 块来描述逻辑功能，一般称其为行为描述方式，从字面上理解，always 的意思是"总是，永远"，在 Verilog HDL 中，由 always 指定的内容将不断地重复运行，这恰恰反映出了实际电路的特性——在通电的情况下其内容就不断运行。always 块既可用于描述组合逻辑，也可用于描述时序逻辑。

2.2　Verilog HDL 基本语法

本节介绍 Verilog HDL 的基本语法,它是描述复杂数字电路系统的基础,读者务必牢固掌握。

2.2.1　词法规定

1. 关键字

关键字(又称保留字)是 Verilog HDL 中预留的用于定义语言结构的特殊字符串,通常为小写的英文字符串。例如,module、endmodule、input、output、wire、reg、and、assign、always 等都是关键字。Verilog HDL 是一种区分大小写的语言,因此在书写代码时应特别注意区分大小写,以避免出错。

2. 标识符

标识符(identifier)是程序代码中给对象(如模块、端口、变量等)取名所用的字符串,程序通过标识符访问相应的对象。Verilog 中的标识符由字母、数字字符、下画线(_)和美元符号($)组成,区分大小写,其第一个字符必须是英文字母或下画线,不能是数字或 $ 。以 $ 开始的字符串是为系统函数保留的,如"$display",系统函数将在后面的章节中进行介绍。注意,关键字不能作为标识符使用。例如:

```
output  a, A;              //output 是关键字; a,A 是两个不同的标识符
wire  clk;                 //wire 是关键字; clk 是标识符
```

无效标识符举例:

```
34net                      //开头必须是字母或者"_"
a * b_net                  //标识符中不允许包含字符"*"
```

3. 格式

Verilog HDL 是自由格式的,即结构可以跨越多行编写,也可以在一行内编写。空白符(换行、换页、Tab 和空格)没有特殊的意义,但使用空白符可以提高代码的可读性。在综合时,空白符被忽略。

例如:

```
initial  begin  a = 2'b001; #2 a = 2'b10; end
```

等价于:

```
initial
begin
    a = 2'b001;
    #2 a = 2'b10;
end
```

2.2.2　常量及其表示

由于硬件的特殊性,Verilog HDL 用下列 4 种基本的值来表示逻辑电路的逻辑状态。

(1) 0:逻辑 0 或"假"。

(2) 1:逻辑 1 或"真"。

(3) x:未知状态,通常是在这个信号未被赋值之前。

(4) z:高阻。

在门的输入或一个表达式中为"z"的值通常解释成"x"。此外,x 值和 z 值都是不区分大小写的,也就是说,值 01xz 与值 01XZ 相同。

在程序运行过程中,其值不能被改变的量称为常量,Verilog HDL 中的常量是由以上 4 类基本值组成的,包括 3 种类型的常量:整数型常量(整数)、实数型常量(实数)和字符串型常量。

1. 整数

整数的一般表达式为:

<+/-> < size >'< base format >< number >

其中,<+/->表示常量是正整数还是负整数,当常量为正整数时,前面的正号可以省略;< size >用十进制数定义了后面数值< number >的宽度,如果没定义常量的位数(宽度),那么数值< number >的实际长度就是相应的位数。基数符号< base format >定义了后面数值< number >的基数格式,可以是二进制(b 或 B)、八进制 (o 或 O)、十进制(d 或 D)、十六进制(h 或 H)中的一种,省略的情况下,默认为十进制。在数值< number >表示中,number是一个数字序列,最左边是最高有效位,最右边是最低有效位。注意,表示负整数的时候,减号必须写在表达式的前面,不能写在表达式的其他位置上。例如,-8'd3 表示位宽为 8 用二进制补码形式存储的十进制数 3(代表负数);4'd-2 为非法格式。下面是整数型常量的实例。

```
- 14                    //十进制数 - 14
16'd255                 //位宽为 16 的十进制数 255
8'h9a                   //位宽为 8 的十六进制数 9a
'o21                    //位宽为 6 的八进制数 21
'hAF                    //位宽为 8 的十六进制数 AF
- 4'd10                 //位宽为 4 的十进制数 - 10
(3 + 2)'b11001          //非法表示,位宽不能为表达式
```

在整数表示中,要注意以下几点。

(1) 除了第一个字符,下画线"_"可以出现在数字中的任何位置,它的作用只是提高可读性,在编译阶段会被忽略掉。例如,32'h21_65_bc_fe 表示位宽为 32 位的十六进制数 2165bcfe;8'b_0111_1011 为非法格式。

(2) 在数字电路中,x 代表不定值,z 代表高阻值,z 还有一种表达方式是可以写作"?"。x(或 z)在二进制中代表 1 位 x(或 z),在八进制中代表 3 位 x(或 z),在十六进制中代表 4 位 x(或 z)。

例如：

```
4'b1x0x                    //位宽为 4 的二进制数 1x0x
4'b100z                    //位宽为 4 的二进制数从低位数起第一位为高阻值
10'dz                      //位宽为 10 的十进制数,其值为高阻值
12'd?                      //位宽为 12 的十进制数,其值为高阻值
8'h3x                      //位宽为 8 的十六进制数,其低 4 位值为不定值
```

（3）如果定义的位宽小于数字序列的实际长度,这个数字序列最左边超出的位将被截断。例如：3b'1011_0010＝3 b'010,5'h0AFFF＝5'h1F。

（4）如果定义的长度大于数字序列的实际长度,高位（左侧）为 0、x 或 z 时,则高位由 0、x 或 z 填充;高位为 1 时,则高位由 0 填充。例如：3'b01 ＝ 3'b001,3'bx1 ＝ 3'bxx1,3'bz＝ 3'bzzz,3'b1 ＝ 3'b001。

2. 实数

在 Verilog HDL 中,实数就是浮点数,通常有以下两种表示方法。

（1）十进制格式：由数字和小数点组成（必须有小数点）。例如：

```
0.1
3.1415
2.0                        //以上 3 例是合法的实数表示形式
3.                         //非法: 小数点两侧都必须有数字
```

（2）指数格式（科学表示法）：由数字和字符 e(E)组成,e(E)的前面必须要有数字而且后面必须为整数。例如：

```
13_5.1e2                   //其值为 13510.0
8.5E2                      //850.0 (e 与 E 相同)
4E－4                      //0.0004
```

3. 字符串

字符串常量是由一对双引号括起来的字符序列。对于字符串的限制是,它必须在一行内写完,不可书写在多行中,也不能包含回车符。例如,"hello world!"是一个合法字符串。

如果字符串被用作 Verilog HDL 中表达式或者赋值语句中的操作数,则每个字符串（包括空格）被看作是 8 位的 ASCII 值序列,即一个字符对应 8 位的 ASCII 值。例如,为了存储字符串"hello world!",就需要定义一个 8×12 位的变量。

```
reg[1:8 * 12] stringvar;
initial
begin
  stringvar = "hello world!";
end
```

2.2.3　变量的数据类型

变量即在程序运行过程中其值可以改变的量,在 Verilog HDL 中变量的数据类型（Data Types）是用来表示数字电路中的物理连线、数据存储和传送单元等物理量的。

Verilog HDL 中共有 19 种数据类型,包括 wire 型、reg 型、parameter 型、large 型、integer 型、medium 型、scalared 型、time 型、small 型、tri 型、trio 型、tril 型、triand 型、trior 型、trireg 型、vectored 型、wand 型和 wor 型,这里只对常用的几种进行介绍。

1. 线网型变量(net)

线网型变量可以理解为实际电路中的导线,通常表示为结构实体(例如门)之间的物理连接。既然是导线,就不可以存储任何值,线网是被"驱动"的,可以用连续赋值(assign)或把元件的输出连接到线网等方式给线网提供"驱动",给线网提供驱动的赋值和元件就是"驱动源",线网的值由驱动源决定。如果没有驱动源连接到线网类型的变量上,则该变量就是高阻的,即其值为 z。一个线网型变量可能同时受到几个驱动源的驱动,此时该线网型变量的取值由逻辑强度较高的驱动源决定;如果多个驱动源的逻辑强度相同,则取值为不定态,这和实际电路模型的情况完全相符。因此,为了模型中所使用的变量与实际情况相一致,常用的线网型变量包括 wire 型和 tri 型,这两种变量都是用于连接器件单元,它们具有相同的语法格式和功能。wire 型变量通常是用来表示单个门驱动或连续赋值语句驱动的线网类型,tri 型变量(三态线)则用来表示多驱动源驱动同一根线的线网类型,即可以用 tri 类型表示一个 net 有多个驱动源,或者将一个 net 声明为 tri 以指示这个 net 可以是高阻态。这种情况可以推广至 wand 和 triand、wor 和 trior。

Verilog 程序模块中,被声明为 input 或者 inout 型的端口,只能被定义为线网型变量,被声明为 output 型的端口可以被定义为线网型或者寄存器型变量,实例化模块的 output 端口和中间变量必须为线网型变量,输入/输出信号类型省略时自动定义为 wire 型。wire 型信号可以用作任何方程式的输入,也可以用作 assign 语句或实例元件的输出,不可以在 initial 和 always 模块中被赋值。

wire 型信号定义格式如下。

```
wire [msb:lsb]  变量名 1,变量名 2,…,变量名 n;
```

其中,msb(Most Significant Bit,最高有效位)和 lsb(Lease Significant Bit,最低有效位)定义了变量的位宽,它们之间以冒号分隔,并且为常数表达式。这种多位的 wire 型数据也称为 wire 型向量(Vector),如果没有定义位宽,则其默认值为 1 位变量。看下面的几个例子。

```
wire  a;                 //定义了一个 1 位的 wire 型数据
wire [7:0] b;            //定义了一个 8 位的 wire 型向量
wire [4:1] c, d;         //定义了两个 4 位的 wire 型向量
assign c = d;
```

若只使用其中某几位,可直接选中这几位,但赋值时应该注意宽度要一致,例如:

```
wire[7:0] out;
wire[3:0] in;
assign out[6:3] = in;
```

线网类型除了常用的 wire、tri 类型之外,还有一些其他的线网类型,如表 2-1 所示,这些类型变量的定义格式与 wire 类型变量的定义相似。

表 2-1　线网类型变量及其说明

线 网 类 型		功 能 说 明	可综合性说明
wire	tri	表示单元(元件)之间的连线， wire 为一般连线；tri 为三态线	√
supply0	supply1	用于对电源建模	√
wand	triand	多重驱动,具有线与特性的线网类型	
wor	trior	多重驱动,具有线或特性的线网类型	
tri1	tri0	上拉电阻,用于开关级建模	
trireg		具有电荷保持特性的线网类型,用于开关级建模	

线网变量受多个驱动源驱动的情况下,如图 2-5 所示, 如果 net 变量 a、b 没有定义逻辑强度(logic strength),逻辑值会发生冲突从而产生不确定值。图 2-6 为多驱动源驱动线网型变量真值表(注意,这里假设两个驱动源的强度是一致的)。

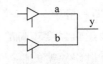

图 2-5　多驱动源驱动线网变量

wire/tri

b\a	0	1	x	z
0	0	x	x	0
1	x	1	x	1
x	x	x	x	x
z	0	1	x	z

y

wand/triand

b\a	0	1	x	z
0	0	0	0	0
1	0	1	x	1
x	0	x	x	x
z	0	1	x	z

y

wor/trior

b\a	0	1	x	z
0	0	1	x	0
1	1	1	1	1
x	x	1	x	x
z	0	1	x	z

y

图 2-6　多驱动源驱动线网变量真值表

2. 寄存器型变量

寄存器(register)型变量可以理解为实际电路中的寄存器,它具有记忆特性,是数据储存单元的抽象,在输入信号消失后它可以保持原有的数值不变。寄存器型变量与线网型变量的根本区别在于:register 型变量需要被明确地赋值,并且在被重新赋值前一直保持原值。寄存器数据类型的关键字是 reg,只能在 initial 或 always 内部通过赋值语句改变寄存器存储的值,在没有被赋值前,它的默认值是 x。注意在 always 和 initial 块内被赋值的每一个信号都必须定义成 reg 型。

reg 型数据的格式如下。

reg　[msb:lsb]　变量名 1,变量名 2,…,变量名 n;

reg 变量的值通常被解释为无符号数,当使用关键词 signed 后,reg 变量保存的数是有符号数(以二进制补码形式保存)。

```
reg clock;                   //1 位 reg 型变量 clock
reg [3:0] regb;              //4 位 reg 型变量 regb
reg [4:1] regc, regd;        //两个 4 位 reg 型变量 regc 和 regd
reg signed [4:1] srega;      //4 位 reg 型变量 srega,该变量中保存有符号数
```

```
srega = -2;                    //srega 的值为 14(1110,即 -2 的补码)
```

在多位寄存器中可以进行位选择或者部分位选择,例如:

```
regb [3] = 1;                  //将 regb 的第 3 位赋值为 1
regb [0] = 0;                  //将 regb 的第 0 位赋值为 0
regb [2:1] = 2'b01;            //将 regb 的第 1、2 位赋值为 1 和 0
```
这样这个 regb 变量的值将为 4'b1010

寄存器型变量除了常用的 reg 类型之外,还有一些其他的寄存器类型,如表 2-2 所示。

表 2-2 寄存器型变量及其说明

寄存器类型	功 能 说 明	可综合说明
reg	常用的寄存器型变量,默认值为 x	√
integer	32 位有符号整型变量,默认值为 x	√
time	64 位无符号时间变量,默认值为 x	
real	64 位有符号实型变量,默认值为 0	

integer、real 和 time 这 3 种寄存器型变量都是纯数学的抽象描述,不对应任何具体的硬件电路,典型应用是高层次行为建模。使用 integer、real 和 time 定义寄存器型变量和使用 reg 进行定义没有本质上的区别,由于 integer、real 和 time 型变量的位宽是固定的,它们已经是矢量,因此在定义变量时不可以加入位宽。看下面几个例子。

```
integer  a,b;                  //定义 a,b 为整型变量,integer 型变量的位宽为 32
real  a,b;                     //定义 a,b 为实型变量,real 型变量的位宽为 64
time  a;                       //定义 a 为时间型变量,time 型变量的位宽为 64
integer [7:0]  a,b;            //错误定义,整型不能定义位宽
real [7:0]  a,b;               //错误定义,实型不能定义位宽
```

数据类型选择举例如下。

修改前:

```
module example(o1, o2, a, b, c, d);
input a, b, c, d;
output o1, o2;
reg c, d, o2;
and u1(o2, c, d);
always @(a or b)
if (a) o1 = b; else o1 = 0;
endmodule
```

修改后:

```
module example(o1, o2, a, b, c, d);
input a, b, c, d;
output o1, o2;
reg o1;
and u1(o2, c, d);
always @(a or b)
if (a) o1 = b; else o1 = 0;
endmodule
```

修改说明:端口 o2 是实例化模块 u1 的输出端口,应该定义为 wire 类型,c、d 为输入端口信号,因此也应该定义为 wire 类型,或者省略定义,默认为 wire 类型。o1 在 always 过程块中赋值,因此只能定义为 reg 类型。

3. memory 型

在数字电路的仿真中,经常需要对存储器(如 RAM、ROM)进行建模。Verilog HDL

通过对 reg 型变量建立数组来对存储器建模,即存储器是一个寄存器数组,数组中的每一个单元通过一个数组索引来进行寻址。Verilog 不支持多维数组,也就是说只能对存储器字进行寻址,而不能对存储器中一个字的位寻址。memory 型数据是通过扩展 reg 型数据的地址范围来生成的。其格式如下。

```
reg [msb:lsb] 存储器名 1[upper1:lower1],
              存储器名 2 [upper2:lower2],… ;
```

其中,[msb:lsb]定义了存储器中每一个存储单元(寄存器)的位宽。存储器名后的[upper1:lower1]或[upper2:lower2]则定义了该存储器中有多少个这样的寄存器,最后用分号结束定义语句。下面举例说明。

```
reg [7:0] mem[1023: 0];
```

定义了一个宽度为 8 位,字数为 1024 的存储器 mem,换句话说,mem 为 1024 个 8 位寄存器的数组。

也可以用 parameter 参数定义该存储器的尺寸。

```
parameter wordwidth = 8,memsize = 1024;
reg [wordwidth - 1:0] mem[memsize - 1:0];
```

若对该存储器中的某一个单元赋值,可以采用如下方式。

```
mem [1] = 2;              //mem 存储器中的第 1 个单元被赋值为 2
mem[1][7:0] = 2;          //非法表达
mem = 2;                  //非法,不能将存储器作为一个整体对所有单元同时赋值
```

下面是对存储器中每个单元赋值的正确实例。

```
//在同一个数据类型声明语句里,可以同时定义存储器型数据和 reg 型数据
reg [3:0] rama[4:1], rega;
initial
begin
    rama[4] = 4'hB;       //对存储器中的 1 个单元赋值
    rama[3] = 4'h4;
    rama[2] = 4'h6;
    rama[1] = 4'hF;
    rega = rama[1];       //存储器中某个单元的内容赋给寄存器型变量
end
```

为存储器赋值的另一种方法是使用系统任务(仅限于电路仿真中使用)。

```
$ readmemb   (加载二进制值)
$ readmemh   (加载十六进制值)
```

这些系统任务从指定的文本文件中读取数据并加载到存储器中。文本文件必须包含相应的二进制或者十六进制数。具体的使用方法将在后面章节中详细介绍。

4. parameter(参数)语句

在 Verilog HDL 中为了提高程序的可读性和可维护性,用 parameter 来定义一个标识

符代表一个常量,称为符号常量,其说明格式如下。

> parameter 参数名1 = 表达式,参数名2 = 表达式,…,参数名n = 表达式;

用 parameter 定义的符号常量,通常出现在 module(模块)内部,常被用于定义状态机的状态、数据位宽和延时大小等,例如:

```
parameter width = 6;        //定义参数 width 为常量6
parameter  pi = 3.14;       //声明 pi 为一个实型参数
parameter  byte_size = 8, byte_msb = byte_size-1;   //用常数表达式赋值
```

2.3 运算符及表达式

Verilog HDL 提供了丰富的运算符,按功能可以分为算术运算符、逻辑运算符、关系运算符、等式运算符、缩减运算符、条件运算符、位运算符、移位运算符和拼接运算符9类;如果按运算符所带操作数的个数来区分,运算符可分为3类,分别为单目运算符、双目运算符和三目运算符。下面对常用的几种运算符进行介绍。

2.3.1 算术运算符

Verilog HDL 中,算术运算符又称为二进制运算符,功能介绍如表 2-3 所示。在进行算术运算时,如果操作数的某一位为 x 或 z,则整个表达式运算结果为不确定。例如:ain + din=unknown。两个整数进行除法运算时,结果为整数,小数部分被截去,如 6/4=1。在进行加法运算时,如果结果和操作数的位宽相同,则进位被截去。

注意:在进行算术运算时,Verilog 根据表达式中变量的长度对表达式的值自动地进行调整。Verilog 自动截断或扩展赋值语句中右边的值以适应左边变量的长度。integer 和 reg 类型在算术运算时的差别,integer 是有符号数,而 reg 是无符号数,将负数赋值给 reg 或其他无符号变量时,Verilog 自动完成二进制补码计算。

表 2-3 算术运算

操 作 符 号	操 作 功 能	实例:$ain = 4, bin = 8, cin = 2'b01, din = 2'b0z$
+	加	$ain + bin = 12$
−	减	$bin - cin = 7, -bin = -8$
*	乘	$ain * bin = 32$
/	除	$bin/ ain = 2$
%	求模	$bin \% ain = 0$

```
module sign_size;
reg [3:0] a, b;
reg [15:0] c;
initial
begin
    a = -1;            //a 是无符号数,因此其值为 1111
    b = 8; c = 8;      //b = c = 1000
```

```
        #10 b = b + a;          //结果 10111 截断, b = 0111
        #10 c = c + a;          //c = 10111
    end
endmodule
```

2.3.2 位运算符

位运算(Bitwise Operators),即将两个操作数按对应位分别进行逻辑运算。原来的操作数有几位,则运算结果仍为几位。如果两个操作数的位宽不一样,则仿真软件会自动将短操作数向左扩展到两操作数位宽一致。如果操作数的某一位为 x 时不一定产生 x 结果。功能介绍如表 2-4 所示。

表 2-4 位运算

操 作 符 号	操 作 功 能	实例：$ain = 4'b1010, bin = 4'b1100, cin = 4'b001x$
~	按位取反	$\sim ain = 4'b0101$
&	按位与	$ain \ \& \ bin = 4'b1000$, $bin \ \& \ cin = 4'b0000$
|	按位或	$ain \ | \ bin = 4'b1110$
^	按位异或	$ain \ \wedge \ bin = 4'b0110$
^~ 或 ~^	按位同或	$ain \ \wedge\sim \ bin = 4'b1001$

2.3.3 缩位运算符

缩位运算(Reduction Operators)与位运算符的逻辑运算法则一样,但为单目运算,即仅对一个操作数进行运算,运算时,按照从右到左的顺序依次对所有位进行运算,并产生一位逻辑值,可以是 0,1,x。运算符放在操作数的前面。功能介绍如表 2-5 所示。如果操作数的某一位为 x,缩位运算的结果可能为一个确定的值,如 $\&din=1'b0$。

表 2-5 缩位运算

操 作 符 号	操 作 功 能	实例：$ain = 5'b10101, bin = 4'b0011$, $cin = 3'bz00, din = 3'bx011$
&	按位取与	$\& ain = 1'b0$, $\& din = 1'b0$
~&	按位与非	$\sim \& ain = 1'b0$
|	按位或	$|ain = 1'b1$, $|cin = 1'bx$
~|	按位或非	$\sim |ain = 1'b0$
^	按位异或	$\wedge ain = 1'b1$
~^ 或 ^~	按位同或	$\sim\wedge ain = 1'b0$

2.3.4 关系运算符

在进行关系运算时,如果声明的关系是假,则返回值是 0;如果声明的关系是真,则返回值是 1;如果操作数的某一位为 x 或 z,则结果为不确定值。功能介绍如表 2-6 所示。

表 2-6 关系运算

操 作 符 号	操 作 功 能	实例：ain = 3'b011,bin = 3'b100,cin = 3'b110, din = 3'b01z,ein = 3'b00x
>	大于	ain > bin 结果为假(1'b0)
<	小于	ain < bin 结果为真(1'b1)
>=	大于或等于	ain >= din 结果为不确定(1'bx)
<=	小于或等于	ain <= ein 结果为不确定(1'bx)

2.3.5 等式运算符

等式运算符是双目运算符,要求有两个操作数,得到的结果是1位的逻辑值,如果得到1,说明声明的关系为真,如果得到0,说明声明的关系为假。==和!=又称为逻辑等式运算符,操作数中某些位可能是不定值 x 和高阻值 z,其运算结果可能是逻辑 0、1 或 x。而===和!==运算符则不同,它在对操作数进行比较时对某些位的不定值 x 和高阻值 z 也进行比较,两个操作数必须完全一致,其结果才是 1,否则为 0。===和!==运算符常用于 case 表达式的判别,所以又称为"case 等式运算符"。这 4 个等式运算符的优先级别是相同的。功能介绍如表 2-7 所示。

表 2-7 等式运算

操 作 符 号	操 作 功 能	实例：ain = 3'b011,bin = 3'b100, cin = 3'b110,din = 3'b01z,ein = 3'b00x
==	等于	ain == cin 结果为假(1'b0)
!=	不等于	ein! = ein 结果为不确定(1'bx)
===	全等	ein === ein 结果为真(1'b1)
!==	不全等	ein! == din 结果为真(1'b1)

2.3.6 逻辑运算符

逻辑运算符中,&& 和 ‖ 是双目运算符,它要求有两个操作数。! 是单目运算符,只要求一个操作数,功能介绍如表 2-8 所示。

表 2-8 逻辑运算

操 作 符 号	操 作 功 能	实例：ain = 3'b101,bin = 3'b000
!	逻辑非	!ain 结果为假(1'b0)
&&	逻辑与	ain && bin 结果为假(1'b0)
‖	逻辑或	ain ‖ bin 结果为真(1'b1)

2.3.7 移位运算符

在 Verilog HDL 中有两种移位运算符：<<（左移位运算符）和>>（右移位运算符）。

功能介绍如表 2-9 所示。

表 2-9　移位运算

操作符号	操作功能	实例：ain = 4'b1010，bin = 4'b10x0
>>	右移	bin >> 1 = 4'b010x
<<	左移	ain << 2 = 4'b1000

2.3.8　位拼接运算符

在 Verilog HDL 中有一种特殊的运算符：位拼接运算符(Concatation){}。用这个运算符可以把两个或多个信号的某些位拼接起来进行运算操作。其使用方法如下。

{信号 1 的某几位，信号 2 的某几位，…，信号 n 的某几位}

对于一些信号的重复连接，可以使用简化的表示方式{n{A}}。这里 A 是被连接的对象，n 是重复的次数，它表示将信号 A 重复连接 n 次。看下面几个例子。

```
ain = 3'b010; bin = 4'b1100; {ain,bin} = 7'b0101100;
{3 {2'b10}} = 6'b101010;
```

2.3.9　条件运算符

条件运算符(Conditional Operators)?:是一个三目运算符，对 3 个操作数进行运算，其定义同 C 语言中的定义一样，方式如下。

信号 = 条件?表达式 1: 表达式 2

当条件成立时，信号取表达式 1 的值，反之取表达式 2 的值。例如：

assign out = (sel == 0) ? a : b;

若 sel 为 0 则 out = a；若 sel 为 1 则 out = b。如果 sel 为 x 或 z，且 a = b = 0，则 out= 0；若 a≠b，则 out 值不确定。

例如，条件运算符描述的三态缓冲器，对应的电路图如图 2-7 所示。

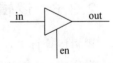

图 2-7　三态缓冲器

```
module likebufif ( in, en, out);
input in;
input en;
output out;
assign out = (en == 1) ? in : 1'bz;
endmodule
```

2.3.10　优先级别

下面对各种运算符的优先级别关系做一总结。注意"与"操作符的优先级总是比相同类型的"或"操作符高，如表 2-10 所示。

表 2-10 算法优先级别

优 先 级 别	
! ~ * / % + - << >> < <= > >= == != === !== & ^ ^~ | && || ?:	高优先级别 ↓ 低优先级别

2.4 过程语句

Verilog HDL 中多数过程模块都从属于 initial 和 always 两个过程语句。下面详细介绍 initial 和 always 块。

2.4.1 initial 语句

initial 语句指定的内容只执行一次,initial 语句主要用于仿真测试,不能进行逻辑综合。initial 语句的格式如下。

```
initial
begin
    语句 1;
    语句 2;
    ⋮
    语句 n;
end
```

举例说明 memory 存储器初始化。

```
initial
begin
    for(index = 0;index < size;index = index + 1)
    memory[index] = 0;     //初始化一个 memory
end
```

在这个例子中用 initial 语句在仿真开始时对 memory 存储器进行初始化,将其所有的存储单元的初始值都设置为"0"。

initial 语句为测试变量 a、b 提供一组激励,激励波形如图 2-8 所示。

```
`timescale 100ns/100ns
module test;
reg a,b;
initial
begin
    a = 0;b = 0;
    #2  a = 1;
    #2  b = 1;
    #2  b = 0;
    #2  a = 0;
    #2   $finish;
end
endmodule
```

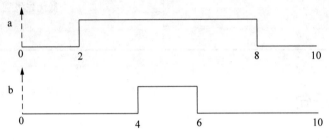

图 2-8　test 产生的激励波形

从这个例子中可以看到 initial 语句的另一用途,即用 initial 语句来生成激励波形作为电路的测试仿真信号。

在每一个模块(module)中,使用 initial 次数是不受限制的,所有的 initial 语句都是从 0 时刻并行执行。例如:

```
module system;
reg a,b,c,d;
initial              //单条语句
    a = 1'b0;
initial              //多条语句需要用 begin…end
begin
    b = 1'b1;
    #5    c = 1'b0;
    #10   d = 1'b0;
end
initial
    #20   $finish;
endmodule
```

该程序运行结果如下。

```
时刻 |执行的语句
0    | a = 1'b0; b = 1'b1;
5    | c = 1'b0;
15   | d = 1'b0;
20   | $finish;
```

2.4.2 always 语句

always 块内的语句是不断重复执行的,在仿真和逻辑综合中均可使用。
其声明格式如下。

```
always @ (<敏感信号表达式 event-expression>)
begin
    //过程赋值
    //if - else, case,casex,casez 选择语句
    //while,repeat,for 循环
    //task,function 调用
end
```

always 过程语句通常是带触发条件(事件控制)的,触发条件写在敏感信号表达式中,只有当触发条件满足时,其后面 begin-end 块语句才能被执行。在整个程序过程中,如果触发事件不断产生,则 always 中的语句将反复执行。如果一个 always 语句没有触发条件,则这个 always 语句将会发生一个仿真死锁。见下例:

```
always  clk = ~clk;
```

这个 always 语句将会生成一个 0 延迟的无限循环跳变过程,这时会发生仿真死锁。如果加上事件控制,则这个 always 语句将变为一条非常有用的描述语句。见下例:

```
always # (duty_cycle * period/100) clk = ~clk;
```

Verilog HDL 中"#"为延时符号,这个例子生成了一个周期为 period($=2 *$ duty_cycle * period/100) 的无限延续的信号波形,常用这种方法来描述时钟信号,作为激励信号来测试所设计的电路。除了延时可以作触发条件外,常用的触发条件为电平触发和边沿触发。下面讨论敏感信号表达式的含义以及如何写敏感信号表达式。

1. 敏感信号表达式

敏感信号表达式,又称为事件表达式或敏感信号列表,即当表达式中变量的值改变时,就会引发块内语句的执行。因此,敏感信号表达式中应列出影响块内取值的所有信号。若有两个或两个以上信号,它们之间用 or 连接或者用","连接。

Verilog 中,用 always 块设计组合逻辑电路时:

(1) 在赋值表达式右端参与赋值的所有信号都必须在 always @(敏感电平列表)中列出;而且将 always 块的所有输入都列入敏感信号列表中是很好的描述习惯。不同的综合工具对不完全敏感信号列表的处理有所不同。有的将不完全敏感信号列表当作非法,其他的则产生一个警告并假设敏感信号列表是完全的。在这种情况下,综合输出和 RTL 描述的仿真结果可能不一致。

```
always @ (a or b or c)
e = a & b & c;
```

(2) 如果在赋值表达式右端引用了敏感信号列表中没有列出的信号,在综合时将会为

没有列出的信号隐含地产生一个透明锁存器。

　　注：这是因为该信号的变化不会立刻引起所赋值的变化,而必须等到敏感信号列表中的某一个信号变化时,它的作用才表现出来即相当于存在一个透明锁存器,把该信号的变化暂存起来,待敏感信号列表中的某一个信号变化时再起作用,纯组合逻辑电路不可能做到这一点,综合器会发出警告。例如:

```
input a,b,d;
output e;
reg e;
always @ (a or b)
//d没有在敏感信号列表中,d变化时e不会立刻变化,直到a,b中某一个变化
e = d & a & b;
```

修改为:

```
input a,b,d;
reg e;
always @ (a or b or d)
e = d & a & b;                   // d在敏感信号列表中,d变化时e立刻变化
```

　　(3) always 中 if 语句的判断信号必须在敏感信号列表中列出。如图 2-9 所示的二选一组合电路描述如下。

```
always @ (a or b or sel)        //当a、b或sel的值发生改变时
begin
    if (sel) c = a;
    else c = b;
end
```

　　(4) Verilog 中,用 always 块描述时序电路时,敏感信号列表中包括时钟信号和控制信号。如图 2-10 所示的 D 触发器的敏感信号列表为:

```
always @ (posedge clk or negedge clr)     //当clk上升沿到了或clr信号的下降沿到来时
```

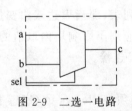

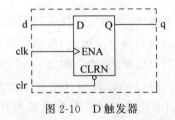

图 2-9　二选一电路　　　　　　　图 2-10　D 触发器

　　(5) 每一个 always 块最好只由一种类型的敏感信号触发,而不要将边沿敏感型和电平敏感型信号列在一起。例如:

```
always @ (posedge clk or clr)  //不建议这样用
```

2．边沿触发

在同步时序逻辑电路中,触发器状态的变化仅发生在时钟脉冲的上升沿或下降沿,

Verilog HDL 提供了 posedge(上升沿)与 negedge(下降沿)两个关键字来进行描述。

例如,同步置位/清零的时序逻辑。

```
always @(posedge clk)
begin
    if (!reset)
        q = 0;
    else
        q <= d;
end
```

同步置位/清零是指只有在时钟的有效跳变时置位/清零,才能使触发器的输出分别转换为1或0。所以,不要把置位/清零信号列入 always 块的敏感信号列表中,但是必须在 always 块中首先判断 if 表达式中置位/清零信号的电平。

例如,同步置位/清零的计数器。

```
module sync(out,d,load,clr,clk);
input load,clk,clr;
input[7:0] d;
output[7:0]out;
reg[7:0] out;
always @ (posedge clk)          //clk 上升沿触发
begin
    if (!clr)   out <= 8'h00;   //同步清 0,低电平有效
    else if (load) out <= d;    //同步置数
    else     out <= out + 1'b1; //计数
end
endmodule
```

在上例中,敏感信号列表中没有列出输入信号 load、clr,这是因为它们是同步置数、同步清零,这些信号要起作用,必须有时钟的上升沿来到。

异步清零:

```
module async(q,clk,clr,d);
input d,clk,clr;
output q;
reg q;
always @ (posedge clk or posedge clr)
begin
    if (clr)                    //异步清 0,clr 信号上升沿来时清零,故高电平清零有效
        q <= 1'b0;
    else
        q <= d;
end
endmodule
```

异步置位/清零是与时钟无关的,当异步置位/清零信号到来时,触发器的输出立即被置为1或0,不需要等到时钟沿到来才置位/清零。所以,必须要把置位/清零信号列入 always 块的敏感信号列表中。上例敏感信号列表中列出输入信号 clr,clr 信号上升沿来时清零,与时钟无关,故为异步清零。

如果敏感信号表达式改写如下：

```
always @ (posedge clk  or  negedge clear)
```

则表示 clear 信号下降沿到来时清零，此时，程序中 if (clr)应改为 if (!clr)即低电平清零有效。

3. 多 always 语句块

一个模块中可以有多个 always 语句块，每个 always 语句块只要有相应的触发事件产生，对应的语句就执行，这与各个 always 语句块书写的前后顺序无关，它们之间是并行运行的。

```
module many_always(clk1,clk2,a,b,out1,out2,out3);
input   clk1,clk2;//时钟输入信号1,2
input   a,b;
output out1,out2,out3;
wire    clk1,clk2;
wire    a,b;
reg     out1,out2,out3;
//当 clk1 的上升沿来时,令 out1 等于 a 和 b 的逻辑与
always @ (posedge clk1)
    out1 <= a & b;
//当 clk2 的下降沿来时,令 out2 等于 a 和 b 的逻辑或
always @ (negedge clk2)
    out2 <= a|b;
//当 a 或 b 的值发生变化时,令 out3 等于 a 和 b 的算术和
always @(a or b)
    out3 = a + b;
endmodule
```

4. always 和 initial 并存

在每一个模块（module）中，使用 initial 和 always 语句块的次数是不受限制的，但 initial 和 always 块不能相互嵌套。每个 initial 和 always 块的关系都是并行的，所有的 initial 和 always 语句块都是从 0 时刻并行执行。例如：

```
module clock_gen(clk);
output clk;
reg clk;
parameter period = 50,duty_cycle = 50;
initial
    clk = 1'b0;
always
    #(duty_cycle * period/100) clk = ～clk
initial
    #100 $finish;
endmodule
```

该程序运行的结果如下。

```
时刻 |执行的语句
0    | clk = 1'b0;
```

```
25 | clk = 1'b1;
50 | clk = 1'b0;
75 | clk = 1'b1;
100 | $finish;
```

2.5 块语句

实际电路中的某些操作需要多条 Verilog HDL 语句才能描述，这时就需要用块语句将多条语句复合在一起。块语句包括串行块 begin…end 和并行块 fork…join。当块语句包含一条语句时，块标识符可以省略。

2.5.1 串行块 begin…end

串行块又称为顺序块，格式如下。

```
begin
    语句 1;
    语句 2;
     ⋮
    语句 n;
end
```

块内的语句按照出现的顺序执行，即只有上面一条语句执行完后下面的语句才能执行。如果语句前面有延时符号"♯"，那么延时的长度是相对于前一条语句而言的。

```
begin
    rega = regb;
    regc = rega;                    //regc 的值为 rega 的值
end
```

由于 begin…end 块内的语句是顺序执行，第一条赋值语句先执行，rega 的值更新为 regb 的值，然后程序流程控制转到第二条赋值语句，regc 的值更新为 rega 的值。

用 begin…end 串行块实现延时器：

```
'timescale 100ns/100ns               //定义仿真时间单位为100ns
module begin_end(dout,din);          //本例为一个延时器,将输入数据延时 300ns 后输出
input din;
output dout;
wire  din;
reg   dout;
reg   temp1,temp2;                   //中间变量
always @ (din)
begin                                //begin…end之间的语句是顺序执行的
    #1  temp1 = din;                 //延时 100ns 执行
    #1  temp2 = temp1;               //当 temp1 = din 执行完毕后,延时 100ns 执行
    #1  dout = temp2;                //当 temp2 = temp1 执行完毕后,延时 100ns 执行
end
endmodule
```

用 begin…end 串行块产生信号波形,画出下列程序段中 r(reg 型)的仿真波形。

```
initial
begin
r = 1'b1;
#20   r = 1'b0;
#10   r = 1'b1;
#15   r = 1'b0;
#5    r = 1'b0;
end
```

由于语句是顺序执行的,因此产生的波形如图 2-11 所示。

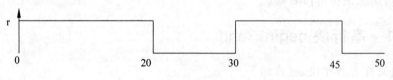

图 2-11　顺序语句块产生的波形

2.5.2　并行块 fork…join

并行块的格式如下。

```
fork
      语句 1;
      语句 2;
       ⋮
      语句 n;
join
```

块内语句是同时执行的,即程序流程控制一进入到该并行块,块内所有语句则开始同时并行地执行。如果语句前面有延时符号“#”,那么延时的长度是相对于 fork…join 块的开始时间而言的。

```
fork
    rega = regb;
    regc = rega;
join
```

由于 fork…join 块内的语句是同时执行的,在上面的块语句执行完后,rega 更新为 regb 的值,而 regc 的值更新为没有改变前的 rega 的值。故执行完后,regc 与 rega 的值是不同的。

如果要用 fork…join 并行块代替上述 begin…end 串行块实现输入数据延时 300ns 后输出,程序修改如下。

用 fork…join 并行块实现延时器:

```
`timescale 100ns/100ns          //定义仿真基本周期为100ns
module begin_end( dout,din);     //本例为一个延时器,将输入数据延时 300ns 后输出
input din;
```

```
output dout;
wire   din;
reg    dout;
reg    temp1,temp2;            //中间变量
always @(din)
fork                          //fork…join之间的语句是并行执行的
    #1   temp1 = din;'        //相对于块开始延时 100ns
    #2   temp2 = temp1;       //相对于块开始延时 200ns
    #3   dout = temp2;        //相对于块开始延时 300ns
join
endmodule
```

用 fork…join 并行块产生信号波形,画出下列程序段中 r(reg 型)的仿真波形。

```
initial
fork
r = 1'b1;
#20   r = 1'b0;
#10   r = 1'b1;
#15   r = 1'b0;
#5    r = 1'b0;
join
```

由于所有语句是并执行的,也就是说,以上所有语句都是从 0 时刻开始同时执行的,因此产生的波形如图 2-12 所示。

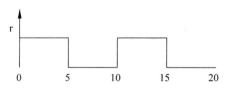

图 2-12　并行语句块产生的波形

在并行块和顺序块中都有一个起始时间和结束时间的概念。对于顺序块,起始时间就是第一条语句开始被执行的时间,结束时间就是最后一条语句执行完的时间。而对于并行块来说,起始时间对于块内所有的语句是相同的,即程序流程控制进入该块的时间,其结束时间是按时间排序在最后的语句执行完的时间。当一个块嵌入另一个块时,每个并行块和顺序块的关系都是并行的。例如:

```
module wave_test( x, y);
output x, y;
reg x, y;
initial
begin
    x = 0;
    y = 1;
    #5  x = 1;
fork
```

```
    #10    x = 1;
    #5     y = 0;
join
    #5     x = 0;
fork
    #15    y = 1;
    #10    x = 1;
join
    #5     y = 0;
end
endmodule
```

该程序产生的仿真波形如图 2-13 所示。

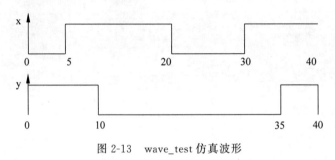

图 2-13　wave_test 仿真波形

2.6　赋值语句

Verilog HDL 有两种为变量赋值的方法，一种叫作连续赋值（Continuous Assignment），另一种叫作过程赋值（Procedural Assignment）。过程赋值又分为阻塞赋值（Blocking Assignment）和非阻塞赋值（Nonblocking Assignment）两种。

比较下面两段代码。

```
module or2gate (c,a,b);
input a,b;
output c;
wire c;
assign c = a | b;
endmodule
```

```
module or2gate (c,a,b);
input a,b;
output c;
reg c;
always @ (a or b);
    c = a |b;
endmodule
```

上面两段代码都实现一个或门电路，所不同的是左边采用的是连续赋值方法，而右边是过程赋值法。这一节将讨论这两种赋值方法的使用。

2.6.1　连续赋值

连续赋值常用于数据流行为建模。连续赋值语句位于过程块语句外，常以 assign 为关键字，是为线网型变量提供驱动的一种方法，它只能为线网型变量赋值，并且线网型变量也必须用连续赋值的方法赋值。线网型变量可以理解为实际电路中的导线，那么连续赋值就是给导线提供驱动的方法,也就是说,连续赋值负责把导线连到驱动源上。

注意:只有当变量声明为线网型变量后,才能使用连续赋值语句进行赋值。

语句格式:

```
assign 线网变量 = 表达式;
wire adder_out;
assign adder_out = mult_out + out;
```

上面两条语句的功能等价于:

```
wire adder_out = mult_out + out;          //隐含连续赋值语句
```

带函数调用的连续赋值语句:

```
assign c = max(a,b);          //调用了函数 max,将函数返回值赋给 c
```

说明:

(1) 连续赋值语句中"="的左边必须是线网型变量,右边可以是线网型、寄存器型变量或者是函数调用语句。

(2) 连续赋值语句属即刻赋值,即赋值号右边的运算值一旦变化,被赋值变量立刻随之变化。也就是说,右边的任意一个信号(驱动源)的任何变化都将随时反映到左边的信号上来。即驱动源的任何毛刺都会"毫无保留"地赋给左边的变量。

(3) 在连续赋值语句中,可以对电路的延时进行建模,当然也可以没有延时。

例如:assign ♯1 c = a | b ; //'timescale 1ns/1ns

这个语句表示该或门的延时为1ns,也就是说,从输入端信号变化到输出端体现变化需要1ns的时间。

assign语句中的延时特性通常被逻辑综合工具忽略,因为综合工具将 Verilog 语言模型综合成逻辑电路后,电路的延时是由基本的单元库和走线延时决定的,用户无法对逻辑单元指定延时,但是可以在综合和实现工具中添加时序约束,让工具尽量满足设计的时序要求。

(4) assign 可以使用条件运算符进行条件判断后赋值。

例如,以连续赋值方式描述一个比较器:

```
module compare2 (equal,a,b);
input [1:0] a,b;
output   equal;
assign   equal = (a == b)?1: 0;
endmodule
```

这个程序通过连续赋值语句描述了一个名为 compare2 的比较器。对两比特数 a、b 进行比较,如 a 与 b 相等,则输出 equal 为高电平,否则为低电平。

(5) 多条 assign 语句。

一个模块中可以有多条 assign 语句,每条 assign 语句只要赋值号右边的运算值变化,被赋值变量立刻随之变化。与各条 assign 语句书写的前后顺序无关,它们之间是并行运行的。

例如,采用连续赋值方式描述基本 RS 触发器:

```verilog
module rs_ff (q,qn,r,s);
input r,s;
output q,qn;
assign qn = ~(r & q);
assign q = ~(s & qn);
endmodule
```

上述代码综合视图如图 2-14 所示。

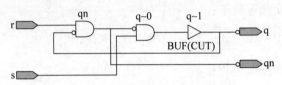

图 2-14　基本 RS 触发器 RTL 综合视图

2.6.2　过程赋值

过程赋值语句多用于对 reg 型变量进行赋值,这种类型变量在被赋值后,其值保持不变,直到赋值进程又被触发,变量才被赋予新值。过程赋值主要出现在过程块 always 和 initial 语句内,分为阻塞赋值和非阻塞赋值两种,它们在功能和特点上有很大不同。

1. 非阻塞(Non_Blocking)赋值方式

非阻塞语句用操作符号“＜＝”进行连接,其基本语法格式如下。

寄存器变量(reg) <= 表达式/变量

例如:

b <= a;

非阻塞赋值在整个过程块结束后才完成赋值操作,即 b 的值并不是立刻就改变的。这是一种比较接近真实的电路赋值和输出,因为它从综合的角度考虑到了延时和并行性。如果在一个块语句中有多条非阻塞赋值语句,在过程块被启动后,当执行某条非阻塞赋值语句时,仅计算“＜＝”右侧表达式的值,但并不马上执行赋值,然后继续执行后面的操作。这个过程就好像没有阻断程序的运行,因而被称为非阻塞赋值,多条非阻塞赋值操作是同时完成的,即在同一个顺序块中,非阻塞赋值表达式的书写顺序,不影响赋值的结果。

例如,连续的非阻塞赋值:

```verilog
module non_blocking(reg_c,reg_d,data,clk);
output reg_c,reg_d;
input clk,data;
reg reg_c, reg_d;
always @(posedge clk)
begin
    reg_c <= data;
    reg_d <= reg_c;
end
```

```
endmodule
```

将上面的代码用 Quartus Ⅱ 软件进行仿真,可以得到如图 2-15 所示的非阻塞赋值波形图。

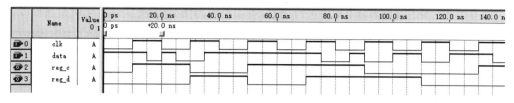

图 2-15　非阻塞赋值波形图

对于非阻塞赋值,在 data 上的任何变化将花费两个时钟周期传播到 reg_d。reg_d 的值落后 reg_c 的值一个时钟周期,这是因为该 always 块中两条语句是同时执行的,每次执行完后,reg_c 的值得到更新,而 reg_d 的值仍是上一时钟周期的 reg_c 值。这个 always 块实际描述的电路功能如图 2-16 所示,可以看到电路中用到了两个触发器。

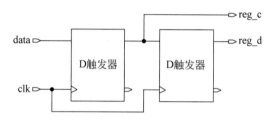

图 2-16　非阻塞赋值语句对应的电路

2. 阻塞(Blocking)赋值方式

阻塞语句用操作符号"＝"进行连接,其基本语法格式如下。

寄存器变量(reg) = 表达式/变量

例如:

```
b = a;
```

阻塞赋值在该语句结束时就立即完成赋值操作,即 b 的值在该条语句结束后立刻改变。如果在一个块语句中有多条阻塞赋值语句,那么写在前面的赋值语句没有完成之前,后面的语句就不能被执行,仿佛被阻塞了(blocking)一样,因而被称为阻塞赋值。连续的阻塞赋值操作是顺序完成的。

例如,连续的阻塞赋值:

```
module blocking(reg_c,reg_d,data,clk);
output reg_c,reg_d;
input clk,data;
reg reg_c, reg_d;
always @(posedge clk)
begin
```

```
        reg_c = data;
        reg_d = reg_c;
    end
endmodule
```

将上面的代码用 Quartus Ⅱ软件进行仿真，可以得到如图 2-17 所示的阻塞赋值波形图。

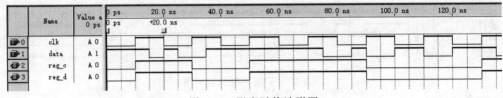

图 2-17　阻塞赋值波形图

对于阻塞赋值，reg_d 的值和 reg_c 的值一样，因为 reg_d 直到 reg_c 已经更新之后才被更新，二者的更新必须在一个时钟周期内发生。clk 信号的上升沿到来时，将发生如下的变化：reg_c 马上取 data 的值，reg_d 马上取 reg_c 的值（即等于 data），生成的电路图如图 2-18 所示只用了一个触发器来寄存 data 的值，同时输出给 reg_d 和 reg_c。可以看出，把非阻塞赋值改变成阻塞方式，消除了 reg_c 的寄存器，改变整个设计时序，这大概不是设计者的初衷。

为了避免出错，在同一个 always 块内，最好不要将输出再作为输入使用，为了用阻塞赋值方式完成与上述非阻塞赋值同样的功能，可采用两个 always 块来实现。在下面的例子中，两个 always 过程块是并发执行的。

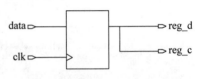

图 2-18　阻塞语句对应的电路

```
module non_blocking(reg_c,reg_d,data,clk);
output reg_c,reg_d;
input clk,data;
reg reg_c, reg_d;
always @(posedge clk)
begin
    reg_c = data;
end
always @(posedge clk)
begin
    reg_d = reg_c;
end
endmodule
```

阻塞赋值与非阻塞赋值是学习 Verilog 语言的难点之一，总的来说，多条阻塞赋值语句是顺序执行的，而多条非阻塞语句是并行执行的。下面列出了两者在使用上的一些注意事项。

（1）always 块描述组合逻辑（电平敏感）时使用阻塞赋值。

例如：

```
module comb (out,a,b,c);
input a,b,c;
output out;
```

```
reg temp, out;
always @ ( * )                              // * 代表全部输入信号
begin
    temp = a | b;
    out = temp & c;
end
endmodule
```

上述代码综合视图如图 2-19 所示。

由于任何一个输入信号发生变化,out 必然发生变化,因此在 always 的敏感列表中包含所有输入信号。当输入信号都不变化的时候,out 变量将保持不变。因此从仿真语义上讲,需要一个寄存器变量来保存 out,这就是 Verilog 语言中寄存器类型变量的来历,而这个 out 变量需要定义为 reg 类型。但综合时并不一定会映射成一个实实在在的触发器硬件而是如图 2-19 所示的组合逻辑。

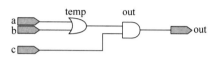

图 2-19　comb 模块 RTL 综合视图

（2）always 块描述时序逻辑（边沿敏感）时使用非阻塞赋值。建立 latch 模型时,采用非阻塞赋值语句。在一个 always 块中同时有组合和时序逻辑时,采用非阻塞赋值语句。

（3）不要在同一个 always 块内同时使用阻塞赋值和非阻塞赋值。

（4）无论是使用阻塞赋值还是非阻塞赋值,不要在不同的 always 块内为同一个变量赋值,因为很难保证不会引起赋值冲突。例如:

```
module wrong_assign(out, a, b, sel, clk);  //在不同的 always 块为相同的变量赋值
input a, b, sel, clk;
output out;
wire a, b, sel, clk;
reg  out;
//下面两个 always 块中都为 out 赋了值,但似乎不会引起冲突
always @ (posedge clk)
    if (sel == 1) out <= a;
always @ (posedge clk)
    if (sel == 0) out <= b;
endmodule
```

这里两个 always 块中都为 out 赋了值,似乎不会引起冲突。从逻辑上看,当 sel==1 时,第一个 always 块生效,当 sel==0 时,第二个 always 块生效,这是高级语言的思路,在硬件描述语言中却行不通。当 clk 上升沿来的时候,两个 always 块都生效,当 sel==1,第一个 always 块使 out 取 a 的值,而第二个 always 块虽然不满足 sel==0,out 不能取 b 的值,但 out 试图保持原来的值不变,由于这两个 always 块又是同时执行的,因而就有可能引起赋值冲突,即产生了竞争。所以如果想通过 sel 信号的控制实现二选一功能,可以修改代码如下。

```
module correct_assign(out, a, b, sel, clk);        //不要在不同的 always 块为同一变量赋值
input a, b, sel, clk;
output out;
wire a, b, sel, clk;
```

```
reg    out;
//在同一个 always 块内为同一个变量赋值
always @ (posedge clk)
    begin
        if (sel == 1)
            out <= a;
        else
            out <= b;
        end
endmodule
```

本节分别介绍了连续赋值和过程赋值的使用方法,下面给出两个连续赋值与过程赋值混合的实例。

```
module cp1(out1,out2, a,b);
input a,b;
output out1,out2;
reg out1;
wire out2;
assign out2 = a ^ b;
always @ (a or b) out1 = a || b;
endmodule

module cp2 (out1,out2,a,clk);
input a,clk;
output out1,out2;
reg out1;
wire out2;
assign out2 = a & ~out1;
always @ (posedge clk) out1 <= a;
endmodule
```

两个实例综合结果如图 2-20 和图 2-21 所示。可以看出,连续赋值语句综合后,生成的电路均为组合逻辑电路。过程赋值语句综合后结果视情况而定,第一个实例用 reg 类型变量生成组合逻辑电路,第二个实例用 reg 类型变量生成时序逻辑电路。因此,reg 只是在 always 块中被赋值的信号,往往代表触发器,但不一定是触发器。

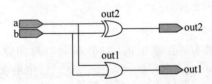

图 2-20　cp1 模块 RTL 综合视图

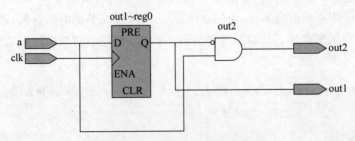

图 2-21　cp2 模块 RTL 综合视图

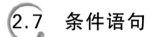

2.7 条件语句

条件语句有 if…else 语句、case 语句,这和 C 语言非常类似,但设计人员在用 Verilog HDL 进行编程的时候,应该时刻牢记自己设计的是电路,而不是软件,只有如此才能掌握好这门硬件描述语言。if…else 语句、case 语句都是顺序语句,应放在 always 块内,下面对这两种语句分别介绍。

2.7.1 if…else 语句

if 语句作为一种条件语句,它根据语句中所设置的一种或多种条件,有条件地执行指定的顺序语句。if 语句的结构大致可归纳成以下三种。

1. 只有一个 if 的形式

if (表达式) 语句;

例如:

if (a > b)   out = 1;

2. if…else 的形式

if (表达式)   语句 1;
else   语句 2;

例如:

if (a > b) out = 1;
else   out = 0;

3. if…else 嵌套形式

在这种形式中,if…else 可以无限嵌套,实现二叉树结构。

if (表达式 1) 语句 1;
else if (表达式 2) 语句 2;
else if (表达式 3) 语句 3;
       ⋮
else if (表达式 m) 语句 m;
else   语句 n;

例如:

if (a > b)   out1 = int1;
else if (a == b) out1 = int2;
else   out1 = int3;

在上述三种形式中,if 后面的表达式一般为逻辑表达式或关系表达式,也可能是一位的变量。执行 if 语句时，系统首先计算表达式的值，若结果为 0、x、z，按"假"处理，若结果为 1，按"真"处理，执行相应的语句，每条语句必须以分号结束。语句可以是单句，也可以是多句，多句时用 begin…end 块语句括起来，此时 end 后不需要再加分号，因为 begin…end 内是一个完整的复合语句。例如：

```
if(a > b)
begin
  out1 = int1;
  out2 = int2;
end
else
begin
  out1 = int2;
  out2 = int1;
end
```

注意：在第三种形式中，从第一个条件表达式开始依次判断，直到最后一个条件表达式判断完毕，如果所有的表达式都不成立，才会执行 else 后面的语句。这种判断上的先后次序，本身隐含着一种优先级关系，在使用时应予以注意。

```
always @ (sela or selb or a or b or c)        //多路选择器
begin
    if (sela)      q = a;        //if (sela)  等同于  if (sela == 1)
    else if (selb)  q = b;        //if (selb)  等同于  if (selb == 1)
    else            q = c;
end
```

上述代码描述的电路图如图 2-22 所示，if…else 嵌套可以实现多分支选择，但实现的是带有优先级的多分支选择，每次从两种选择中排除一种。这和后面介绍的 case 语句实现多分支选择不一样。

上述代码还可以用多个 if 语句实现：

```
always @ (sela or selb or a or b or c)        //多路选择器
begin
    q = c;
    if (selb)  q = b;
    if (sela)  q = a;
end
```

图 2-22　多路选择器

设计时通常知道哪一个信号到达的时间要晚一些，使到达晚的信号离输出近一些，以提高逻辑性能。上例中，输入信号 a 处于选择链的最后一级，也就是说，a 最靠近输出。

使用 if…else 嵌套过程中，应注意与 if 配对的 else 语句。通常，else 与最近的 if 语句配对。

下面用 if…else 语句实现中断优先级。

```
module interrupt (active, int0, int1, int2, int3);
input int0, int1, int2, int3;
output [3:0] active;
reg [3:0] active;
```

```
always @(int0 or int1 or int2 or int3)
begin
    active[3:0] <= 4'b0;
    if (int0)         active[0] <= 1'b1;
    else if (int1)    active[1] <= 1'b1;
    else if (int2)    active[2] <= 1'b1;
    else if (int3)    active[3] <= 1'b1;
end
endmodule
```

中断优先电路的 RTL 图如图 2-23 所示。

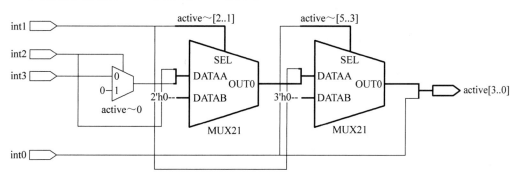

图 2-23　中断优先电路的 RTL 图

从该电路图可以分析出：int0、int1、int2、int3 具有从高到低的优先级。

2.7.2　case 语句

if…else 语句提供了选择操作,但如果选项数目较多,使用会很不方便,而实际问题中常常需要用到多分支选择,Verilog 语言提供的 case 语句直接处理多分支选择,通常用于描述译码器、数据选择器、状态机及微处理器的指令译码等,它的一般形式如下。

```
case(表达式)
    分支表达式 1: 语句 1;
    分支表达式 2: 语句 2;
      ⋮
    分支表达式 n: 语句 n;
    default: 语句 n + 1;        //如果前面列出了表达式所有可能取值,default 语句可以省略
endcase
```

执行时,首先计算 case 后面表达式的值,然后与各分支表达式的值进行比较,如果与分支表达式 1 的值相等,就执行语句 1,与分支表达式 2 的值相等就执行语句 2,以此类推。如果与上面列出的分支表达式的值都不相同的话,就执行 default 后面的语句。每个分支项中的语句可以是单条语句,也可以是多条语句。如果是多条语句,则必须将 begin…end 块语句括起来构成复合语句。执行完任何一条分支项的语句后,跳出该 case 语句结构,终止 case 语句的执行。下面给出两个 case 实例。

（1）case 语句实现译码器的代码如下。

```
module decoder (sel,res);
```

```
input[2:0] sel;
output[7:0] res;
reg[7:0] res;
always @ (sel)
begin
    case (sel)
        3'b000 : res = 8'b00000001;
        3'b001 : res = 8'b00000010;
        3'b010 : res = 8'b00000100;
        3'b011 : res = 8'b00001000;
        3'b100 : res = 8'b00010000;
        3'b101: res = 8'b00100000;
        3'b110 : res = 8'b01000000;
        default: res = 8'b10000000;
    endcase
end
endmodule
```

(2) case 语句实现 3 人表决电路的代码如下。

```
module vote3 ( pass,a,b,c);
input a,b,c;                         // a,b,c 分别代表三人表决情况,为 1 时表示同意
output pass;                         //pass 代表最终的表决结果,为 1 时表示表决通过
reg pass;
always @ (a,b,c)
begin
  case ({a,b,c})                     //用 case 语句进行译码
  3'b000 : pass = 1'b0;
  3'b001 : pass = 1'b0;
  3'b010 : pass = 1'b0;
  3'b011 : pass = 1'b1;
  3'b100 : pass = 1'b0;
  3'b101 : pass = 1'b1;
  3'b110 : pass = 1'b1;
  3'b111 : pass = 1'b1;
  default: pass = 1'b0;
endcase
end
endmodule
```

case 语句综合后的电路,是不带优先级的多分支选择电路。

```
case (sel)
    2'b00: q = a;
    2'b01: q = b;
    2'b10: q = c;
    default:q = d;
endcase
```

上述代码描述的电路如图 2-24 所示,在多个条件分支处于同一个优先级时,使用 case

语句；在多个条件分支处于不同优先级时，使用 if…else 嵌套形式。

在 case 语句中，表达式与分支表达式 1～分支表达式 n 之间的比较是一种全等比较，必须保证两者的对应位全等。如果表达式的值和分支表达式的值同时为不定值或者同时为高阻态，则认为是相等的。

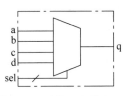

图 2-24　四选一电路（case）

```
case (a)
    2'b1x:out = 1;              //只有 a = 1x,才有 out = 1
    2'b1z:out = 0;             //只有 a = 1z,才有 out = 0
```

case 语句还有两种变种，即 casez 语句和 casex 语句。在 casez 语句中，将忽略比较过程中值为 z 的位，即如果比较的双方（表达式的值与分支表达式的值）有一方的某些位的值是 z，那么对这些位的比较就不予考虑，只需关注其他位的比较结果。而在 casex 语句中，则把这种处理方式进一步扩展到对 x 的处理，即将 z 和 x 均视为无关值。

```
casex (a)
    2'b1x: out = 1;            //如果 a = 10、11、1x、1z 等,都有 out = 1
casez (a)
    3'b1??: out = 1;          //如果 a = 100、101、110、111 或 1xx、1zz 等,都有 out = 1
    3'b0?1: out = 1;          //如果 a = 001、011、0x1、0z1,都有 out = 1
```

casez 和 casex 使设计人员可以更加灵活地设置以对信号的某些位进行比较。例如：

```
casez (encoder)
    4'b1???: high_lvl = 3;
    4'b01??: high_lvl = 2;
    4'b001?: high_lvl = 1;
    4'b0001: high_lvl = 0;
    default: high_lvl = 0;
```

如果 encoder = 4'b1zzz，则程序执行结果为 high_lvl = 3。即如果最高位为 1，其他位不予考虑，输出为 3。

又如：

```
casex (encoder)
    4'b1xxx : high_lvl = 3;
    4'b01xx : high_lvl = 2;
    4'b001x : high_lvl = 1;
    4'b0001 : high_lvl = 0;
    default : high_lvl = 0;
```

如果 encoder = 4'b1xzx，则程序执行结果为 high_lvl = 3。

case、casez、casex 的真值表如表 2-11 所示。

表 2-11　case、casez、casex 的真值表

case	0	1	x	z	casez	0	1	x	z	casex	0	1	x	z
0	1	0	0	0	0	1	0	0	1	0	1	0	1	1
1	0	1	0	0	1	0	1	0	1	1	0	1	1	1
x	0	0	1	0	x	0	0	1	1	x	1	1	1	1
z	0	0	0	1	z	1	1	1	1	z	1	1	1	1

除了上面介绍的 if…else 语句、case 语句,还有一种是前面简单介绍过的条件操作符"?:"它也能实现条件结构。例如,用条件操作符实现 1 位数值比较器:

```
assign out = (a > b) ? 1 : 0          //表述简洁易懂
```

2.7.3　条件的描述完备性

如果 if 语句和 case 语句的条件描述不完备,会产生不必要的锁存器。而锁存器容易引起竞争冒险,同时静态时序分析工具也很难分析穿过锁存器的路径。所以在数字同步逻辑设计中应该尽量避免产生锁存器。

在使用条件语句时,应注意列出所有条件分支,否则会在电路中引进一个锁存器保持原值。当然,一般不可能列出所有分支,因为每一个变量至少有 4 种取值 0、1、x、z。为了包含所有分支,可在 if 语句最后加上 else;在 case 语句的最后加上 default 语句。遵循上面两条原则,就可以避免引入不必要的锁存器,使设计者更加明确设计目标,同时也增强了 Verilog程序的可读性。

1. if 语句条件不完全情况

```
if (a == 1'b1) q = 1'b1;              //生成锁存器
```

如果 a==1'b0,q=?,q 将保持原值不变,这意味着有可能会发生错误,例如,当 a=1时,输出 q=1;之后 a 的值从 1 变为 0,输出将依旧保持 1 不变,从而发生错误。逻辑综合时生成了并不想要的锁存器。修改代码如下。

```
if (a == 1'b1) q = 1'b1;
else q = 1'b0;                        //q有明确的值,不会生成锁存器
```

比较下列两段代码。

```
//修改前,有锁存器
module incpif (a, b, c, d, q);
input a, b, c, d;
output q;
reg q;
always @(a or b or c or d)
    if (a & b)
        q = d;
    else if (a & ~b)
        q = ~c;
endmodule
```

```
//修改后,没有锁存器
module compif (a, b, c, d, q);
input a, b, c, d;
output q;
reg q;
always @(a or b or c or d)
    if (a & b)
        q = d;
    else if (a & ~b)
        q = ~c;
    else
        q = 'bx;
endmodule
```

修改前的代码,由于 if 语句条件不完备,综合后产生锁存器,如图 2-25 所示。对于修改后的代码,综合工具将 1'bx 作为无关值,对没有定义的项给出了默认行为,其综合结果为纯组合逻辑电路,没有不期望的锁存器产生,如图 2-26 所示。

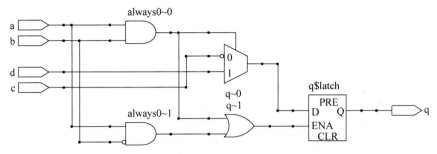

图 2-25　if 语句条件不完备 RTL 综合视图(代码修改前)

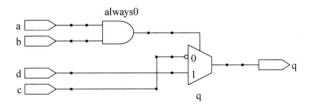

图 2-26　if 语句条件完备 RTL 综合视图(代码修改后)

2. case 语句条件不完全情况

Verilog HDL 程序另一种偶然生成锁存器是在使用 case 语句时缺少 default 项的情况下发生的。比较下列两段代码,可以看到左边的 case 语句中,如果 i_sel = 2'b11, q= i_a, 而 i_sel = 2'b10, q= i_b。这个例子中不清楚的是:如果 i_sel 取 11 和 10 以外的值时,q 将被赋予什么值? 由于赋值不明确,即默认为 q 保持原值,这就会自动生成锁存器。右边的例子很明确,程序中的 case 语句有 default 项,指明了如果 i_sel 不取 11 或 10 时,q 赋为'bx, 因此不需要锁存器。

```
//修改前,有锁存器                        //修改后,无锁存器
module inccase (i_sel, i_a, i_b,q);      module inccase (i_sel, i_a, i_b,q);
input[1:0] i_sel;                        input[1:0] i_sel;
input i_a, i_b;                          input i_a, i_b;
output q;                                output q;
reg q;                                   reg q;
always @(i_sel or i_a or i_b)            always @(i_sel or i_a or i_b)
  case (i_sel)                             case (i_sel)
    2'b11: q = i_a;                          2'b11: q = i_a;
    2'b10: q = i_b;                          2'b10: q = i_b;
  endcase                                    default: q = 'bx;
endmodule                                  endcase
                                         endmodule
```

case 语句修改前和修改后的 RTL 综合视图分别如图 2-27 和图 2-28 所示,可以看到修改前的 RTL 综合视图里存在锁存器,而修改后的综合视图里没有锁存器。

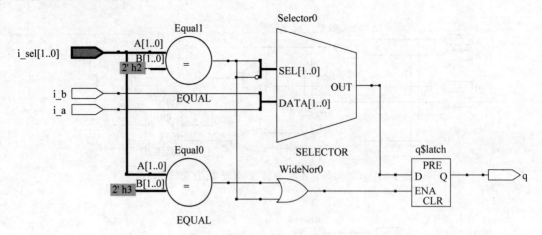

图 2-27　case 语句条件不完备 RTL 综合视图(代码修改前)

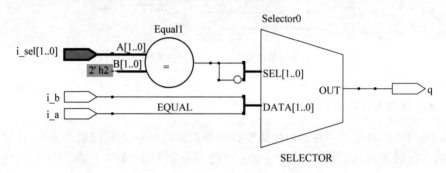

图 2-28　case 语句条件完备 RTL 综合视图(代码修改后)

3. 综合指令

大多数综合工具都能处理综合指令,综合指令可以嵌在 Verilog 注释中,因此它们在 Verilog 仿真时被忽略,只在综合工具解析时有意义,不同工具使用的综合指令在语法上不同。但其目的相同,都是在 RTL 代码内部进行最优化。通常综合指令中包含工具或公司的名称。

如前所述,case 和 if 语句一样,都是用于选择输出的,但是 case 语句隐含的是平行的电路结构。例如,全译码的 case 语句如下。

```
module comcase (a, b, c, d, e);
input a, b, c, d;
output e;
reg e;
always @(a or b or c or d)
begin
    case ({ a, b})
        2'b11: e = d;
        2'b10: e = ~c;
        2'b01: e = 1'b0;
```

```
            2'b00: e = 1'b1;
        endcase
end
endmodule
```

综合之后的电路如图 2-29 所示,可以分析出来,电路具有平行的结构。

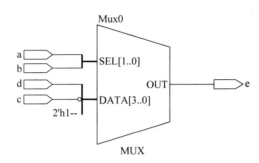

图 2-29   完全译码 case 语句的 RTL 图

当 case 语句的条件没有完全译码时,会引起具有优先级的电路结构。而且若某两个分支选项相互重叠时,case 所暗含的优先级顺序就起作用,写在前面的分支项优先级高,并在编译时,Quartus 会出现警告,如果想强制 DC(综合)将电路综合成没有优先级的结构,可以使用 DC 的综合指令。将电路综合成平行结构,例如:

```
module case_parallel (w, x, b);
input  [1:0] w;
input  [1:0] x;
output [1:0] b;
reg [1:0] b;
always @ (w or x)
begin
    case (2'b11)//synopsys parallel_case
        w:    b <= 2'b10;
        x:    b <= 2'b01;
    endcase
end
endmodule
```

在该例子中,使用了 DC 的综合指令,即//synopsys parallel_case 语句,以//synopsys 开头的语句是 DC 的综合指令,即告诉 DC 将后面的电路综合成为平行的电路结构,综合之后的电路图如图 2-30 所示。

将电路综合成 full_case 的结构:在以上的组合逻辑电路中,如果分支项没有包含所有的情况,则会综合成锁存器。可以用 default 来避免这种情况,对于不关心的情况,随便赋一个值,但是这种随意的赋值付出的代价就是逻辑资源。若用//synthesis full_case 则综合器会自动对没列出的情况赋值,并且它赋的值有利于减少逻辑资源的消耗,就如化简卡诺图一样,对于不关心的情况,就给它一个 x,在化简的时候它既可以作为 0,又可以作为 1,显然比给它一个 0 或者 1 要好点儿,这就是要用//synthesis full_case 的原因。

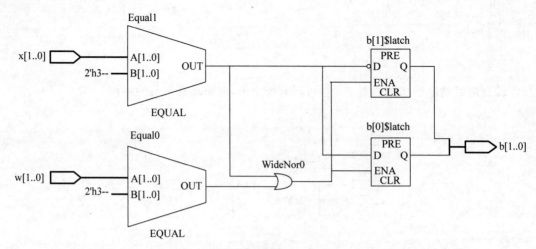

图 2-30　将不完全译码电路综合成 parallel case 的 RTL 图

上题中如果将//synopsys parallel_case 的综合指令改为//synopsys full_case,由于 DC 综合的时候忽略了 w 和 x 可能的其他情况,因此,综合出来的电路如图 2-31 所示。

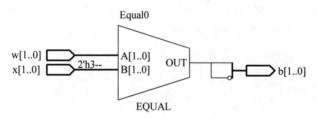

图 2-31　将不完全译码电路综合成 full case 的 RTL 图

由以上的综合结果可以看出,加上综合指令之后,综合的电路与实际的 Verilog 模型表示的电路不一致,而且综合指令只能被 synopsys 的综合工具所识别,仿真工具无法识别,因此,在使用综合指令时必须谨慎。

2.8　循环语句

在 Verilog HDL 中存在着 4 种类型的循环语句: forever、repeat、while 和 for。用来控制执行语句的执行次数。所有的循环语句只能在 initial 和 always 语句内部使用。其中,for 语句能被大多数综合工具所支持,其他 3 条语句在仿真时用得较多,不一定能被综合工具支持。

forever:连续的执行语句。

repeat:连续执行一条语句 n 次。

while:执行一条语句直到某个条件不满足。

for:有条件的循环语句。

下面对各种循环语句详细地进行介绍。

2.8.1 forever 语句

forever 语句的格式如下。

```
forever    语句;
```

或:

```
forever
begin
    语句 1;
    语句 2;
      ⋮
end
```

forever 表示永久循环,无条件地无限次执行其后的语句,相当于 while(1),直到遇到系统任务 \$finish 或 \$stop,如果需要从循环中退出,可以使用 disable。循环语句多用于生成时钟等周期性波形,它与 always 语句的不同之处在于不能独立写在程序中,而必须写在 initial 块中。例如:

```
initial
begin
    clk = 0;
    forever #25 clk = ～clk;
end
```

这一实例产生时钟波形,clk 在 0 时刻首先被初始化为 0,此后每隔 25 个时间单位,clk 反相一次。主要用于仿真测试,不能进行逻辑综合。

2.8.2 repeat 语句

repeat 语句的格式如下。

```
repeat(循环次数表达式) 语句;
```

或:

```
repeat(循环次数表达式)
begin
        语句 1;
        语句 2;
         ⋮
end
```

repeat 语句执行其表达式所确定的固定次数的循环操作,循环次数表达式通常为常量表达式,用于指定循环次数。如果循环次数表达式的值不确定,即 x 或 z,则循环次数按 0 处理。例如:

```
if (rotate == 1)
    repeat (8)
```

```
        begin
            tmp = data[15];
             data = data << 1 + tmp;        //data 循环左移 8 次
        end
```

下面的例子中使用 repeat 循环语句、加法和移位操作来实现 8 位二进制乘法。

```
module mult_acc (out,opa,opb);
parameter size = 7, longsize = 15;
input[size:0] opa,opb;
output[longsize:0] out;
wire [size:0] opa, opb;
reg [longsize:0] out;
reg [longsize:0] temp_opa;
reg [size:0] temp_opb;
always @ (opa or opb)
begin
out = 0;
temp_opa = {8'b00000000, opa};
//temp_opa[size:0] = opa;
temp_opb = opb;
repeat (8)
begin
if (temp_opb[0])                        //如果 opb 的最低位为 1,就执行下面的加法
out = out + temp_opa;
else
out = out;
temp_opa = (temp_opa << 1);             //操作数 opa 左移一位
temp_opb = (temp_opb >> 1);             //操作数 opb 右移一位
end
end
endmodule
```

8 位二进制乘法仿真结果如图 2-32 所示。

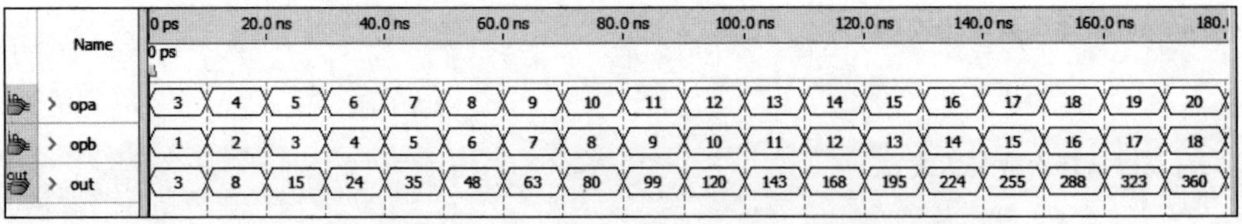

图 2-32　8 位二进制乘法仿真波形图

2.8.3　while 语句

while 语句的格式如下。

```
while(表达式)  语句;
```

或用如下格式:

```
while(表达式)
begin
    语句 1;
    语句 2;
       ⋮
end
```

while 语句在执行时,首先判断表达式是否为真,若为真,则执行后面的过程语句,否则就不执行循环体。如果表达式在开始时为假,则过程语句永远不会被执行。如果条件表达式的值为 x 或 z,则按 0(假)处理。

下面举一个 while 语句的例子,该例子用 while 循环语句实现从 0 到 100 计数并显示出来。

```
initial
begin
    count = 0;
    while (count < 101)
    begin
        $ display ("count  =  % d",count);
        count = count + 1;
    end
end
```

2.8.4　for 语句

for 语句的一般形式为(同 C 语言类似):

for(循环变量赋初值;条件表达式;循环变量增值)　语句;

或:

```
for(循环变量赋初值;条件表达式;循环变量增值)
begin
    语句 1;
    语句 2;
       ⋮
end
```

for 通过以下三个步骤来决定语句的循环执行。

(1) 先给控制循环次数的循环变量赋初值。

(2) 判定控制循环的条件表达式的值,如为假则跳出循环语句,如为真则执行指定的语句后,转到第(3)步。

(3) 执行一条赋值语句来修正控制循环变量次数的变量的值,然后返回第(2)步。

下面给出三个使用 for 循环语句的实例。

例如,用 for 语句来实现 8 位数据中低 4 位左移到高 4 位。

```
integer i;
always @ (inp or cnt)
begin
```

```
            result[7:4] = 0;
            result[3:0] = inp;
            if(cnt == 1)
            begin
                for(i = 4; i <= 7; i = i + 1)
                begin
                    result [i] = result [i-4];
                end
                result[3:0] = 0;
            end
        end
    end
end
```

例如,在一个时钟周期内用 for 语句计算出 13 路脉冲信号为高电平的个数。

```
module test_1(clk, rst, datain, numout);
input clk;
input rst;
input [12:0] datain;                    //输入 13 路数据
output [15:0] numout;                   //13 路数据电平为高的路数
wire [15:0] numout;
integer i;
reg [15:0] num;
always @ (posedge clk)
begin
    if (!rst)
    begin
        num = 0;
    end
    else
    begin
        for (i = 0; i < 13; i = i + 1)    //用 for 循环进行计算
        begin
            if (datain [i ])  num = num + 1'b1;
        end
        end
end
assign numout = num;
endmodule
```

例如,用 for 语句描述的 7 人投票表决器。vote[7:1]表示 7 人的投票情况,vote[i]=1
代表第 i 个人赞成; pass 表示表决结果,当 pass=1 时,表示表决通过。

```
module voter7 (pass, vote);
input [7:1] vote;
output pass;
reg pass;
reg[2:0] sum; integer i;
always @ (vote)
begin sum = 0;
for (i = 1; i <= 7; i = i + 1)              //用 for 循环进行计算
    if(vote[i]) sum = sum + 1'b1;
```

```
        if (sum[2]) pass = 1;              //超过 4 人赞成时,sun[2] = 1
    else pass = 0;
    end
    endmodule
```

2.8.5 disable 语句

一般情况下,循环语句都留有正常的出口用于退出循环,但是在有些特殊情况下,仍需要强制退出循环。本节介绍 disable 语句强制退出循环的方法。要使 disable 强制退出循环,首先要给循环部分起一个名字,起名的方法是在 begin 后面添加":名字"。事实上,disable 可以中止任何有名字的 begin_end 块。例如:

```
//做 4 次加 1 操作后强制退出循环,然后继续执行后续操作
begin:continue
    for (i = 0 ; i < 5 ; i = i+ 1)
    begin
        sum = sum + 1;
        if (i == 3) disable continue;
    end
end
后续操作 1;
后续操作 2;
⋮
```

2.9 task 和 function 说明语句

Verilog HDL 是分模块来对系统进行描述的,但有时这种划分并不一定方便,Verilog HDL 因此还提供了任务和函数的描述方法。可在一个模块内,将一些重复描述部分或功能比较单一的部分,作为一个任务或函数相对独立地进行描述,从而简化程序的结构,增强代码的易懂性且便于理解和调试。注意 task 和 function 定义和调用都包含在一个 module 模块内部,格式与 module 模块类似,但也有不同。它们一般用于行为建模,在编写测试验证程序时用得较多,很多逻辑综合软件都不能很好地支持任务和函数。

2.9.1 task 说明语句

task 类似于一般编程语言中的 process(过程),它不带返回值,因此不可以将它用于表达式中。它可以从描述的不同位置执行共同的代码,通常把需要共用的代码段定义 task,然后通过 task 调用来使用它。task 的使用包括 task 的定义和 task 调用。

1. task 的定义

task 定义的形式如下。

```
task <任务名>;                          //注意无端口列表
//定义端口以及内部变量
```

```
input      输入端口名;               //可以有一个或多个输入端口,也可以没有
output     输出端口名;               //可以有一个或多个输出端口,也可以没有
inout      双向端口名;               //可以有一个或多个双向端口,也可以没有
wire       内部变量名;               //可以有一个或多个内部变量,也可以没有
reg        内部变量名;
//任务主体
begin
     语句 1;
     语句 2;
       ⋮
     语句 n;
end
endtask
```

任务定义结构不能出现在任何一个过程块(always 和 initial)的内部,在任务内部定义的变量,作用域是在 task 和 endtask 之间。任务只有在被调用时才执行。

2. task 的调用

启动任务并传递输入/输出变量的声明语句的语法如下。

任务的调用:

```
<任务名> (端口 1,端口 2,…,端口 n);
```

task 调用语句是过程性语句,因此只能出现在 always 和 initial 过程块中,调用 task 的输入与输出参数必须是寄存器类型的;调用时,参数列表必须与任务定义时的输入、输出和双向端口参数说明的顺序相匹配。

下面的例子说明怎样定义任务和调用任务。

任务定义:

```
task  test;
input a,b,c;
output d,e;
d = a & b;                          //对任务的输出变量赋值
e = a|c;
endtask
```

任务调用:

```
test(in1,in2,in3,out1,out2);
```

调用任务 test 时,变量 in1、in2 和 in3 的值赋给 a、b 和 c,而任务执行完后,d 和 e 的值赋给了 out1 和 out2。

下面用一个具体的例子用来说明怎样在模块的设计中使用任务,而且使程序容易读懂。

```
module traffic_lights;
reg  clock, red, amber, green;
parameter  on = 1, off = 0, red_tics = 350,
amber_tics = 30,green_tics = 200;
//交通灯初始化
```

```
initial    red = off;
initial    amber = off;
initial    green = off;
//交通灯控制时序
always
begin
    red = on;                              //开红灯
    light(red,red_tics);                   //调用等待任务
    green = on;                            //开绿灯
    light(green,green_tics);               //等待
    amber = on;                            //开黄灯
    light(amber,amber_tics);               //等待
end
//定义交通灯开启时间的任务
task   light;                              //注意此行不需要端口名列表
output   color;                            //task 的输出变量
input[31:0] tics;                          //task 的输入参量
begin
    repeat (tics) @ (posedge clock);       //等待 tics 个时钟的上升沿
    color = off;//关灯
end
endtask
//产生时钟脉冲的 always 块
always
begin
    #100 clock = 0;
    #100 clock = 1;
end
endmodule
```

用 ModelSim 运行上面的程序,得到如图 2-33 所示的仿真波形。

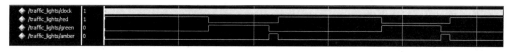

图 2-33   traffic_lights 仿真波形(modelsim)

这个例子描述了一个简单的交通灯的时序控制,并且该交通灯有它自己的时钟产生器。不过对于 repeat (tics) @ (posedge clock)这种语句系统是综合不了的,即系统不能把它转换成具体的电路。

例如,一个 CPU 总线控制的任务如下。

```
'timescale 1ns/10ps
module bus_ctrl_tb;
reg [7: 0] data;
reg     data_valid;
reg     data_rd;
cpu u1(data_valid, data,data_rd);
initial
begin
```

```
        cpu_driver (8'b0000_0000);              //任务调用
        cpu_driver (8'b1010_1010);              //任务调用
        cpu_driver (8'b0101_0101);              //任务调用
    end
    //定义任务
    task cpu_driver;
    input [7:0] data_in;
    begin
        #30 data_valid = 1;
            wait (data_rd == 1);
        #20 data = data_in;
            wait (data_rd == 0);
        #20 data = 8'hzz;
        #30 data_valid = 0;
    end
    endtask                                     //任务结束
    endmodule
```

2.9.2　function 说明语句

函数的目的是返回一个用于表达式的值。函数至少需要一个参数,且参数必须都为输入端口,不可以包含输出端口或双向端口。函数必须有一个返回值,返回值被赋给和函数名同名的变量,这也决定了函数只能存在一个返回值。function 的使用包括 function 的定义和 function 调用。

1. function 的定义

function 定义的形式如下。

```
function <返回值位宽或类型说明> (函数名); //注意无端口列表
//定义端口以及内部变量
input    输入端口名;                      //至少要有一个输入端口作为参数
wire     内部变量名;                      //定义内部变量
reg      内部变量名;                      //定义内部变量
//函数主体
begin
    语句1;
    语句2;
     ⋮
    语句n;
end
endfunction
```

函数定义结构不能出现在任何一个过程块(always 和 initial)的内部;在函数内部定义的变量,作用域是在 function 和 endfunction 之间;函数定义不能包含任何时间控制语句,即任何 ♯、@ 或 wait 标识的语句;不含有非阻塞赋值语句;在函数的定义中必须有一条赋值语句给函数中的一个内部变量赋以函数的结果值,该内部变量具有和函数名相同的名字。请注意<返回值位宽或类型说明>这一项是可选项,如省略则返回值为一位寄存器类型数据。

例如,定义一个四选一的函数。

```
//function that specifies a mux4to1
function   mux4to1 ;                        //注意,此处为分号
input [3:0] X;
input [1:0] S4;
case(S4)
      0: mux4to1 = X[0];
      1: mux4to1 = X[1];
      2: mux4to1 = X[2];
      3: mux4to1 = X[3];
endcase
endfunction
```

2. function 调用

函数的调用是通过将函数作为表达式中的操作数实现的。function 调用既可以出现在过程块中,也可以出现在 assign 连续赋值语句中。

其调用格式如下。

<函数名> (<表达式> <表达式>);

下面的实例说明怎样定义函数和调用函数。

例如,通过调用 4 选 1 函数来实现 16 选 1。

```
module mux16to1 (W,S,f);
input [15:0] W;
input [3:0] S;
output reg f;
always @ (W,S)
   case (S[3:2])
      0: f = mux4to1 (W[3:0],S[1:0]);      //函数调用
      1:f = mux4to1 (W[7:4],S[1:0]);
      2:f = mux4to1 (W[11:8],S[1:0]);
      3:f = mux4to1(W[15:12],S[1:0]);
   endcase
endmodule
```

上述代码 RTL 综合视图如 2-34 所示。Mux0～Mux3 为 4 次调用 4 选 1 函数,Mux4 为 always 块中 S[3:2]构成的 4 选 1。

例如,用函数实现乘累加器(MAC)代码如下。

```
module mac(out,a, b,clk,clr);
output[15:0] out;
input[7:0] a, b;
input clk,clr;
wire[15:0] sum;
reg[15:0] out;
function[15:0] mult;                        //函数定义,mult 函数完成乘法操作
```

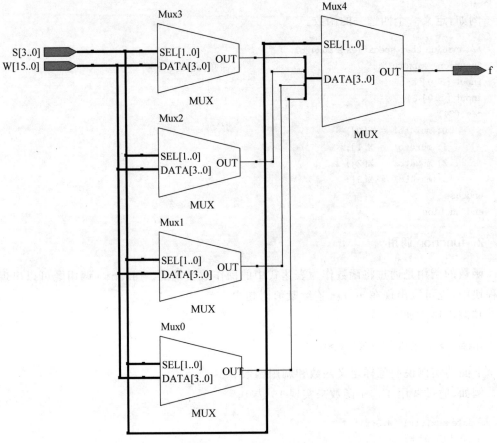

图 2-34　16 选 1RTL 综合视图

```
input[7:0] a, b;                           //函数只能定义输入端,输出端口为函数名本身
reg[15:0] result;
integer i;
begin
    result = a[0]? b : 0;
    for (i = 1; i <= 7; i = i+1)
    begin
            if ( a[i] == 1) result = result + ( b << i);
    end
    mult = result;
end
endfunction
assign sum = mult(a, b) + out;             //持续赋值中调用函数
always @ (posedge clk or posedge clr)
begin
    if (clr) out <= 0;
    else  out <= sum;
end
endmodule
```

2.9.3　task 和 function 说明语句的不同点

task 和 function 主要有下列几个不同点。

（1）function 可以调用其他函数但不能调用任务，而 task 能调用其他任务和函数。

（2）function 只能与主模块共用一个仿真时间单位，而 task 可定义自己的仿真时间单位。

（3）函数定义不能包含任何时间控制语句，即任何♯、@或 wait 标识的语句，任务定义则可以包含时间控制语句。

（4）function 至少要有一个输入变量，不能有输出和双向变量，而 task 可以没有变量或有多种任何类型的变量（包括 input、output 或 inout）。

（5）function 返回一个值，而 task 则不返回值。尽管 task 不带返回值，但 task 的参数可以定义为输出端口或者双向端口，因此实际上任务可以返回多个值。

2.10　编译向导

Verilog HDL 和 C 语言一样也提供了编译向导（Compiler Directives）的功能。编译向导是 Verilog HDL 编译系统的一个组成部分，其含义就是在程序被编译之前，将编译向导（几种特殊的命令）进行预处理，然后再将预处理的结果和源程序一起进行通常的编译处理。

在 Verilog HDL 中，为了和一般的语句相区别，这些编译向导以符号"`"开头（反引号，注意这个符号是不同于单引号"'"的，在键盘上"`"通常位于数字 1 的左边）。这些编译向导的有效作用范围为定义命令之后到本文件结束或到其他命令定义替代该命令为止。Verilog HDL 提供了十几条编译向导语句，在这一节里只对常用的`define、`include、`timescale 进行介绍，其余的请查阅参考书。

2.10.1　宏定义语句`define

宏定义指定一个宏名代表一个字符串，在编译之前，编译器先将程序中出现的标识符全部替换为它所表示的字符串。它的一般形式为：

`define 标识符(宏名) 字符串(宏内容)

宏名可以用大写字母表示，也可以用小写字母表示。建议使用大写字母，以与变量名相区别。程序中，引用宏的方法是在宏名前面加上符号"`"。注：宏内容可以是空格，在这种情况下，宏内容被定义为空的。当引用这个宏名时，不会有内容被置换。

宏定义主要可以起到以下两个作用。

（1）用一个有意义的标识符取代程序中反复出现的含义不明显的字符串。例如：

```
`define  WORDSIZE 8
reg[1:`WORDSIZE]  data;                    //相当于定义 reg[1:8] data;
```

使用宏名 WORDSIZE 代替了无意义的数字，增加了程序的可读性。另外还有一个好处是，当需要改变某一个变量时，可以只改变 `define 命令行，一改全改。如将上面8位寄存器改为一个 16 位的寄存器,只需修改宏内容:`define　WORDSIZE 16。程序其他内容不必修改。由此可见,使用宏定义可以提高程序的可移植性和可读性。从这一点上看,宏定义和 parameter 型变量类似,不同的是宏定义的作用域是从宏定义语句开始直到程序结束,而 parameter 型变量的作用域是定义该变量的模块内。

(2) 用一个较短的标识符代替反复出现的较长的字符串。例如:

```
`define sum1 ina + inb + inc + ind
module calculate(out1, out2, ina, inb, inc, ind, ine);
input ina, inb, inc, ind, ine;
output[2:0]out1, out2;
wire ina, inb, inc, ind, ine;
reg[2:0]out1, out2;
always@(ina or inb or inc or ine)
begin
    out1 = `sum1 + ine;
    out2 = `sum1-ine;
end
endmodule
```

此外,在使用宏定义说明语句时,还需注意以下几点。

(1) 宏定义不是 Verilog HDL 语句,不必在行末加分号。如果加了分号会连分号一起进行置换。上题中如果把宏定义改为:

```
`define sum1 ina + inb + inc + ind;
```

经过宏展开以后:

```
out1 = ina + inb + inc + ind;  + ine;
out2 = ina + inb + inc + ind;  - ine;
```

显然出现语法错误。

(2) 宏定义语句可以出现在程序中的任意位置。通常,`define 命令写在模块定义的外面,作为程序的一部分,在此程序内有效。如果对同一个宏名做了多次定义,则只有最后一次定义生效。例如:

```
`define a = 1
module muti_define;
reg[1:0] out1, out2, out3;
initial
begin
  out1 = `a;
  `define a = 2
  out2 = `a;
  `define a = 3
  out3 = `a;
end
```

经过宏展开以后:

```
out1 = 1; out2 = 2, out3 = 3
```

（3）在编译前,所有引用的宏名被替换为宏内容,这个过程只是做简单的置换,不做任何语法检查。如果含义不正确,预处理时照样代入,只有在编译已被宏展开后的源程序时才会报错。所以在使用宏的时候要小心。

（4）在进行宏定义时,可以引用已定义的宏名,实现层层置换。例如:

```
`define aa a + b
`define cc c + `aa
module test;
reg   a, b, c,d;
wire out;
assign out = `cc + d;
endmodule
```

这样经过宏展开以后,assign 语句为:

```
assign   out = c + a + b+ d;
```

例如,元件符号如图 2-35 所示的带有宏定义的 8 分频器代码如下。

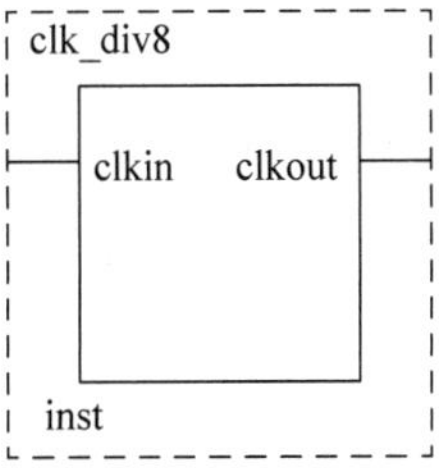

```
`define N 3
`define DataWidth `N
module  clk_div8(clkout,clkin);
input clkin;
output clkout;
reg clkout;
reg clkin;
reg[`DataWidth-1:0] counter;
always @(posedge clkin)
begin
        if(counter == `N)
        begin                        //每计到 4 个(0～3)上升沿,输出信号翻转一次
            counter <= 0;
            clkout <= ~ clkout;
        end
        else
            counter <= counter + 1;
end
endmodule
```

图 2-35　8 分频器符号图

仿真波形图如图 2-36 所示。

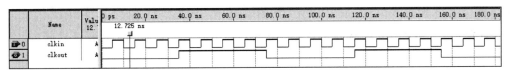

图 2-36　8 分频仿真波形图

偶数倍分频是最简单的一种分频模式,完全可通过计数器计数实现。如要进行 N 倍偶数分频,那么可由待分频的时钟触发计数器计数。一般的计算规则是:对一个 $2x$ 分频的电

路来说,counter 上限值是 $N=x-1$(从 0 计到 $x-1$ 恰好为 x 次,每 x 个上升沿翻转一次就实现了 $2x$ 分频)。通过修改 N 的值就能得到相应的偶数倍分频。

2.10.2　文件包含语句`include

文件包含语句可以将一个文件全部包含到另一个文件中。通常一个复杂的设计可能包含很多模块,各模块都单独保存为一个文件,当顶层模块调用子模块时,就需要到相应的文件中去寻找。Verilog HDL 提供了`include 命令用来实现这种"文件包含"操作。其格式为:

```
`include   "文件名"
```

`include 命令可以出现在程序中的任意位置,被包含文件名可以是相对路径名,也可以是绝对路径名。例如:`include "parts/count.v"。

现在考虑一个顶层模块 top,需要调用 3 个子模块:source1、source2 和 source3,它们分别存储在 source1.v、source2.v 和 source3.v 三个文件中。

使用文件包含命令完成顶层模块对各子模块的调用:

```
`include   "source1.v"
`include   "source2.v"
`include   "source3.v"
module top;
source source1();         //调用 source1 模块
source source2();         //调用 source2 模块
source source3();         //调用 source3 模块
endmodule
```

2.10.3　条件编译命令`ifdef、`else、`endif

一般情况下,Verilog HDL 源程序中所有的行都将参加编译。但是有时希望对其中的一部分内容只有在满足某种条件下才进行编译,这就是"条件编译",条件编译命令有以下几种形式。

```
`ifdef 宏名
      程序段
`endif
```

这种形式的意思是:当宏名在程序中被定义过时(用`define 语句定义),则编译下面的程序段,否则不编译。

注意:被忽略掉不进行编译的程序段也要符合 Verilog HDL 程序的语法规则。

```
`ifdef 宏名
      程序段 1
`else
      程序段 2
`endif
```

这种形式的意思是:当宏名在程序中已经被定义过时(用`define 语句定义),则对程序段 1 进行编译,程序段 2 将被忽略;否则编译程序段 2,程序段 1 被忽略。

条件编译语句的使用:

```
`define sum a + b
module condition_compile(out,a,b,c);
output[2:0] out;
input a,b,c;
`ifdef sum
assign out = sum + c;
`else
assign out = a + c;
`endif
endmodule
```

在上面的例子中,因为定义了`define sum,所以程序执行"assign out=sum+c;"。

2.10.4 时间尺度命令`timescale

`timescale 命令用于定义模块的仿真时间单位和时间精度,格式如下。

```
`timescale  <time_unit >/< time_precision >
`timescale  <时间单位>/<时间精度>
```

时间精度比时间单位小,最多两个一样大,用于说明时间单位和时间精度参量值的数字必须是整数,其有效数字为 1、10、100,单位为秒(s)、毫秒(ms)、微秒(μs)、纳秒(ns)、皮秒(ps)、飞秒(fs)。这几种单位的意义说明如表 2-12 所示。

表 2-12 时间单位意义说明

时 间 单 位	定 义	时 间 单 位	定 义
s	秒(1s)	ns	十亿分之一秒(10^{-9}s)
ms	千分之一秒(10^{-3}s)	ps	万亿分之一秒(10^{-12}s)
μs	百万分之一秒(10^{-6}s)	fs	千万亿分之一秒(10^{-15}s)

例如:

```
`timescale 1ns/100ps                      //时间单位为 1ns,时间精度为 100ps
```

`timescale 编译器命令在模块说明外部出现,并且影响后面所有的时延值。换句话说,只有定义了仿真时间单位,模块中的延时符号才有意义。而时间精度指的是模块仿真时间和延时的精确程度。在这个命令之后,模块中所有的时间值都表示 1ns 的整数倍,模块中的延迟时间可表达为带一位小数的实型数。

语句:assign #1.16 z = x | y;

如果采用`timescale 1ns/100ps 编译指令,由于时间单位是 1ns,时间精度是 100ps,即 0.1ns,根据四舍五入的规则,1.16ns 实际上对应 1.2ns 延时。如果采用`timescale 1ns/10ps 编译指令,由于时间单位是 1ns,时间精度是 10ps,即 0.01ns,那么 1.16ns 实际上对应 1.16ns 延时。

2.11 Verilog HDL 设计举例

为了使读者能深入理解使用 Verilog HDL 设计逻辑电路的具体步骤和方法,本节给出常用的基本逻辑电路(组合逻辑电路和时序逻辑电路)设计实例,以使读者初步掌握 Verilog HDL 描述电路的基本方法。

2.11.1 组合逻辑电路描述

1. 使用连续赋值语句描述电路

使用连续赋值语句描述如图 2-37 所示的电路。

由图 2-37 可以得到下面几个逻辑表达式。

$$g = ab + cd, \quad h = (a + \bar{b})(\bar{c} + d), \quad f = g + h$$

使用连续赋值语句描述代码如下。

```
module logic_express1 (a, b, c, d, f, g, h);
input a, b, c, d;
output f, g, h;
assign g = (a & b) | (c & d);
assign h = (a| ~ b) & (~ c |d);
assign f = g | h;
endmodule
```

2. 多位比较器

待比较的两个二进制数 a 和 b,宽度可以由用户定义,输出信号 a_equal_b、a_greater_b 和 a_less_b 依次标识 a=b、a>b 和 a<b,元件符号如图 2-37 所示,a、b 为宽度可调的两个数据输入端,a_equal_b、a_greater_b 和 a_less_b 分别为"等于""大于"和"小于"输出端,如图 2-38 所示。

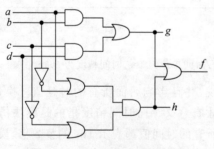

图 2-37 组合逻辑电路图实例

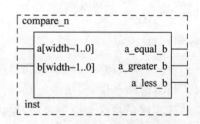

图 2-38 多位比较器电路的元件符号

```
module compare_n (a, b, a_equal_b, a_greater_b, a_less_b);
input [width-1:0] a, b;
output  a_equal_b, a_greater_b, a_less_b;
reg  a_equal_b, a_greater_b, a_less_b;
parameter width = 8;
```

```
always @ (a or b)                        //每当 a 或 b 变化时
begin
    if (a == b)
            a_equal_b = 1;                //设置 a 等于 b 的信号为 1
    else  a_equal_b = 0;
    if (a > b)
            a_greater_b = 1;             //设置 a 大于 b 的信号为 1
    else  a_greater_b = 0;
    if (a < b)
            a_less_b = 1;                //设置 a 小于 b 的信号为 1
    else  a_less_b =  0;
end
endmodule
```

3. 3-8 译码器电路

3-8 译码器是通过 3 条线来达到控制 8 条线的状态,即通过 3 条控制线不同的高低电平组合,一共可以组合出 8 种状态,在电路中主要起到扩展 I/O 资源的作用,元件符号如图 2-39所示,en 是译码器的使能控制端,din[2:0]是数据输入端,dout[7:0]是数据输出端(输出低电平有效)。

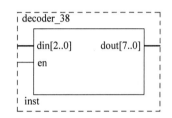

图 2-39 3-8 译码器电路元件符号

```
module decoder_38(din,en,dout);
input en;
input [2:0] din;
output [7:0] dout;
reg [7:0] dout;
always @ (din or en)
begin
    if (en == 1)  dout = 8'b1111_1111;
    else
    case (din)
        3'd0: dout = 8'b1111_1110;
        3'd1: dout = 8'b1111_1101;
        3'd2: dout = 8'b1111_1011;
        3'd3: dout = 8'b1111_0111;
        3'd4: dout = 8'b1110_1111;
        3'd5: dout = 8'b1101_1111;
        3'd6: dout = 8'b1011_1111;
        3'd7: dout = 8'b0111_1111;
    endcase
end
endmodule
```

4. ROM 的设计

在数字系统中,按照结构特点分类,ROM 属于组合逻辑,使用时需要事先将数据存入ROM 中,这就是存储器的初始化。系统运行过程中只有读操作,没有写操作。对于容量不大的 ROM,可以用数组或 case 语句来实现,元件符号如图 2-40 所示,addr[3:0]是 4 位地址线,可以实现存储器单元(字)的寻址;en 是使能控制端(即片选)输入信号,低电平有效,当

en＝0时,存储器处于工作状态(读出),当 en＝1 时,存储器处于禁止状态,输出 data 为高阻态(Z)。16×4 位 ROM 数组实现的代码如下。

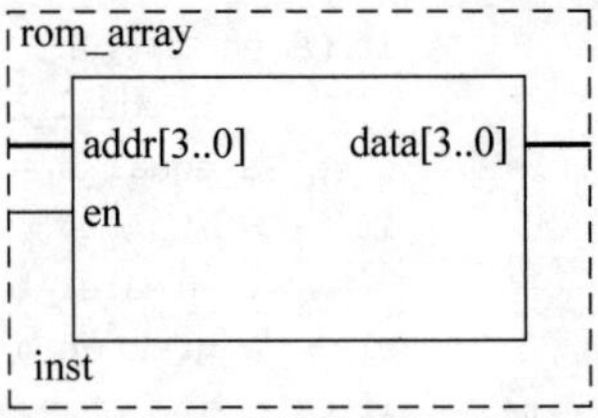

```
module rom_array (addr,en,data);
input [3:0] addr;
input en;
output [3:0] data;
reg [3:0] data;
reg [3:0] mem [15:0];
always @ (en or addr)
begin
    mem [0] = 4'b1111; mem[1] = 4'b1110; mem [2] = 4'b1101;mem [3] = 4'b1100;
    mem[4] = 4'b1011; mem [5] = 4'b1010; mem [6] = 4'b1001;mem [7] = 4'b1000;
    mem[8] = 4'b0111; mem[9] = 4'b0110; mem[10] = 4'b0101;mem[11] = 4'b0100;
    mem[12] = 4'b0011; mem[13] = 4'b0010; mem[14] = 4'b0001;mem [15] = 4'b0000;
    if (en)  data = 4'bzzzz;
    else data = mem[addr];
end
endmodule
```

图 2-40　16×4 位 ROM 元件符号

用 Verilog HDL 的 case 语句实现 16×4 位 ROM 的源程序如下。

```
module rom_case (addr,en,data);
input [3:0] addr;
input      en;
output[3:0] data;
reg[3:0]    data;
always @ (en or addr)
begin
    if (en)  data = 4'bzzzz;
    else
    case(addr)   //case 语句中的数据可以根据实践需要更改
        0: data = 4'b1111; 1:data = 4'b1110; 2:data = 4'b1101; 3: data = 4'b1100;
        4: data = 4'b1011; 5:data = 4'b1010; 6:data = 4'b1001; 7: data = 4'b1000;
        8: data = 4'b0111; 9: data = 4'b0110; 10:data = 4'b0101; 11:data = 4'b0100;
        12:data = 4'b0011; 13:data = 4'b0010; 14:data = 4'b0001; 15:data = 4'b0000;
        default : data = 4'bzzzz;
    endcase
end
endmodule
```

2.11.2　时序逻辑电路

1. 触发器设计

触发器是构成时序逻辑电路的基本元件,常用的触发器包括 RS、JK、D 和 T 等类型。下面以 JK 触发器为例,介绍触发器的设计方法。其中,J、K 为控制端,clk 为时钟输入端,q 为输出端,qn 为反相输出端。电路符号如图 2-41 所示,JK 状态转换情况如表 2-13 所示。

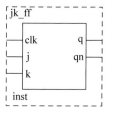

图 2-41 JK 触发器元件符号

表 2-13 JK 触发器的特性

clk	j	k	q
上升沿	0	0	保持
上升沿	0	1	0
上升沿	1	0	1
上升沿	1	1	求反
非上升沿	X	X	保持

```verilog
module jk_ff (clk,j,k,q,qn);
input clk,j,k;
output q,qn;
reg q;
assign qn = ~q;
always @(posedge clk)
begin
    case({j,k})
        2'b00: q <= q;
        2'b01: q <= 0;
        2'b10:q <= 1;
        2'b11:q <= ~q;
    endcase
end
endmodule
```

2. 锁存器

锁存器是一种用来暂时保存数据的逻辑部件,下面以具有三态输出 8D 锁存器为例,介绍锁存器的设计方法。锁存器的元件如图 2-42 所示,clr 是复位控制输入端,低电平有效。en 是使能控制输入端,当 en＝0 时,锁存器的状态保存不变;当 en＝1 时,锁存器处于工作状态。oe 是三态输出控制端,oe＝1 时,输出为高阻态;oe＝0 时,锁存器为正常工作状态。

```verilog
module latch8 (clk,clr,en,oe,qout,data);
input [7:0]  data;
input       clk,clr,en,oe;
output[7:0] qout;
reg [7:0]   qout, temp;
always @ (posedge clk)
begin
    if (~clr) temp = 0;
    else if (en) temp = data;
    else      temp = qout;
    if (oe) qout = 8'bzzzzzzzz;
    else qout = temp;
end
endmodule
```

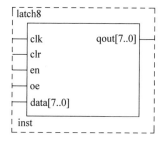

图 2-42 8D 锁存器元件符号

3. D 触发器

D 触发器输入只能在时钟信号 clk 的边沿变化时才能被写入存储器中,替换以前的值,常用于数据延迟以及数据存储块中。元件符号如图 2-43 所示。

```verilog
module dff_1 (clk ,data,q,qn);
input clk,data;
output q,qn;
reg q;
assign qn = ～q;
always @ (posedge clk)
begin
        q < = data;
end
endmodule
```

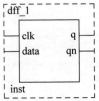

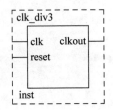

图 2-43   D 触发器元件符号   图 2-44   3 分频电路元件符号

4. 分频电路

在数字逻辑电路设计中,分频器是一种基本电路,用来对某个给定频率进行分频,以得到所需要的频率,通常分为奇、偶数分频。偶数分频在 2.10.1 节中介绍过,这里仅介绍奇数倍分频。奇数倍分频要比偶数倍分频复杂,对于任意奇数$(2n-1)$的 50% 占空比分频,实现方法不是唯一的,但最简单的是错位"异或"法,如 3 分频电路设计,元件符号如图 2-44 所示。

```verilog
module clk_div3 (div1,div2, clkout, clk, reset );
input clk;
input reset;
output clkout;
output div1,div2;
reg [1:0] count;
reg div1;
reg div2;
always @ (posedge clk)
begin
if (reset)
        count < = 2'b00;
else
        case (count)                        // case 语句实现 3 进制计数器
        2'b00 : count < = 2'b01;
        2'b01 : count < = 2'b10;
        2'b10 : count < = 2'b00;
        default : count < = 2'b00;
        endcase
end
always @(posedge reset or posedge clk)
```

```
begin
if (reset)
        div1 < = 1'b1;
else if (count == 2'b00 )
        div1 < = ～ div1;
end
always @ (posedge reset or negedge clk)
begin
if (reset)
        div2 < = 1'b1;
else if (count == 2'b10)
        div2 < = ～ div2;
end
assign clkout = div1 ^ div2;
endmodule
```

仿真波形如图 2-45 所示。

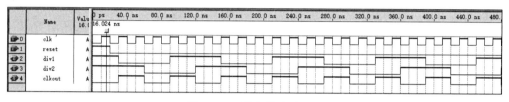

图 2-45　3 分频仿真波形图

由 3 分频可以推得任意奇数分频。则计数器 cnt 的模值为 $(2n-1)$,假设信号 1 为上升沿触发,在 cnt=0 时跳变,则信号 2 为下降沿触发,在 cnt=n 时跳变。这样就保持信号 1 和信号 2 间间隔 $(2n-1)/2$ 的周期,在 $(2n-1)\times 2$ 的周期内 clkout 为两个周期,实现了 $(2n-1)$ 的 50% 占空比分频。

5. 8 位二进制加法/减法计数器

计数器可以统计输入脉冲的个数,实现计时、计数等作用。常用的计数器包括二进制计数器、十进制计数器、加法计数器、减法计数器。下面以 8 位二进制加法/减法计数器为例,介绍计数器电路的设计,元件的符号如图 2-46 所示,clr 为计数器同步复位端,clr=0 时,计数器清零,load 是同步预置控制端,高电平有效。en 为使能控制输入端,高电平时,计数器可进行加或减计数。up_down 为加减控制端,up_down=1 加法计数,up_down=0 减法计数。

```
module updown_count(data,clk,clr,load,en,up_down,q);
input[7:0] data;
input clk,clr,load,en;
input up_down;
output[7:0] q;
reg[7:0] cnt;
assign q = cnt;
always @ (posedge clk)
begin
    if (!clr) cnt = 8'h00;          //同步清 0,低电平有效
```

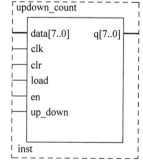

图 2-46　8 位二进制加法/减法计数器符号图

```
        else if (load) cnt = data;                //同步预置
        else if (en)
        begin
            if (up_down)                           //加法计数
                begin
                    if (cnt == 255)
                            cnt = 0;
                    else
                            cnt = cnt + 1'b1;
                end
            else                                   //减法计数
                begin
                    if (cnt == 0) cnt = 255;
                    else cnt = cnt − 1'b1;
                end
        end
    end
endmodule
```

上述代码仿真波形如图 2-47 所示。

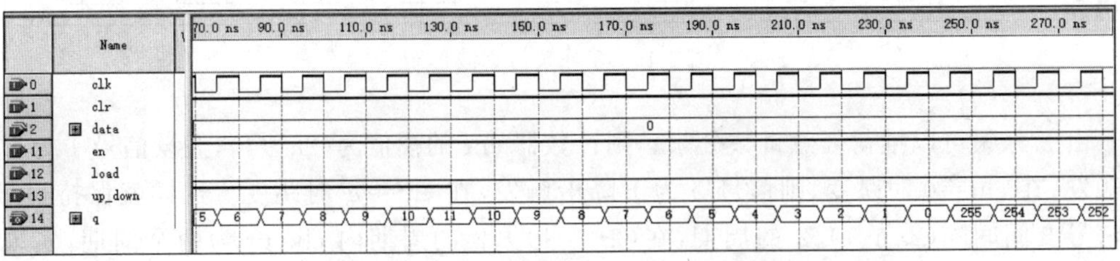

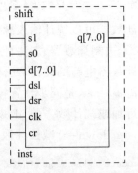

图 2-47　8位二进制加法/减法计数器仿真波形图

6. 8 位双向移位寄存器

本设计通过行为级描述语句 always 描述了一个 8 位双向移位寄存器,它有两个选择输入端(s0,s1)、两个串行数据输入端(dsl,dsr)、8 个并行数据输入端(d[7..0])和 8 个并行数据输出端(q[7..0]),具有异步清 0、同步置位、左移、右移和保存状态不变,元件符号如图 2-48 所示。

图 2-48　8 位双向移位寄存器

```
module shift (s1,s0,d,dsl,dsr,q,clk,cr);
input   s1,s0;                    //模式选择输入端
input   dsl,dsr;                  //串行数据输入端
input clk,cr;                     //时钟和复位端
input[7:0] d;                     //并行数据输入端
output[7:0] q;                    //并行数据输出端
reg[7:0] q;
always @(posedge clk or negedge cr)
begin
    if(~cr) q <= 8'b00000000;
    else
```

```
    case ({s1,s0})
    2'b00: q <= q;                    //保持
    2'b01: q <= {dsr ,q[7:1]};        //右移
    2'b10: q <= {q[6:0] ,dsl};        //左移
    2'b11: q <= d;                    //置位
    endcase
  end
endmodule
```

上述代码仿真波形如图 2-49 所示。

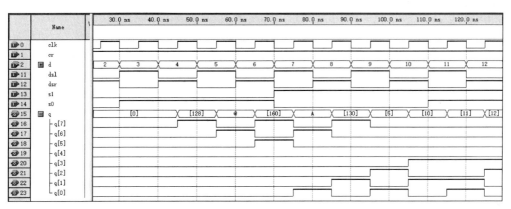

图 2-49　8 位双向移位寄存器仿真波形图

2.12　小结

Verilog HDL 的语法与 C 语言的语法有许多类似的地方,但也有许多不同的地方。学习 Verilog HDL 语法要善于找到不同点,着重理解如:阻塞(Blocking)和非阻塞(Non-Blocking)赋值的不同;顺序块和并行块的不同;块与块之间的并行执行的概念;task 和 function 的概念。

Verilog 代码的综合由 EDA 工具自动完成。在使用 Verilog 语言设计控制代码时,常因 Verilog 代码风格缺陷导致综合时产生非预期的锁存器,产生异步电路,使 EDA 工具无法对系统进行时序分析与验证。产生非预期的锁存器常见情况有:使用不完整的敏感列表;使用不完整的条件判断语句,即有 if 没有 else;使用不完整的 case 语句时缺少 default 项;此外,设计中使用了组合逻辑反馈等异步逻辑产生的锁存器。

锁存器的产生原因往往是在 Verilog 代码设计时没有为所有输出指定输出状态,综合工具就会使用锁存器保存该输出原来的状态,锁存器对毛刺敏感,无异步复位端,不能让芯片在上电时处在一个确定的状态。此外,采用锁存器也会使静态时序分析变得复杂,不利于设计的可重用,所以在当今 ASIC 的设计中,一般不提倡使用锁存器。FPGA 的基本逻辑单元由多输入查找表、D 触发器构成,并不存在锁存器这种现成的结构,因此如果在 FPGA 设计中使用锁存器的话,反而会更耗资源,从而影响系统的可靠性。此时,设计者必须要修改代码,消除锁存器。

组合逻辑反馈环路是数字同步逻辑设计的大忌,它最容易因振荡、毛刺、时序违规等问

题引起整个系统的不稳定和不可靠。解决方法：记住任何反馈回路必须包含寄存器；检查综合、实现报告的 warning 信息，发现反馈回路(combinational loops)后进行相应修改。例如：

```
//这是一个组合逻辑反馈的例子,设计中应当避免
module comb_fead_back (sel,a,b,qout);
input[1:0]  sel;
input a,b;
output qout;
reg qout;
always@(sel or a or b)
begin
    if (sel == 2'b00)
        qout = a;
    else if (sel == 2'b01)
        qout = b;
    else
        qout = qout;
end
endmodule
```

对应的 RTL 图如图 2-50 所示。

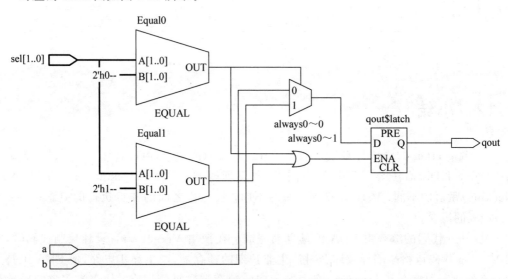

图 2-50　组合逻辑反馈的 RTL 综合视图

总之，学好 HDL 的关键是充分理解 HDL 语句和硬件电路的关系，编写 HDL 就是在描述一个电路，写完一段程序后，应当对生成的电路有大体上的了解，而不能用纯软件的设计思想来编写硬件描述语言。要做到这一点，需要多实践，多思考，多总结。

习题 2

1. 判断下列标识符是否合法，如果有误则指出原因。

count,8sina,_date,module, $ display,\74HC574\

2. 下列数字的表示是否正确。

6'd18,'bx0,5'b0x110,'da30,10'd2,'hzf

3. 指出下面几个信号的最高位和最低位。

reg [1:0] SEL; input [0:2] IP; wire [16:23] A;

4. reg 型变量和 wire 型变量有什么本质的区别？

5. 定义以下的 Verilog HDL 变量。

(1) 一个名为 data_in 的 8 位向量线网。

(2) 一个名称为 MEM1 的存储器，含有 128 个数据，每个数据位宽为 8 位。

(3) 一个名为 data_out 的 8 位寄存器。

6. 定义一个长度为 256、位宽为 4 的寄存器型数组，用 for 语句对该数组进行初始化，要求把所有的偶元素初始化为 1，所有的奇元素初始化为 0。

7. 总结任务和函数的区别。

8. 在 Verilog 中，哪些操作是并发执行的？ 哪些操作是顺序执行的？

9. 用持续赋值语句描述一个 4 选 1 数据选择器。

10. 分别用任务和函数描述一个 4 选 1 数据选择器。

11. 阻塞赋值和非阻塞赋值有什么本质的区别？

12. 举例介绍行为语句的可综合性。

13. 用行为语句设计一个 8 位计数器，每次在时钟的上升沿，计数器加 1，当计数器溢出时，自动从零开始重新计数。另外，计数器有同步复位端。

14. 设计一个 4 位移位寄存器。

15. initial 语句与 always 语句的关键区别是什么？

16. 给触发器复位的方法有哪两种？ 如果时钟进程中用了敏感信号表，哪种复位方法要求把复位信号放在敏感信号表中？

17. 锁存器对电路设计有哪些不利因素？ Verilog HDL 如何避免锁存器的产生？

18. 运用 always 块设计一个 8 路数据选择器。要求：每路输入数据与输出数据均为 4 位二进制数，当选择开关（至少 3 位）或输入数据发生变化时，输出数据也相应地变化。

19. 设有一个 500MHz 的时钟源，设计分频电路得到秒脉冲时钟信号。

第3章

Verilog HDL层次化描述

3.1 设计方法学

数字系统设计中有两种基本的设计方法：自底向上和自顶向下，如图 3-1 所示。自底向上的开发模式是先编写出基础单元，然后再逐步扩大规模、不断补充和升级某些功能，最终构造出顶层模块的过程。这种模式的核心本质是"不断归纳"，直到形成稳定的系统。自顶向下的开发模式是不断地将相对复杂的大问题分解为相对简单的小问题，找出每个问题的构建方式，最终完成电路功能的过程。这一模式的核心本质是"不断分解"，直到每个问题都变成比较简单的小单元模块。

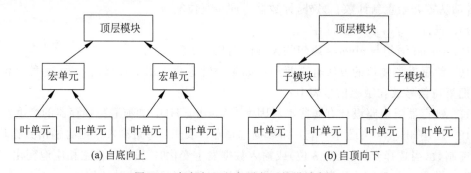

图 3-1　自底向上和自顶向下的设计方法

在典型的数字系统设计中，这两种方法往往是混合使用的，设计人员首先根据电路的体系结构定义顶层模块。逻辑设计者确定如何根据功能将整个设计划分子模块；与此同时，电路设计者对底层功能块电路进行优化设计，并进一步使用这些底层模块来搭建其高层模块。

因此，契合了数字系统设计的方法学理念，Verilog HDL 采用模块（module）的概念来代表一个基本的功能块，一个模块可以是一个元件，也可以是低层次模块的组合。模块通过接口（输入和输出）被高层的模块调用，但隐藏内部的实现细节。由此，设计者可以方便地对某一个模块进行修改，而不影响设计的其他部分。

根据设计需要，设计者可以从 5 个不同抽象层次对模块进行 Verilog 语言描述，而模块实现的功能相同。这 5 个抽象层次依据抽象层级由高到低定义如下。

1．系统级

系统级(System Level)是用高级语言结构实现系统运行的模型,是针对整个系统性能的描述,是系统的最高层次的抽象描述。

2．算法级

算法级(Algorithm Level)也称为行为级(Behavioral Level)或功能级(Functional Level),是高级语言结构实现设计算法的模型,对每一个功能模块完成行为描述。

3．寄存器传输级

寄存器传输级(Register Transport Level,RTL)是描述数据如何在寄存器之间流动和如何处理、控制这些数据流动的模型,它将算法或功能用数字电路来实现。

4．逻辑门级

逻辑门级(Logic Gate Level)是将逻辑门作为基本元件,描述逻辑门以及逻辑门之间的连接模型,与逻辑电路有一一对应的连接关系。

5．晶体管开关级

晶体管开关级(Switch Level,即电路级)是把晶体管作为基本单元,从晶体管的层次描述电路,描述器件中晶体管以及它们之间连接的模型。

这5个抽象层次是如何在数字系统设计中体现的? 首先来看Y图理论。Y图理论是Gajski和库恩于1983年提出的一种将数字集成系统的设计意见以及设计层次变得可视化的理论,它在硬件描述语言设计中广泛使用。如图3-2所示,Y图中三个轴分别表示行为域、结构域、物理/几何域,每一个同心圆则代表设计过程中各个层级的结构,由内往外,抽象层级越来越高。通过这个Y图,能够对数字电路的不同剖析角度建立联系。例如,假设

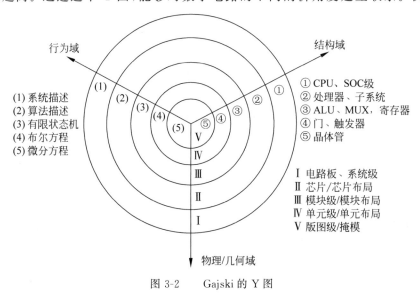

图 3-2　Gajski 的 Y 图

要完成一个 10 位的加法器,在系统级只要说明设计完成的功能和相关的约束,并不需要关心加法器的具体实现方式。如设计一个行波进位加法器或快速进位加法器,就没必要关心为了达到相应的速度,需要采用几级流水线,或者为了节约资源而采用什么实现方式。

将 Verilog 的五个抽象层级和 Y 图中三个领域,以及可以采用的描述方式的关系进行对应和归纳的结果如表 3-1 所示。

表 3-1 HDL 抽象层次描述表

抽 象 层 次	行 为 领 域	结 构 领 域	物 理 领 域	描 述 方 式
系统级	性能描述	部件及它们之间的逻辑连接方式	芯片、模块、电路板和物理划分的子系统	行为建模
算法级	I/O 应答算法级	硬件模块数据结构	部件之间的物理连接、电路板、底盘	行为建模,数据流建模
寄存器传输级(RTL 级)	并行操作寄存器传输、状态表	算术运算部件、多路选择器、寄存器总线、微定时器、微存储器之间的物理连接方式	芯片、宏单元	行为建模,数据流建模
逻辑门级	用布尔方程描述	门电路	标准单元布图	结构化建模
晶体管开关级	微分方程式表达	晶体管、电阻、电容、电感元件	晶体管布图	结构化建模

为了实现在模块中从不同抽象层次进行描述,需要采用相对应的描述方式进行建模。Verilog HDL 的常用描述方式有三种,分别是:行为建模描述、数据流建模描述和结构化建模描述。行为建模描述通常采用 always 或 initial 为关键词的语句块,数据流建模描述通常采用 assign 为关键词的赋值语句,结构化建模则采用电路图实例化(也称为调用)已有的功能模块或原语。

对于大型系统,如 SoC 的整体设计,可以从系统级、算法级出发,采用行为建模的描述方式直接描述要实现的算法,这一过程类似于高级语言(如 C 语言)的实现流程。行为建模与具体的硬件实现没有任何关系,它们只是表述被描述的对象实现什么样的功能。针对中小规模的电路设计,可以在较低的抽象层次,通过描述电路的寄存器传输级(RTL)行为,说明各个系统的寄存器传输的时钟沿和先决条件。这一模式通常采用行为建模和数据流建模的描述方式。若从更低的抽象层次出发,可以通过结构化建模描述方式直接描述逻辑门或触发器的行为。设计人员可以采用自顶向下的设计方法,建立系统的行为模型并验证,然后再用结构模型的源代码替换行为模型的源代码,并对结构模型验证,用同一种语言完成各个设计阶段的任务。

下面将分别从数据流建模、行为建模和结构建模三个方面通过实例展示具体描述方式。

3.2 数据流建模描述方式

在数字电路中,信号经过逻辑电路的过程就像数据在电路中流动,即信号从输入流向输出。当输入变化时,总会在一定的时间之后在输出端呈现出效果。模拟数字电路的这一特性,对其进行建模的方式称为数据流建模描述方式。数据流描述说明数据在寄存器间移动,描述的是硬件的寄存器级实现,与硬件电路中的器件相对应。数据流建模最基本的方法就是用关键词 assign,通过连续赋值语句实现。

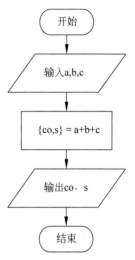

图 3-3 全加器的算法流程图

下面的例子将从算法级和寄存器传输级两种抽象层级出发,采用数据流建模描述方式,实现一个全加器设计。

首先,从算法级描述出发,图 3-3 给出了全加器的算法流程图。其中,a 和 b 是参与加运算的一位二进制数,c 是一位输入进位位。co 是输出进位位,s 为输出和。在图 3-3 后,给出了对应的 Verilog HDL 代码。从代码中可以看出,算法级描述更类似于高级语言描述方式,不考虑算法执行的结构细则,仅从抽象的数学概念上完成功能实现。

```verilog
//从算法级抽象层级出发,通过数据流建模描述实现全加器
module FA_flow (a, b, c, s, co);
input a,b;
input c;
output s;
output co;
assign {co, s} = a + b + c;
endmodule
```

此外,还可以换一种思路,从 RTL 抽象层级出发,同样采用数据流建模描述方式实现全加器。因此,首先画出全加器的逻辑电路图如图 3-4(a)所示,之后写出相应的 Verilog HDL 程序。代码完成后,通过 Qutartus II 可以自动生成 RTL 分析电路,如图 3-4(b)所示。可以发现,图 3-4(a)中的电路与图 3-4(b)中的电路图几乎完全一致。

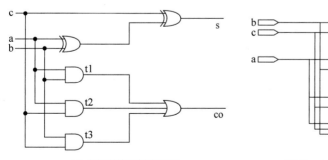

(a) 全加器的逻辑电路图   (b) Quartus II 生成的全加器的RTL分析电路

图 3-4   全加器的逻辑电路图和 Quartus II 生成的全加器的 RTL 分析电路

```
//从 RTL 抽象层级出发,通过数据流建模描述实现全加器
module FA_flow (a, b, c, s, co);
input a, b;
input c;
output s;
output co;
assign s = a ^ b ^ c;
assign co = (a & b) | (a & c) | (b & c);
endmodule
```

【思考】 如何采用数据流建模描述方式分别从算法级和 RTL 级出发实现一个四位加法器?

3.3 行为建模描述方式

一个模块的行为模型是这个模块怎样工作的抽象描述,描述模块的输出在工作时与它的输入的关系,但是又不需要费力地描述模块是怎样通过具体电路实现的。

行为模型通常用在设计过程的初期。在这一时期,设计人员更关心的是模拟这个系统的预期行为以便了解系统总的性能特性,而较少考虑其如何具体实现。随后,才会考虑采用具有最终实现的准确细节的结构化模型,重新模拟以便说明功能和时序的正确性。设计过程中在选定模块的具体实现结构之前,采用行为描述方法来描述和模拟一个模块通常是很有用的。采用这种方法,设计人员可以在工作之前集中精力开发出正确的设计(即能够与系统的其他部分一起正确地工作并具有预期的行为)。然后可以将这个行为模型作为综合几个结构化实现方案的起点。

在表示方面,行为建模方式类似数据流的建模方式,但一般把用 initial 块语句或 always 块语句描述的内容归为行为建模方式。initial 块语句和 always 块语句在第 2 章中已详细介绍,二者是行为级建模的两种基本语句,其他所有的行为语句只能出现在这两个关键词对应的语句块里面。这两种语句块分别代表一个独立的执行过程,二者不能嵌套使用,但可并行执行。

在这里,同样从算法级和 RTL 级的抽象层级出发,利用行为描述方式分别实现全加器的 Verilog HDL 程序如下。

```
//从算法级抽象层级出发,通过行为建模描述实现全加器
module FA_behavior (a, b, c, s, co);
input a,b;
input c;
output s;
output co;
reg s, co;                          //这里需要定义为 reg 型
always @ (a,b,c)
{co, s} = a + b + c;
endmodule
```

```
//从 RTL 抽象层级出发,通过行为建模描述实现全加器
module FA_behavior (a, b, c, s, co);
input a, b;
input c;
output s;
output co;
reg s, co, t1, t2, t3;              //这里需要定义为 reg 型
always @ ( * )                       //当敏感信号表涵盖所有信号时,可以用 * 表示
begin
s = (a ^ b) ^ c ;
t1 = a & c;
t2 = b & c ;
t3 = a & b;
co = (t1 | t2) | t3;
end
endmodule
```

从上述两个 Verilog HDL 代码实例可以看出,建模描述方式的更改仅与 Verilog HDL 的代码描述方式有关,而抽象层级则涉及算法实现的方法和思路。两者的出发点完全不同。Verilog 建模的最大优点是与工艺无关,便于设计人员修改,极大提高了设计效率。通常用 Verilog 语言在 RTL 级描述一个设计,借助于自动综合工具,设计人员可以将 RTL 级代码快速地变换成逻辑级描述。目前,除了某些特定的应用系统,如数字信号处理,高层次的综合工具对行为级描述电路的综合效果没有对 RTL 级描述的电路那么好。因此,大部分的电路都是在 RTL 级进行描述的。

【思考】 如何采用行为描述方式从算法级和 RTL 级分别实现一个四位加法器?

3.4 结构化建模描述方式

抽象层级中更低级的门级和开关级描述需要通过结构化建模方式实现。结构化的建模描述方式通过对电路结构的描述来实现,即可通过实例化 Verilog HDL 中内置的基本门级(Gate Level Primitives,门级原语)和开关级(Switch Level Primitives,开关级原语)元件、实例化已有模块(module)、实例化用户定义的原语(User-Defined Primitive,UDP)三种不同方式,再使用线网来连接各器件,描述出逻辑电路图中的元件及元件之间的连接关系。

其中,基本门级和开关级元件是 Verilog HDL 中自带的一套标准原语,可以直接实例化;模块是设计者已经设计好的一个基本的功能块,在构建系统时可通过实例化该功能块(即在多个地方进行代码重用)以减少设计的工作量;用户定义原语是设计者根据电路的功能自己编写的原语,在设计电路、系统时可以被实例化。为了与之前的内容相衔接,这里首先介绍实例化已有模块的结构建模描述方式。

3.4.1 实例化已有模块

在 Verilog HDL 的语法中,把在当前模块内调用其他模块来完成设计的过程统称为模块的实例化。模块实例化语法结构如下。

模块名称 实例名称(端口连接);

模块名称是已定义好,在当前模块中拟调用的模块名;实例名称是在本模块内为其命名的新名称,主要用于同一被调用模块被多次调用时的命名区分。端口连接是在当前模块中把实例化的模块所包含的端口与当前模块的端口进行映射关系的连接,有两种写法,一种是按名称映射,另一种是按端口顺序映射。

例如,考虑设计电路实现两个闪灯组合,第一个灯每隔 6s 亮灭一次,第二个灯每隔 3s 亮灭一次。设立一个前提条件是,假设输入的时钟频率是 1Hz 的。

在这里,首先考虑电路整体包含一个输入:时钟 clk;两个输出:led1 和 led2。其次,分析实现闪灯的功能,需要对应两种不同的控制功能。这里采用一个模块控制 led1,另一个模块控制 led2 的方式实现。如图 3-5 所示,电路的顶层模块(实体)名是 led,其下一层(内部)包含两个模块,分别是 led_1,led_2。

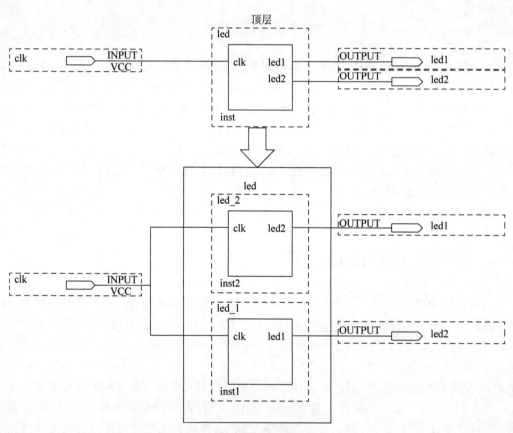

图 3-5　结构化建模示意图

首先,建立模块文件 led_1.v 和 led_2.v 分别实现 led_1 和 led_2。

```
module led_1(clk, led1);        //将 led_1 放在 led_1.v 中
input clk;
output led1;
reg clka;                       //中间变量
reg [1:0] count;                //中间变量
reg led1;
```

```
always @ (posedge clk)
begin
    count < = count + 1;
    if(count == 2)
    begin
        count < = 0;
        clka < = ~clka;
    end
end
always@ (posedge clka)
    led1 = ~led1;
endmodule

module led_2(clk, led2);          //将 led_2 放入 led_2.v 中
input clk;
output led2;
reg clka;                         //中间变量
reg [1:0] count;                  //中间变量
reg led2;
always @ (posedge clk)
begin
  count < = count + 1;
  if(count == 2)
  begin
    count < = 0;
    clka < = ~clka;
  end
  led2 < = clka;
end
endmodule
```

在顶层文件 led.v 的定义中,将输出端口 led1 和 led2 分别映射到 led_1 和 led_2 的输出端口,输入端口 clk 则同时映射到两个模块的输入端。

```
module led(clk, led1, led2);
input clk;
output led1,led2;
wire clk;                             //这里都可采用线网型
wire led1,led2;                       //这里都可采用线网型
led_1 M1 (.clk(clk),.led1(led1));     //端口映射采用名字关联方式
led_2 M2 (.clk(clk),.led2(led2));
endmodule
```

最终得到仿真结果如图 3-6 所示。可以看到,led1 的频率是 led2 的 1/2。led2 的频率是 clk 的 1/6。

该例题用结构化建模方式进行两输出的闪灯功能的设计,顶层模块 led 实例化了两个子模块 led_1 和 led_2。已有的设计模块 led_1 和 led_2 对于顶层实例模块 led 相当于一个已有器件模块,顶层模块只要对其进行引脚映射就可以了。其中,所有模块的书写顺序任

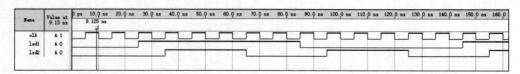

图 3-6　闪灯程序的 QuartusⅡ仿真结果

意,可以看作所有模块并行执行。

在实例化中,端口映射(管脚的连线)采用名字关联,如 .clk(clk)中 .clk 表示被实例化器件 led_1 或 led_2 的管脚 clk,括号中的信号 clk 表示上层模块 led 接到 led_1 或 led_2 的clk 管脚。

器件的端口映射采用名字关联方式实例化模块时端口的排列次序是任意的,如将上述实例化语句写成 led_1 (.led1(led1), .clk(clk)); 亦可。需要注意的是,采用这种书写方式实现管脚关联时,每个被映射管脚前要加上“.”。

另外,采用端口顺序的直接映射方式能够简化代码,这种方式要求必须按照被实例化模块 led_1 或 led_2 的端口排列顺序书写 led 的对应端口。如果排列顺序错误,则映射关系也将产生错误。这两种代码方式均可实现结构化建模描述功能。需要注意的是,实例化用户定义的模块不建议省略实例化名。

```
module led (clk, led1, led2);
input clk;
output led1, led2;
wire clk;
wire led1,led2;
led_1 M1 (clk, led1);              //端口映射采用顺序对应的方式
led_2 M2 (clk, led2);
endmodule
```

在模块实例化过程中,如果有些端口没有被使用到,不需要进行连接,可以直接悬空。对于按照名称关联方式映射连接的情况,没有出现的端口名称就直接被认为是没有连接的端口;对于按顺序连接的方式,可以在不需要连接的端口位置直接留一个空格,以逗号表示这个端口在原模块中的存在。例如,如果不需要连接 clk,则可写成:

```
led_1M1 (led1(led1));              //没有出现的 clk 就是没有连接的
led_1M2 (    , led1);              //逗号前的空格表示没有连接的端口
```

此外,在实例化过程中,被实例化的各个模块之间连接输入和输出信号的数据连线,以及中间变量都是 wire 类型的。

```
wire led1, led2;
```

此部分的定义如果省略是符合语法规范的,因为 Verilog HDL 代码在编译过程中,凡是模块实例化中没有定义过的端口连接信号均被默认为 1 位的 wire 类型。但在正常设计中建议把中间变量信号显式地声明出来,避免出现位宽不匹配的现象。

3.4.2　实例化基本门级和开关级元件

抽象层级中的逻辑门级和逻辑开关级因为建模风格都是对电路结构的具体描述,所以

在 Verilog HDL 中都需要采用结构建模方法实现。其中,逻辑门级模型是对电路的"门"连接的具体描述,主要是描述与、或、非等基本电路的连接方式;开关级建模则更加接近"底层",它把最基本的 MOS 晶体管连接起来实现电路功能。本节将首先介绍门级结构化描述,再介绍开关级结构化描述的使用方法。

1. 门级结构化描述

由于任何组合逻辑电路都可表示为与-或表达式,因此使用逻辑门的模型来描述组合逻辑电路是最为直观的一种方式。Verilog HDL 中内置了 12 种类型的基本门级元件模型,包括:多输入与门、多输入与非门、多输入或门、多输入或非门、多输入异或门、多输入异或非门、多输出缓冲器、多输出反相器、控制信号高/低电平有效的三态缓冲器、控制信号高/低电平有效的三态反相器等,详细符号及分类如表 3-2 所示。

表 3-2　Verilog HDL 中内置的 12 个基本门级元件

类型	逻辑门名称	功 能 说 明
多输入门	and	多输入端的与门
	nand	多输入端的与非门
	or	多输入端的或门
	nor	多输入端的或非门
	xor	多输入端的异或门
	xnor	多输入端的异或非门(同或门)
多输出门	buf	多输出端的缓冲器
	not	多输出端的反相器
三态门	bufif0	控制信号低电平有效的三态缓冲器
	bufif1	控制信号高电平有效的三态缓冲器
	notif0	控制信号低电平有效的三态反相器
	notif1	控制信号高电平有效的三态反相器

门级调用的语法格式与已有模块的调用方法类似,其一般形式为:

逻辑门类型 <实例名称(可省略)> (端口 1,端口 2,端口 3,…);

实例名称在门级建模中一般是不使用的,因为门级建模使用到的基本门较多,对其一一命名没有必要。可用的逻辑门类型见表 3-2 中所列共 12 种。具体写法范例如下。

```
nand    NA1 (out,in1,in2,in3);
xor     XOR1 (out,in1,in2,in3);
buf     B1 (out1,out2,out3,…, in);
not     N1 (out1,out2,out3,…, in);
bufif0  BU1 (out,in1,ctrl);
bufif1  BF1 (out,in1,ctrl);
notif0  NO1 (out,in1,ctrl);
notif1  NT1 (out,in1,ctrl);
```

需要注意的是,无论哪一种预定义逻辑门,其端口都是输出在前,输入在后。对于包含控制信号的逻辑门，其控制端口写在最后。因此，进行端口映射时也必须按照这样的顺序书写。下面将对于每一种门的基本功能和逻辑符号进行列举。

1) 多输入门

Verilog HDL 中内置的 6 种类型多输入门的逻辑真值表如表 3-3 所示，A，B 表示任意输入信号。多输入门可能有多个输入，但只有一个输出。每个输入有四种可能：0，1，x，z。由于多输入门的输出不可能为高阻态 z，故只要任意一个输入为 x 或 z，则输出必定为 x。

表 3-3　多输入门的逻辑功能表

and		B			
		0	1	x	z
A	0	0	0	0	0
	1	0	1	x	x
	x	0	x	x	x
	z	0	x	x	x

nand		B			
		0	1	x	z
A	0	1	1	1	1
	1	1	0	x	x
	x	1	x	x	x
	z	1	x	x	x

or		B			
		0	1	x	z
A	0	0	1	x	x
	1	1	1	1	1
	x	x	1	x	x
	z	x	1	x	x

nor		B			
		0	1	x	z
A	0	1	0	x	x
	1	0	0	0	0
	x	x	0	x	x
	z	x	0	x	x

xor		B			
		0	1	x	z
A	0	0	1	x	x
	1	1	0	x	x
	x	x	x	x	x
	z	x	x	x	x

续表

xnor		B			
		0	1	x	z
A	0	1	0	x	x
	1	0	1	x	x
	x	x	x	x	x
	z	x	x	x	x

多输入门的元件模型见图 3-7。图中以 3 输入为示例,实际输入口个数可大于 3。

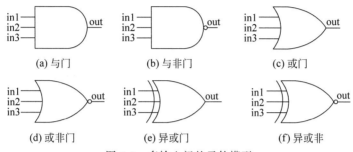

(a) 与门　　　　　　　(b) 与非门　　　　　　　(c) 或门

(d) 或非门　　　　　　(e) 异或门　　　　　　　(f) 异或非

图 3-7　多输入门的元件模型

2) 多输出门

Verilog HDL 中内置了两种类型的多输出门元件:缓冲器 buf 和反相器 not,它们可以有多个输出端 out1, out2,…, outN,多个输出端输出值相同,但只有一个输入端 in。图 3-8 为多输入缓冲器和反相器的元件模型的示意图。图中输出端的个数可根据实际应用的需要确定。缓冲器、反相器的逻辑真值表如表 3-4 所示。

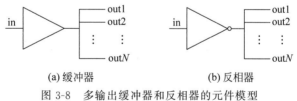

(a) 缓冲器　　　　　　　　　　(b) 反相器

图 3-8　多输出缓冲器和反相器的元件模型

表 3-4　单输入多输出逻辑门功能表

	buf				not			
in	0	1	x	z	0	1	x	z
out	0	1	x	z	0	1	x	z

3) 三态门

Verilog HDL 中内置了 4 种类型的三态门元件。控制信号低电平有效的三态缓冲器、控制信号高电平有效的三态缓冲器、控制信号低电平有效的三态反相器、控制信号高电平有效的三态反相器。它们有一个数据输入端 in、一个输出端 out 和一个控制输入端 ctrl。由于控制输入信号的控制作用,三态门的输出除了 0,1 外,还有可能是高阻态 z。图 3-9 为三态门元件模型的示意图。

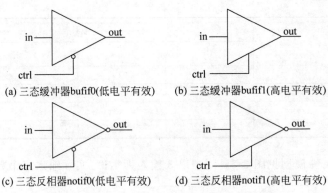

(a) 三态缓冲器bufif0(低电平有效)　(b) 三态缓冲器bufif1(高电平有效)

(c) 三态反相器notif0(低电平有效)　(d) 三态反相器notif1(高电平有效)

图 3-9　三态门元件模型

以上三态缓冲器、三态反相器的逻辑真值表如表 3-5 所示。表中 0/z 表明三态门的输出有可能是 0,有可能是 z,主要由输入的数据信号和控制信号的强度决定,同理可知 1/z 的含义。

表 3-5　三态门的逻辑真值表

bufif0		ctrl			
		0	1	x	z
in	0	0	z	0/z	0/z
	1	1	z	1/z	1/z
	x	x	z	x	x
	z	x	z	x	x
bufif1		ctrl			
		0	1	x	z
in	0	z	0	0/z	0/z
	1	z	1	1/z	1/z
	x	z	x	x	x
	z	z	x	x	x
notif0		ctrl			
		0	1	x	z
in	0	1	z	1/z	1/z
	1	0	z	0/z	0/z
	x	x	z	x	x
	z	x	z	x	x
notif1		ctrl			
		0	1	x	z
in	0	z	1	1/z	1/z
	1	z	0	0/z	0/z
	x	z	x	x	x
	z	z	x	x	x

下面采用结构化建模方式,使用基本的逻辑门对解码器进行设计。

解码器有两个输入端 A 和 B,一个使能端 Enable,四个输出端 Z[3]～Z[0],其逻辑符号和真值表如图 3-10 所示。

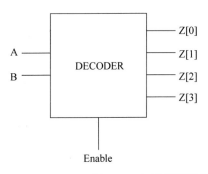

En	A	B	C
0	0/1	0/1	1111
1	0	0	1110
1	0	1	1101
1	1	0	1011
1	1	1	0111

图 3-10 解码器逻辑符号和真值表

从真值表可以看出,解码器的使能端 Enable 为高电平有效,输出端 Z 为低电平有效。当 Enable=0 时,无论输入为什么值,输出都为 1111。当 Enable=1 时,根据 AB 的输入组合,对应 Z 的相应位输出为 0,其他位输出为 1。图 3-11 是采用基本门电路实现的解码器。

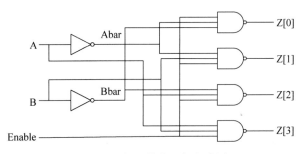

图 3-11 解码器的逻辑电路图

由图 3-11 可知,该解码器由两个反相器(not)、四个多输入端与非门(nand)组成,其 Verilog HDL 程序代码如下。

```
//采用结构化描述方式对解码器进行设计
module Dec (Z, A, B, Enable);
output[3:0] Z;                   //输入/输出端口声明
input A, B, Enable;
wire Abar, Bbar;                 //内部线网声明
//实例化逻辑门级原语
not N0 (Abar, A);                //产生 Abar 和 Bbar 信号
not N1 (Bbar, B);
nand A0 (Z[3], Enable, A, B);    //实例化三输入与非门
nand A1 (Z[0], Enable, Abar, Bbar);
nand A2 (Z[1], Enable, Abar, B);
nand A3 (Z[2], Enable, A, Bbar);
endmodule
```

上述解码器的例子是从逻辑门级的抽象层级出发,通过结构化描述实现电路功能。下面进一步降低抽象层次,来看开关级的抽象描述。

2. 开关级结构化描述

数字电路系统中逻辑门是由一个个晶体管组成的。在 Verilog HDL 中,有用于直接描述 NMOS 和 PMOS 的原语,即 Verilog HDL 具有对 MOS 晶体管级进行设计的能力。Verilog HDL 目前仅提供逻辑值 0,1,x,z 和它们相关的驱动强度进行数字设计能力,没有模拟设计能力,因此在 Verilog HDL 中,晶体管也仅被当作导通或者截止的开关。

开关级建模处于最低的设计抽象层次,随着电路复杂性的增加以及先进 CAD 工具的出现,以开关级为基础进行的设计正在逐渐萎缩,只有在很少的情况下设计者需定制自己的最基本元件时才使用,因此本节只讨论开关级建模的基本原理。关于开关级建模的详细内容可参考 IEEE Standard Verilog HDL 文档。

Verilog HDL 中内置的开关级建模元件主要有 MOS 开关(包括 NMOS 开关和 PMOS 开关)、CMOS 开关、电源和地、双向开关、阻抗开关等,这里只介绍最常用的 MOS 开关、CMOS 开关、电源和地。

1) MOS 开关

MOS 开关元件的符号如图 3-12 所示。

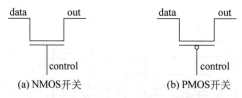

(a) NMOS开关　　　　　　(b) PMOS开关

图 3-12　NMOS 开关和 PMOS 开关符号

MOS 开关元件可用关键字 nmos 和 pmos 声明,实例化形式为:

```
nmos N1 (out1,data,control);
pmos P1 (out1,data,control);
```

其中实例化名 N1,P1 可省略。

MOS 开关元件的逻辑真值表如表 3-6 所示,NMOS 开关在 control 信号为 1 时导通,在 control 信号为 0 时输出为高阻态。同理,PMOS 开关在 control 信号为 0 时导通,在 control 信号为 1 时输出为高组态。表中符号 L 代表 0 或 z,H 表示 1 或 z。

表 3-6　MOS 开关的逻辑真值表

（a）NMOS 开关

nmos		control			
		0	1	x	z
data	0	z	0	L	L
	1	z	1	H	H
	x	z	x	x	x
	z	z	z	z	z

（b）PMOS 开关

pmos		control			
		0	1	x	z
data	0	0	z	L	L
	1	1	z	H	H
	x	x	z	x	x
	z	z	z	z	z

2）CMOS 开关

CMOS 开关本质上是 NMOS 和 PMOS 两个开关组合而成，其符号如图 3-13 所示。给定 data、ncontrol 和 pcontrol 值，则可根据表 3-6 推断出 CMOS 开关的输出值。通常信号 ncontrol 和 pcontrol 是互补的。当 ncontrol＝1 且 pcontrol ＝ 0 时，CMOS 开关导通，输出值为 data 值；当 ncontrol＝0 且 pcontrol＝1 时，CMOS 开关的输出为高阻值。

CMOS 开关元件可用关键字 cmos 声明，实例化形式为：

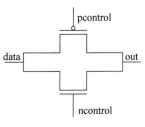

图 3-13 CMOS 开关符号

```
cmos C1(out,data,ncontrol,pcontrol);
```

其中，实例化名 C1 可省略。

3）电源和地

设计晶体管级电路时需要源极（Vdd，逻辑值 1）和地极（Vss，逻辑值 0）。源极和地极分别用关键字 supply1 和 supply0 来声明，一般声明形式为：

```
supply1 vdd;                    //声明 vdd 为电源
supply0 gnd;                    //声明 gnd 为地
```

若某信号接电源或地，将该信号赋值为电源或地的值即可。

```
assign x = vdd;                 //x 接电源
assign y = gnd;                 //y 接地
```

例如，用晶体管开关级元件设计两输入与非门。两输入与非门的门级电路图和开关级电路图如图 3-14 所示。

```
module my_nor(out, a, b);
output out;
input a, b;
wire c;
//声明电源和地
supply1 pwr;                    //pwr 连接到电源 Vdd
supply0 gnd;                    //gnd 连接到地
pmos (out, pwr, a);             //实例化 PMOS 晶体管
pmos (out, pwr, b);
nmos (c,gnd , b);              //实例化 NMOS 晶体管
nmos (out, c, a);
endmodule
```

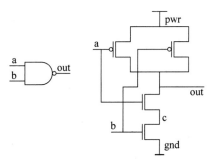

图 3-14 两输入与非门的门级电路图和开关级电路图

3.4.3　用户定义的原语

Verilog 语言不仅为设计者提供了 26 条门级和开关级原语组成的集合实现数字系统的结构建模,还提供了一种扩展门级原语(又称为基元,UDP)的方法,使用户能够自己定义组合电路以及包含电平敏感和边沿敏感的时序电路。其应用有如下三点:首先,用户可以定义原语以简洁有效地实现各种逻辑块的描述;其次,可以减少由于可能存在不确定值 x 而导致的不现实性问题;最后,能够提高模拟效率。但是,原语无法用于逻辑综合,只能仿真实现。

举例:以类似于逻辑函数真值表的形式实现用户定义原语。

```
primitive carry (carryout, carryin, ain, bin);
input carryin, ain, bin;
output carryout;

table
    0  0  0  :  0;
    0  0  1  :  0;
    0  1  0  :  0;
    0  1  1  :  1;
    1  0  0  :  0;
    1  0  1  :  1;
    1  1  0  :  1;
    1  1  1  :  1;
endtable
endprimitive
```

原语是与模块同级的,因此,不能在模块中定义原语。在上面这个例子里,描述了一个产生一位全加器进位的原语。carryout 是输出,carryin,ain 和 bin 是输入。在列出的表中给出了各种输入组合所对应的输出值,采用冒号将输入和输出隔开。需要注意的是,表中的输入顺序必须与原语定义时,语句端口表中的顺序一致。例如,从表中最后一行可以看出,如果输入 carryin=1,ain=1,bin=1,则输出 carryout=1。

1. 用户定义原语的基本特征及规则

用户定义原语的五个部分组成是:原语名称和端口列表、端口说明语句、原语初始化、状态表、结束定义,具体格式如下。

```
primitive <udp_name> (<输出端口名>, <输入端口名>); //原语名和端口列表
output <输出端口名>;              //端口说明语句
input <输入端口名>;
reg <输出端口名>;                 //可选,只有表示时序逻辑的原语才需要
initial <输出端口名> = <值>       //原语初始化(可选,只有表示时序逻辑的 UDP 才需要)
table                             //状态表
    <状态表>
endtable
endprimitive                      //定义的结束
```

原语的定义以关键字 primitive 开始,以关键字 endprimitive 结束。与模块类似,在定义时序逻辑的原语时,输出端口必须被声明为 reg 类型,而且需要一条 initial 语句对时序逻辑的输出端口进行初始化;原语的状态表是实现其功能的最重要的部分。状态表以关键字

table 开始,以关键字 endtable 结束,定义了输入状态、当前状态和输出状态的对应关系,该表类似逻辑电路的真值表。

用户定义原语必须遵循以下几个规则。

(1) 原语有多个输入端口,但只允许有一个输出端口,而且输出端口必须出现在端口列表的第一个位置。

(2) 原语不支持 inout 双向端口。

(3) 表示时序逻辑的原语需要保持状态,因此其输出端口除了要用关键字 output 声明外,还必须声明为 reg 类型。

(4) 表示时序逻辑的原语中的状态可以用 initial 语句初始化,将一个 1 位的值赋给 reg 类型的输出,该语句是可选的。

(5) 状态表的语法格式为:$<input1>$　$<input2>$…$<inputN>$:$<output>$;输入的顺序必须与端口列表中出现的顺序相同,输入与输出之间以冒号":"分隔,每一行以分号";"结束。状态表的内容与逻辑电路的真值表相似,可根据真值表填写。状态表中的值可以取 0,1,x。原语不能处理 z 值,传送给原语的 z 值被当作 x 值处理。

(6) 原语与其他模块同级,不能在其他模块内定义。

(7) 在原语中不能实例化其他模块或者其他原语;但可以在其他模块内部实例化原语,实例化方法与门级原语的实例化方法相同。

2. 组合逻辑电路的原语描述

UDP 的类型有两种:表示组合逻辑的 UDP,表示时序逻辑的 UDP。

例如,采用用户定义原语的方式设计 4 选 1 的多路选择器(MUX)。

4 选 1 的多路选择器为组合逻辑电路,其真值表如图 3-10 所示。根据真值表列出状态表,对 4 选 1 的多路选择器进行自定义原语设计,符号? 表示可能是 0、1 或 x。代码如下。

```
primitive udp_mux4_to_1 (output out,input i0,i1, i2, i3, s1, s0 );
table
    // i0   i1   i2   i3   s1   s0 : out;
       0    ?    ?    ?    0    0 : 0;    // s1s0 = 00 时,输出为 i0,与其他输入无关
       1    ?    ?    ?    0    0 : 1;
       ?    0    ?    ?    0    1 : 0;    // s1s0 = 01 时,输出为 i1,与其他输入无关
       ?    1    ?    ?    0    1 : 1;
       ?    ?    0    ?    1    0 : 0;    // s1s0 = 10 时,输出为 i2,与其他输入无关
       ?    ?    1    ?    1    0 : 1;
       ?    ?    ?    0    1    1 : 0;    // s1s0 = 11 时,输出为 i3,与其他输入无关
       ?    ?    ?    1    1    1 : 1;
endtable
endprimitive
```

3. 时序逻辑电路的原语描述

例如,采用用户定义原语的方式设计 D 触发器(时钟下降沿触发)。

当时钟输入端 clock 由高电平向低电平跳变时,数据 d 进行锁存,即输出端下一状态值为 d;当时钟输入端 clock 由高电平变化到不定状态时,输出端 q 保持不变;当时钟输入端 clock 发生正跳变(由 0 跳变到任意状态? 或者由不定状态 x 跳变到 1),输出端 q 保持不

变;当时钟输入端 clock 保持某个值不变时,输出端 q 保持不变。

```
primitive udp_edge_d (output reg q, input d, clock);
initial q = 0;
table
    // d   clock   :  q  : q+;        //时钟下降沿触发的 D 触发器状态表
       1   (10)    :  ?  : 1;         //在 clock 的下降沿将输入值 1 锁存到 q 中
       0   (10)    :  ?  : 0;         //在 clock 的下降沿将输入值 0 锁存到 q 中
       ?   (1x)    :  ?  : -;         //clock 变化到不定状态时,q 保持不变
       ?   (0?)    :  ?  : -;         //忽略 clock 的正跳变
       ?   (x1)    :  ?  : -;         //忽略 clock 的正跳变
      (??)   ?     :  ?  : -;         //当 clock 为某个值不变化时忽略 d 的变化
endtable
endprimitive
```

其中,符号(10)表示从逻辑 1 到逻辑 0 的负跳变沿;符号(1x)表示从逻辑 1 到不确定状态的跳变;符号(0?)表示从逻辑 0 到 0、1、x 的跳变,隐含正跳变沿;符号(??)表示信号值从 0、1 或者 x 到 0、1 或者 x 的任意跳变。符号(-)表示输出不改变。

4. 原语的实例化

用户定义原语的实例化与实例化 Verilog 内置基本门元件相同。

例如,采用实例化原语定义的 4 选 1 多路选择器(MUX)的方法实现 16 选 1 的多路选择器。

如图 3-15 所示,利用 5 个 4 选 1 多路选择器构造一个 16 选 1 的多路选择器。MUX0,MUX1,MUX2,MUX3,MUX4 输入分别为 i0,i1,i2,…,i15,MUX4 的控制信号为 s3,s2,其他 MUX 的控制信号都为 s1,s0。

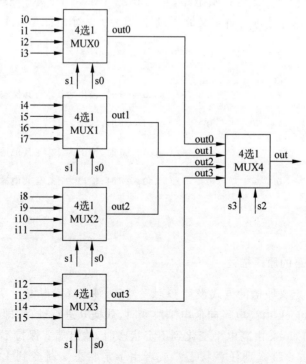

图 3-15　16 选 1 的多路选择器

```
// 4 选 1 多路选择器的 UDP
primitive udp_mux4_to_1 (output out, input i0, i1, i2, i3, s1, s0 );
…
endprimitive
module mux16_to_1 (out,
i0, i1, i2, i3, i4, i5, i6, i7, i8, i9, i10, i11, i12, i13, i14, i15, s3, s2, s1, s0);
output out;
    input i0, i1, i2, i3, i4, i5, i6, i7, i8, i9, i10, i11, i12, i13, i14, i15, s3, s2, s1, s0;
wire out0, out1, out2, out3;
udp_mux4_to_1 mux0 (out0, i0, i1, i2, i3, s1, s0);        //实例化 UDP
udp_mux4_to_1 mux1 (out1, i4, i5, i6, i7, s1, s0);
udp_mux4_to_1 mux2 (out2, i8, i9, i10, i11, s1, s0);
udp_mux4_to_1 mux3 (out3, i12, i13, i14, i15, s1, s0);
udp_mux4_to_1 mux4 (out , out0, out1, out2, out3, s3, s2);
endmodule
```

3.5 混合设计描述

复杂数字逻辑电路和系统设计过程,往往是多种设计模型的混合。例如,利用已有的全加器模块(FA_behavior)设计一个 4 位串行进位加法器(Four_bit_FA),在顶层模块(Four_bit_FA)中采用结构描述方式对底层进行实例化,对底层模块(FA_behavior)可采用结构描述、数据流描述或行为级描述。在模块内部还可以将结构描述方式、数据流描述方式、行为描述方式自由混合。这也显示了 Verilog 语言功能的强大。它允许我们在详细的结构层次上建立系统的一部分模型,系统的其他部分则建立在较为抽象的层次上。

在接下来的例子中,将实现一个时钟驱动 4 位二进制显示的 Verilog 程序。这个功能相当于计数器连接寄存器数据显示。时钟输入实现计数器计数,每次计数输出值作为寄存器的地址,将地址中对应数据输出。如图 3-16 所示是寄存器中 4 位二进制地址的存储内容。这个程序中包含结构描述和行为描述的语句,并且采用行为描述的输出作为结构描述的输入,也就是行为描述驱动结构描述。

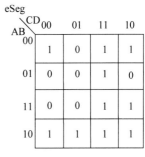

图 3-16 寄存器数据存储内容

图 3-16 对应的输出函数为:

$$eSeg = \overline{BD} + CD + A\overline{B} + AC$$

```
//采用行为描述驱动结构描述
module Behavior2Structure (eSeg, clock);
input clock;
output eSeg;
reg [3:0] count;                        //count[3]～count[0]分别对应 A, B, C, D
wire p1, p2, p3, p4;

initial                     //行为描述
    count = 0;
always @ (posedge clock)
```

```
begin
    if (count == 15)
        count <= 0;
    else
        count <= count + 1;
end

and g1 (p1, ~count[2], ~count[0]);        //结构描述
and g2 (p2, count[3], ~count[2]);
and g3 (p3, count[1], count[0]);
and g4 (p4, count[3], count[1]);
or g5 (eSeg, p1, p2, p3, p4);
endmodule
```

下面一个例子中继续使用图 3-16 的寄存器内容,去除计数器的部分,将 A,B,C,D 直接作为输入,实现 eSeg 的数据输出。但是与之前例子不同的是,这里采用门级结构化描述的输出作为 always 块的输入。当 p1,p2,p3,p4 中任意一个发生变化时,行为语句都会计算它们的“或”的结果,并存储在 eSeg 中。

```
//采用结构描述驱动行为描述
module Structure2Behavior (eSeg, A, B, C, D);
input A, B, C, D;
output eSeg ;
reg eSeg ;
wire p1, p2, p3, p4;

and g1 (p1, ~B, ~D);                //结构描述
and g2 (p2, A, ~B);
and g3 (p3, C, D);
and g4 (p4, A, C);

always @ (p1 or p2 or p3 or p4)        //行为描述
        eSeg = p1 + p2 + p3 + p4;
endmodule
```

3.6 用 Verilog HDL 建模实现自顶向下设计实例

在这一节中,将通过两个实例来介绍自顶向下层次化设计的流程。

实例一:通过数据流描述实现一个 2 位二进制的数据比较器,再通过结构化描述的方式,来实现一个 4 位二进制的数据比较器。

2 位比较器是指对两个 2 位二进制值 A 和 B 进行大小比较,其卡诺图如图 3-17 所示。为了用数据流描述实现这个功能,首先通过如下布尔方程组来写出输出表达式。其中,A1 和 A0 是 A 的高位和低位,同理,B1 和 B0 是 B 的二进制高位和低位。

$A\_lt\_B = \overline{A1}B1 + \overline{A1}\ \overline{A0}B0 + \overline{A0}B1B0$

$A\_gt\_B = A1\overline{B1} + A0\overline{B1}\ \overline{B0} + A1A0\overline{B0}$

$A\_eq\_B = \overline{A1}\ \overline{A1}\ \overline{B1}\ \overline{B0} + \overline{A1}\ A0\overline{B1}B0 + A1A0B1B0 + A1\overline{A0}B1\overline{B0}$

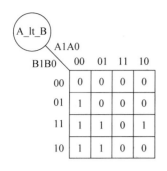

图 3-17　2 位比较器卡诺图

依据上述布尔方程写出的 2 位数据比较器模型如下。

```
module comp_2 (A_gt_B, A_lt_B, A_eq_B, A0, A1, B0, B1);
output A_gt_B, A_lt_B, A_eq_B;
input A0, A1, B0, B1;
assign A_lt_B = ～A1 & B1 | ～A1 & ～A0 & B0 | ～A0 & B1 & B0;
assign A_gt_B = A1 & ～B1 | A0 & ～B1 & ～B0 | A1 & A0 & ～B0;
assign A_eq_B = ～A1 & ～A0 & ～B1 & ～B0 | ～A1 & A0 & ～B1 & B0 | A1 & A0 & B1 & B0 | A1 & ～A0
& B1 & ～B0;
endmodule
```

4 位比较器如图 3-18(a)所示的框图符号表示。比较器通过比较 4 位二进制数来判断它们的相对大小。由于输出的布尔方程不易写出，因而可通过两个 2 位比较器的输出和附加逻辑的连接得到相应输出。连接 2 位比较器的逻辑依据规则是：高位的严格不等能够决定 4 位数的相对大小；如果高位相等，可逐位比较低位，由低位的大小决定输出。如图 3-18(b)所示的层次化结构实现了 4 位比较器。其 Verilog 源代码如下。

```
module comp_4 (
output A_gt_B, A_lt_B, A_eq_B,
input A0, A1, A2, A3, B0, B1, B2, B3);
wire w1, w0, A_gt_B_M1, A_lt_B_M1, A_eq_B_M1, A_gt_B_M0, A_lt_B_M0, A_eq_B_M0;
comp_2 M1 (A_gt_B_M1, A_lt_B_M1, A_eq_B_M1, A2, A3, B2, B3);
comp_2 M0 (A_gt_B_M0, A_lt_B_M0, A_eq_B_M0, A0, A1, B0, B1);
or (A_gt_B, A_gt_B_M1, w1);
and (w1, A_eq_B_M1, A_gt_B_M0);
and (A_eq_B, A_eq_B_M1, A_eq_B_M0);
or (A_lt_B, A_lt_B_M1, w0);
and (w0, A_eq_B_M1, A_lt_B_M0);
endmodule
```

仿真测试给出了 4 位比较器的仿真结果(如图 3-19 所示)。

上述例子中，仅包含两个层次的模块调用，下面的例子将包含更多的层次。

实例二：设计一个 16 位行波进位(ripple-carry)加法器。

本例中的层次化设计图如图 3-20 所示。首先，最顶层模块定义为 Add_rca_16，它可由 4 个 4 位行波进位加法器 Add_rca_4 级联而成。每个 Add_rca_4 模块产生的进位从最低位开始逐次传递至下一级的进位输入端。每个 Add_rca_4 又可以视为 4 个全加器 Add_full

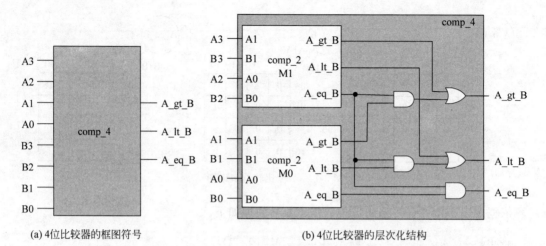

(a) 4位比较器的框图符号　　　　　　　　　(b) 4位比较器的层次化结构

图 3-18　一个 4 位串行加法器的结构图

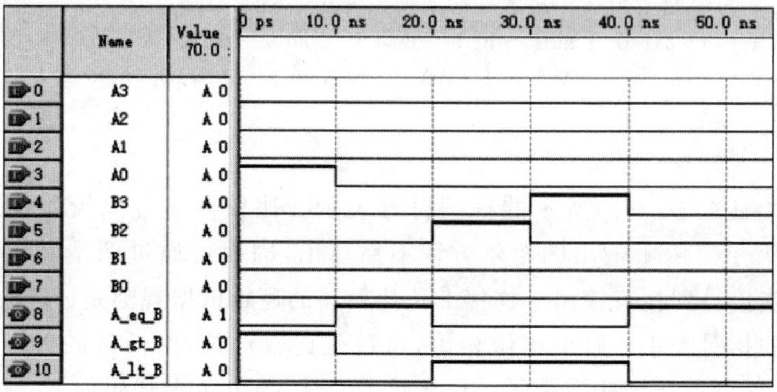

图 3-19　4 位比较器的仿真结果

的级联。每个全加器可分解为半加器 Add_half 和或门的组成。每个半加器再可以分解为门电路结构。

一个 Add_rca_16 的完整描述如下。

```
module Add_rca_16 (c_out, sum, a, b, c_in);        //顶层实体,16 位行波进位加法器
output c_out;
output [15:0] sum;
input[15:0] a, b;
input c_in;
wire c_in4, c_in8, c_in12;
Add_rca_4 M1 (c_in4, sum[3:0], a[3:0], b[3:0], c_in);
Add_rca_4 M2 (c_in8, sum[7:4], a[7:4], b[7:4], c_in4);
Add_rca_4 M3 (c_in12, sum[11:8], a[11:8], b[11:8], c_in8);
Add_rca_4 M4 (c_out, sum[15:12], a[15:12], b[15:12], c_in12);
endmodule

module Add_rca_4 (c_out, sum, a, b, c_in);        //4 位行波进位加法器
output c_out;
output [3:0] sum;
input [3:0] a, b;
```

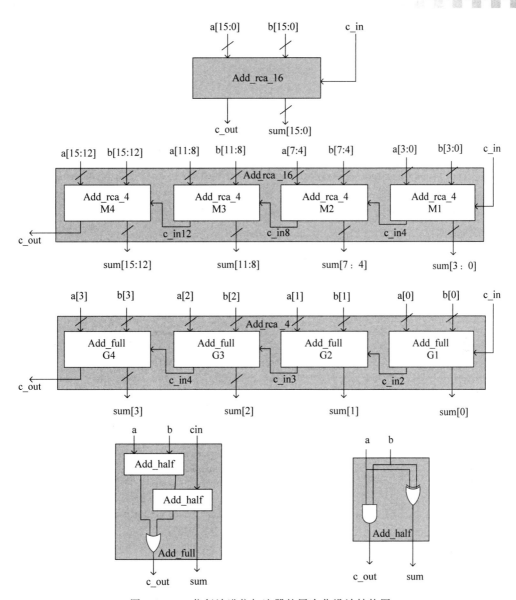

图 3-20   16 位行波进位加法器的层次化设计结构图

```
input c_in;
wire c_in2, c_in3, c_in4;
Add_full M1 (c_in2, sum[0], a[0], b[0], c_in);
Add_full M2 (c_in3, sum[1], a[1], b[1], c_in2);
Add_full M3 (c_in4, sum[2], a[2], b[2], c_in3);
Add_full M4 (c_out, sum[3], a[3], b[3], c_in4);
endmodule

module Add_full (c_out, sum, a, b, c_in);            //全加器
output c_out, sum;
input a, b, c_in;
wire w1, w2, w3;
Add_half M1 (w2, w1, a, b);
Add_half M2 (w3, sum, c_in, w1);
```

```
or M3(c_out, w2, w3);
endmodule

module Add_half(c_out, sum, a, b);        //半加器
output c_out, sum;
input a, b;
xor M1(sum, a, b);
and M2(c_out, a, b);
endmodule
```

Add_rca_16 的层次化模型通过采用模块内嵌套模块的方式说明了 Verilog 是如何支持自顶向下的结构化设计的。图 3-21 说明了 Add_rca_16 的设计层次。顶层功能单元为 Add_rca_16 的封装模块,它包含其他较低复杂度的功能单元的例化及其他模块。最底层是由基本门原语构成的。构成一个设计的所有模块可以放在一个文件中,也可以放在同一个工程的多个文本文件中,当这些文件被一起编译时,就能完全描述高层模块的功能。只要单个模块的描述是以独立文件形式存在的,多个源代码文件模块如何交叉分布都没有关系。

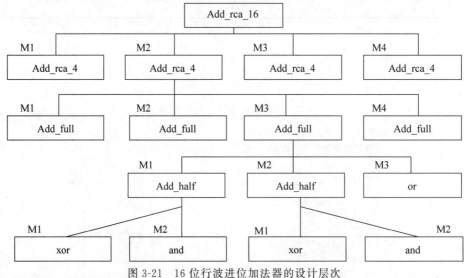

图 3-21　16 位行波进位加法器的设计层次

最终的仿真结果如图 3-22 所示。

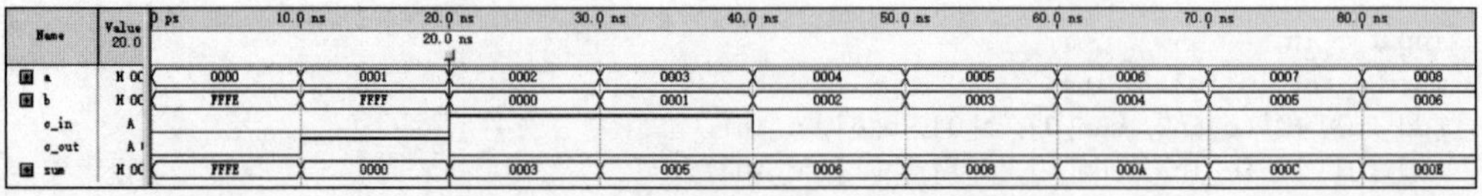

图 3-22　Add_rca_16 的仿真结果

3.7　小结

本章从描述方式与抽象层次两个角度介绍了 Verilog HDL 的建模方式。

系统设计时若基于抽象层次进行建模,则采用的抽象级别越高,设计越容易,程序代码

越简单,但耗用器件资源更多。系统级建模太抽象,有时无法综合成具体的物理电路。基于门级建模的硬件模型不仅可以仿真,而且可综合,系统速度快,但门级建模要求根据逻辑功能画出逻辑电路图,对于复杂的数字系统很难做到,一般适合小型设计;算法级和 RTL 级建模级别适中,代码不是很复杂,且一般容易综合成具体的物理电路。通常用 RTL 级建模来完成逻辑功能,尽量避免用门级建模,除非对系统速度要求比较高的场合才采用门级建模方式。

从建模的描述方式来看,结构化建模描述方式与电路结构一一对应,建模前必须设计好详细电路,比较适合逻辑门级和晶体管开关级的抽象层次;行为描述方式与硬件的物理实现无关,用于模拟器件的行为,以检验它是否执行正确的功能。所以,行为描述通常用于抽象层次建模方式中系统级建模、算法级建模及 RTL 级建模。数据流描述方式介于二者之间,可以根据信号在电路中的传输情况进行描述,也可以根据该系统实现的逻辑表达式直接进行描述,适合对组合逻辑电路进行建模。

对一个复杂电路系统进行设计,通常对顶层设计采用结构描述方式,对底层模块可采用数据流、行为级或两者的结合。

习题 3

1. 分别用结构化描述方式、行为描述方式和数据流描述方法设计如图 3-23 所示电路。

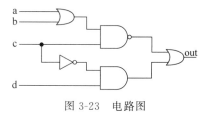

图 3-23 电路图

2. 请利用本章中关于全加器的编写思路,分别从算法层级和 RTL 层级编写 4 位减法器的 Verilog HDL 源程序。

3. 根据表 3-7 中提供的 JK 触发器的逻辑功能,编写 JK 触发器的 Verilog HDL 源程序。

要求:(1)采用行为建模描述方式编写。

(2)采用用户定义原语(UDP)建模方式编写。

表 3-7　JK 触发器逻辑功能

J	K	Q^n	Q^{n+1}	功能
0	0	0	0	$Q^{n+1} = Q^n$
0	0	1	1	保持
0	1	0	0	$Q^{n+1} = 0$
0	1	1	0	置 0
1	0	0	1	$Q^{n+1} = 1$
1	0	1	1	置 1
1	1	0	1	$Q^{n+1} = \sim Q^n$
1	1	1	0	翻转

4. 编写一个功能模块 FU,使其具有 5 个端口:输出端口 clk,宽度为 1 位;输入端口 data1 和 data2,宽度为 8 位;输出端口 dout1,宽度为 8 位;输出端口 dout2,宽度为 4 位。完成模块的定义和端口声明,内部功能描述不需要编写。再编写一个顶层模块 top,调用 FU 模块。端口映射先采用名称关联实现,再使用顺序连接方式端口映射。

5. 编写一个 74138 功能译码器程序,再以这个模块和基本门电路为基础,实现一个多数表决器。多数表决器的功能是:有三位裁判,当举重选手完成比赛时,有多数裁判认定成功,则结果为成功;否则失败。

第4章

Verilog有限状态机设计

大多数数字系统都可以划分为数据处理单元和控制单元。数据处理单元又称为受控电路,主要进行数据的处理和传输;控制单元的主要任务是控制数据处理单元正确有序地工作。控制单元的主体通常是一个有限状态机(Finite State Machine,FSM),它通过接收外部信号和数据单元产生的状态信息,产生控制信号序列。使用硬件描述语言的 case 语句能很好地描述基于状态机的设计,入门容易,设计表述全面,设计方法有规律可循,代码可读性强。同时可综合风格的状态机设计有利于 EDA 工具更好地实现逻辑综合,生成性能极优的状态机电路,从而使其在运行速度、可靠性和占用资源等方面优于由 CPU 实现的方案。因此,状态机的硬件描述语言设计是硬件设计人员的必备技能。

本章主要介绍有限状态机的特点和设计规则,给出使用 Verilog HDL 设计有限状态机的一般方法。结合 Moore 机和 Mealy 机的设计实例,详细分析了具有可综合风格的有限状态机的设计方法和设计过程。

4.1 有限状态机

有限状态机就是一系列数量有限的状态组成的一个循环机制。有限状态机是数字系统中非常重要的组成部分,就像 PC 的 CPU 一样。状态机的本质就是对具有逻辑顺序或时序规律事件的一种描述方法。换言之,具有逻辑顺序和时序规律的事件都适合状态机描述。因此,对于数字系统设计工程师,只有从电路状态的角度去考虑,才能从根本上把握可靠和高效的时序逻辑电路的设计关键。状态机的概念则是必须贯穿于整个设计始终的最基本的设计思想和设计方法。

就理论而言,任何时序模型都可以归结为一个状态机。例如,只含一个 D 触发器的二分频电路可以认为是具有两个状态的状态机;而一个 4 位二进制计数器可以认为是具有 16 个状态的状态机,它们都属于一般状态机的特殊形式。

实用的状态机一般都设计为同步时序电路,它随着时钟跳变,电路从当前状态转变到下一状态,并产生相应的输出。对于异步时序电路,它是没有确定时钟的一种状态机,状态转移不是由唯一的时钟跳变触发的。通常使用硬件描述语言设计的异步状态机难以有效综合,因此设计异步状态机一般不使用硬件描述语言编写方式,而是采用电路图输入的方法。对于异步时序电路,由于设计的时序正确性完全依赖于每个逻辑单元的延迟和布线延迟,因此时序约束相对复杂,并且极易产生亚稳态、毛刺等,使得设计稳定性和设计频率不高,因此在硬件设计中应尽量使用同步时序电路设计方法。本章也仅探讨同步时序电路的设计方法。

4.1.1　FSM 的类型

在有限状态机中,根据电路输出是否与电路输入有关,可以将有限状态机分为 Mealy 机和 Moore 机两种,结构示意图分别如图 4-1 和图 4-2 所示。Mealy 机属于同步输出状态机,它的输出是当前状态和所有输入信号的函数,其输出会在输入变化后立即发生变化,不依赖于时钟的同步。Moore 机属于异步输出状态机,它的输出仅为当前状态的函数,与当前输入信号无关。当然,当前状态是和上一时刻的输入信号相关的,当前输入的变化必须等待下一时钟到来使状态发生变化时才能导致输出的变化。因此,Moore 机要比 Mealy 机多等待一个时钟周期才会引起输出的变化。

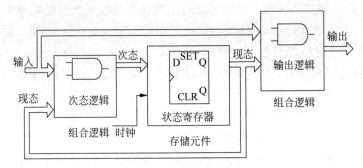

图 4-1　Mealy 机示意图

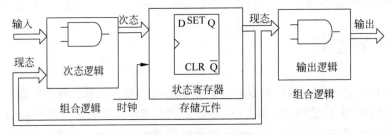

图 4-2　Moore 机示意图

由于 Mealy 机的输出不与时钟同步,当状态译码比较复杂时,易在输出端产生不可避免的竞争毛刺。对于低速系统或者比较简单的时序逻辑,这些毛刺不会造成太大影响,但是对于高速系统却容易引起系统不稳定或逻辑错误。而 Moore 机的输出与时钟保持同步,则在一定程度上可以消除抖动,因此经常使用 Moore 机设计来提高系统的稳定性。

4.1.2　FSM 的基本结构

从图 4-1 和图 4-2 中可以看到,无论是 Mealy 机还是 Moore 机,有限状态机的基本结构均分为三个主要部分:次态逻辑、状态寄存器和输出逻辑。

1. 次态逻辑

次态逻辑电路是组合逻辑电路,其输入是当前状态和输入信号,输出是次态。

2. 状态寄存器

状态寄存器是由一组触发器构成，通常采用 D 触发器，n 个触发器最多可以记忆 2^n 个状态，用于表示时序逻辑电路的当前状态（现态）。寄存器中的所有触发器是用同一时钟源的同一脉冲边沿同步触发的，所以它也被称作时钟同步状态机。

3. 输出逻辑

输出逻辑也是组合逻辑电路，用来决定电路的输出。对于 Moore 机，其输出只由电路状态决定；对于 Mealy 机，其输出由电路的输入和状态共同决定。

4.1.3 标准的四状态 Mealy 机和 Moore 机代码描述

标准的四状态 Mealy 机的 Verilog 代码描述如下。

```
module four_state_mealy_machine(clk, in, reset, out);
input clk, in, reset;
output[1:0] out;
reg [1:0] out;
reg[1:0] state; //状态寄存器
parameter S0 = 0, S1 = 1, S2 = 2, S3 = 3;
//以下是状态转换 always 过程块
always @ (posedge clk or posedge reset) //复位信号与时钟同步
begin
    if (reset)
        state <= S0;
    else
        case (state)
            S0:if (in)   state <= S1;
                else     state <= S2;
            S1:if (in)   state <= S2;
                else     state <= S1;
            S2:if (in)   state <= S3;
                else     state <= S1;
            S3:if (in)   state <= S2;
                else     state <= S3;
        endcase
end
//以下是输出逻辑 always 过程块
always @ (state or in) //当前状态和输入共同决定了电路输出,因此是 Mealy 机
begin
    case (state)
        S0: if (in) out = 2'b00;
            else    out = 2'b10;
        S1: if (in) out = 2'b01;
            else    out = 2'b00;
        S2: if (in) out = 2'b10;
            else    out = 2'b01;
        S3: if (in) out = 2'b11;
```

```
            else out = 2'b00;
        endcase
    end
endmodule
```

标准的四状态 Moore 机的 Verilog 代码描述如下。

```
module four_state_moore_machine(clk,in,reset,out);
input clk, in, reset;
output[1:0] out;
reg[1:0] out;
reg[1:0] state;                    //状态寄存器
parameter S0 = 0, S1 = 1 , S2 = 2, S3 = 3;
//以下是输出逻辑 always 过程块
always @ (state)                   //仅当前状态决定了电路输出,因此是 Moore 机
begin
    case (state)
        S0:    out = 2'b01;
        S1:    out = 2'b10;
        S2:    out = 2'b11;
        S3:    out = 2'b00;
        default: out = 2'b00;
    endcase
end
//以下是状态转换 always 过程块
always @ (posedge clk or posedge reset)
begin
    if (reset)
        state <= S0;
    else
        case (state)
            S0: state <= S1;
            S1: if (in)   state <= S2;
                else      state <= S1;
            S2: if (in)   state <= S3;
                else      state <= S1;
            S3: if (in)   state <= S2;
                else      state <= S3;
        endcase
end
endmodule
```

4.1.4　使用 FSM 设计数字系统的优点

　　有限状态机设计技术是实用数字逻辑设计中的重要组成部分,也是实现高效率、高可靠和高速控制逻辑系统的重要途径。通过状态转移图设计手段,可以将复杂的控制时序图形化表示分解为状态之间的转换关系,将问题简化。

　　Verilog 作为当今国际主流的硬件语言,在 IC 前端设计中有着广泛的应用。它的语法丰富、成功地应用于设计的各个阶段:建模、仿真、验证和综合等。使用 Verilog 语言高效、完备、安全地描述状态机,在一定程度上是一项体现代码功底的设计工作。设计需要达到可综合的目标,可综合是指综合工具能将 Verilog 代码按照结构优、速度快的标准转换成标准

的门级结构网表,因此代码的描述必须符合一定的规则,也就是具有可综合风格。采用状态机设计的数字系统控制模块,经状态机控制后产生一系列的控制信号序列,因而状态机的性能好坏对系统性能有很大影响。

使用有限状态机设计数字系统的优点体现在以下几个方面。

(1) 有限状态机能够按照输入信号的控制和预先设定的执行顺序在各个状态间顺畅地切换,具有明显的顺序特征,能够很好地执行顺序逻辑。

(2) 有限状态机设计方法非常规范,设计方案相对固定,并能被多数综合工具支持。

(3) 采用有限状态机设计,易于构成性能良好的同步时序逻辑,有利于消除大规模逻辑电路中常见的竞争冒险现象。

(4) 使用 Verilog 硬件语言进行有限状态机设计,程序层次分明、结构清晰、易读好懂。模块的修改、优化和移植也非常方便。

(5) 和 CPU 相比,状态机在高速运算与控制方面具有明显的速度优势。

4.2 FSM 的 Verilog HDL 描述方法

4.2.1 设计 FSM 的基本原则

使用 Verilog 语言进行有限状态机设计时,方案固定、代码规范。在代码编写过程中,遵循以下基本指导原则。

(1) 所设计的状态机要安全,不能进入死循环,不能进入非预知状态。即使是由于某种扰动进入非设计状态,也要能很快恢复到正常的状态循环中来。

(2) 状态机的设计要满足设计的面积和速度的要求。

(3) 状态机的设计要清晰易懂、易维护。

需要说明的是,以上三个要求不是相互独立的,它们有紧密的内在联系。第一点是要保证设计的状态机是正确的,不会出现误动作。第二点是保证设计要实现的一般目标:面积和速度的折中和最佳,这是评判系统硬件设计优劣的两个基本标准。第三点是指设计要具有可读性和可维护性。对于这一点,在使用 Verilog 语言进行硬件设计的初期就要注意。要适当增加注释,使代码清晰易读、层次分明。

4.2.2 FSM 的设计步骤

(1) 确定采用 Moore 机还是 Mealy 机。

(2) 进行逻辑分析与抽象,确定输入、输出与状态变量,画出状态转移图(也称状态图)或者算法状态机图。

(3) 状态简化,得到最简的状态图或算法状态机图。

(4) 对状态进行编码。根据状态图或算法状态机图进行状态编码,编码方式的选择对所设计的电路复杂与否起重要作用,要根据状态数目情况确定状态编码和编码方式。各种编码方式的特点后续介绍。

(5) 状态机描述。设计有限状态机可以通过状态图输入法、原理图输入法,也可以直接编写状态机代码。由于 Verilog 代码的灵活可移植性、便于修改的特点,状态机一般来说都是写成 Verilog 代码的形式。在 Quartus Ⅱ软件中,状态图可以转换为代码形式,代码形式的状态机也可以转换为状态图。

4.2.3 状态图和算法状态机图

一般来说,状态机有三种表示方法,分别是状态表、状态图(State Transition Diagram,STD,本书中简称状态图)和算法状态机图(Algorithmic State Machine Chart,ASM 图)。实际上,这三种表示方法是等价的,相互之间可以进行任意转换。后两种是采用图形化方式表示有限状态机的输入、输出以及状态转换关系,是有限状态机常用的表示方法。

1. 状态图

状态图是以信号流图方式表示出电路的状态转换过程。Mealy 机状态图的表示如图 4-3所示,图中每个圆圈(或者椭圆圈)表示一个状态,圆圈内有表示状态的符号,如 S1、S2;用箭头连线指示状态转换过程,连线的首端和末端都指到特定的状态圆圈上;当方向线的起点和终点都在同一个圆圈上时,则表示状态不变。引起转换的输入信号 X 及产生的输出信号 Y 标注在箭头上。需要强调的是,图中的输出只依赖于当前状态 S1 和输入 X,与次态 S2无关。

由于 Moore 状态机的输出只依赖于状态机的当前状态,其状态图的表示方法与 Mealy机略有不同,通常将输出写在圆圈的内部。例如,模 6 计数器的状态图可以表示为如图 4-4所示。

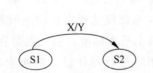

图 4-3 Mealy 机状态图的表示

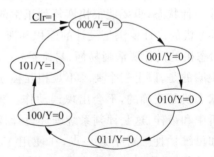

图 4-4 Moore 机状态图的表示

模 6 计数器状态机描述如下。

```
module fsm_cnt6 (y,qout, clk,clr);
input clk, clr;
output[2:0] qout;
output y;
reg[2:0] qout;
reg y;
//以下是状态转换 always 模块
always @ (posedge clk or posedge clr)
begin if (clr)
            qout <= 0;
```

```
        else case (qout)
        3'b000:qout <= 3'b001;
        3'b001:qout <= 3'b010;
        3'b010:qout <= 3'b011;
        3'b011:qout <= 3'b100;
        3'b100:qout <= 3'b101;
        3'b101:qout <= 3'b000;
        default: qout <=  3'b000;
        endcase
end
//以下是产生输出逻辑
always @ (qout)
begin case (qout)
        3'b101:y = 1'b1;
        default: y = 1'b0;
        endcase
end
endmodule
```

代码功能仿真波形如图 4-5 所示。

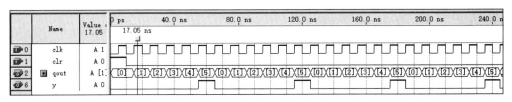

图 4-5　模 6 计数器功能仿真波形（Quartus Ⅱ）

2．算法状态机图

算法状态机图是另一种表示有限状态机的有效方法。在涉及复杂算法描述时，算法状态机图更具优势。它是描述时钟驱动的控制器控制过程，强调的不是系统进行的操作，而是控制器为进行这些操作应该产生的对数据处理单元的控制信号，或对系统外部的输出信号。为此，在 ASM 图的状态块中，明确标明应有的输出信号。

ASM 图中有三种基本的符号，即状态框、条件判断框和条件输出框，如图 4-6 所示。

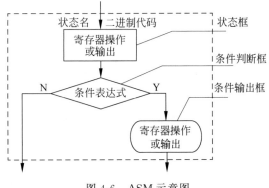

图 4-6　ASM 示意图

　　状态框用矩形表示,表示状态机的状态,其名称和二进制代码分别标注在状态框的左、右上角。框内标出在此状态下实现的寄存器操作和输出,当输出信号较多时,可以写在框外。为了使 ASM 图更加清晰,图中只写出不等于默认值的输出信号。

　　条件判断框用菱形框表示,有一个入口和多个出口。入口来自某一个状态框,在该状态框占用的一个时钟周期内,根据条件判断框内填写的判断条件(关于输入信号),条件为真时,在下一个时钟脉冲触发沿来到时,选择一个出口出去,条件为假时,选择另一个出口出去。因此,条件框不占用时间。

　　条件输出框采用圆角矩形表示,内部列出寄存器操作和非默认取值的输出信号。条件输出框的入口必定与判断框的一个出口相连,表示条件判断框的条件满足时,输出信号才会发生相应改变。如图 4-7 所示的条件框实例中,假设系统中所有触发器都是上升沿触发的,在第一个时钟脉冲上升沿来到时,系统转换到 S_0 状态,随后根据判断条件,若条件 START＝1,则 R 被清 0,下一个时钟脉冲上升沿到达时,系统状态由 S_0 转换到 S_1;否则转换到 S_2。因此很容易将该条件框实例 ASM 图转换成状态图,如图 4-8 所示。与 ASM 图不同,状态图无法表示寄存器操作。图 4-9 给出了 ASM 图的各种操作及状态转换的时间图。

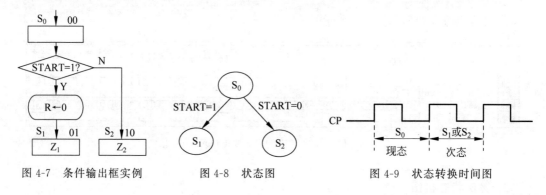

图 4-7　条件输出框实例　　　图 4-8　状态图　　　图 4-9　状态转换时间图

　　从图 4-6 可以看到,表面上看 ASM 图与程序流程图很相似,但实际上还是有很大差异。程序流程图是一种事件驱动的流程图,仅规定了事件操作顺序,并未严格规定各操作的时间与操作之间的时序关系。而 ASM 图用来描述控制器在不同时间内应该完成的一系列操作,指出控制器状态转换、转换条件及控制器的输出,它与控制器硬件实现有很好的对应关系。如图 4-10(a)所示的流程图的操作块,要求实现 RE←D,并将 RE 的内容增大 8 倍。

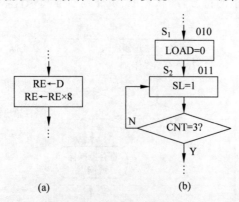

图 4-10　某程序流程图的局部和对应的 ASM 图

图 4-10(b)为与之对应的控制器的 ASM 图,将完成上述操作分解为两个状态,且需要 4 个时钟周期。图中当状态为 S_1 时,LOAD=0,在 CP 作用下实现 RE←D,同时进入状态 S_2,经过 3 个 CP 周期将 RE 的内容左移 3 次,使之扩大 8 倍,SL=1 是 RE 左移的控制信号。因此从程序流程图可以转换到 ASM 图,进而使用 FSM 进行描述。

4.2.4　FSM 编码方式和非法状态处理办法

1. 编码方式

有限状态机的状态可以采用符号表示(如 IDLE、S0 等)。但当综合时,综合软件必须使用二进制数表示状态,以保证有限状态机可以采用硬件实现。对状态机的各个状态赋予一组特定的二进制数称为状态编码,通常用参数定义语句 parameter 指定状态编码。状态机的编码方式可分为顺序编码(sequential encoding,也称为二进制编码)、格雷码(gray encoding)和独热码(one-hot encoding)。表 4-1 列出了状态机在状态数目为 5 时的不同编码方式。

表 4-1　状态机编码方式

状态	顺序编码	格雷码	独热码
S0	000	000	10000
S1	001	001	01000
S2	010	011	00100
S3	011	010	00010
S4	100	110	00001

在具体设计中,到底使用哪种编码方式要根据具体情况来决定,状态编码的选择原则如表 4-2 所示。

表 4-2　状态机各种编码方式特点

设计条件和要求	编码方式	说　明
要求面积优先	顺序编码	编码最简单,使用触发器最少,剩余非法状态最少,但增加了状态译码组合逻辑
要求速度优先	独热码	虽然使用了较多触发器,但简化了状态译码组合逻辑,并且在同一时间只有一个状态寄存器发生变化,所以是最快的方式,而且适用大多数 FPGA
当状态数<5 时	顺序编码	一般是默认的编码方式
当状态机后有大型输出译码器时	顺序编码或格雷码	在这种情况下,虽然必须通过译码决定状态的值,但仍可能比独热码速度快
当触发器资源丰富时	独热码	最快的方式,由于简化了状态译码逻辑,故提高了状态转换速度

可以知道,顺序编码和格雷码编码会使用最少的触发器,较多的组合逻辑,而独热码反之。由于 CPLD 器件更多地提供组合逻辑资源,而 FPGA 器件更多地提供触发器资源,所

以基于 CPLD 的数字系统设计多使用格雷码编码,而基于 FPGA 的数字系统设计多使用独热码编码。另一方面,对于小型数字系统设计使用顺序编码和格雷码编码更有效,而复杂数字系统的状态机设计常使用独热码编码更高效。

2. 非法状态处理办法

如果状态机中状态数目是 2^N(N 为触发器数目),则可以保证所有可能的状态都能触及,那么这个设计是"安全"的,它没有非法状态,也不会进入非法状态。

如果电路所需要的状态数目不是 2^N,那么状态机就是"不安全"的。以独热码为例,使用独热码编码方式总是不可避免地出现大量剩余状态,即未定义的编码组合,这些状态在状态机的正常运行中是不需要出现的,通常称为非法状态。

如果要使状态机有可靠的工作性能,必须设法使系统落入这些非法状态后还能迅速返回正常的状态转移路径中。一般来说,使用 Verilog 设计有限状态机时,综合工具会优化掉所有未定义的状态并且生成一个高效的优化电路。然而,总的来说,优化的结果不令人满意。例如,在外界干扰作用下或上电时的初始启动后,状态机都有可能进入不可预测的非法状态,由于未定义的非法状态在综合时被优化掉,电路就可能无法返回正常操作。因此在状态机设计中,如果没有对这些非法状态进行合理的处理,就会出现对外界短暂失控,或完全无法摆脱非法状态而失去正常功能的问题,除非使用复位控制信号 Reset。

使用 Verilog 语言对非法状态的处理有以下两种方法。

(1) 用"default"语句对未提到的状态做统一处理。当状态转移条件不满足,或者状态发生突变时,通过"default"能保证系统不会陷入死循环。这是对状态机健壮性的重要要求,即状态机要具备自恢复功能。

(2) 使用"full case"的编码方式将所有的状态转移变量的所有向量组合情况都在代码中有相应的说明和处理,大多数综合工具都支持 Verilog 编码状态机的这种完备状态属性。

4.2.5 FSM 的描述方法

在使用 Verilog 设计有限状态机时,代码的编写有一定的规范,不同的代码风格综合后得到电路的物理实现在速度和面积上有很大差别。优秀的代码描述应当易于修改、易于编写和理解,有助于仿真和调试,能生成高效的综合结果。

在状态机设计中主要包括 3 个对象:当前状态即现态(Current State,CS),下一个状态即次态(Next State,NS),输出逻辑(Out Logic,OL)。使用 Verilog 进行状态机描述时,关键是要描述清楚状态机的几个要素,即如何进行状态转移,每个状态的输出是什么,状态转移的条件等。具体描述时方法各种各样,一般有以下三类描述方式。

一段式描述:现态(CS)、次态(NS)和输出逻辑(OL)放在一个 always 过程中进行描述。

二段式描述 1:一个 always 过程描述现态和次态时序逻辑(CS+NS),另一个 always 过程描述输出逻辑(OL)。

二段式描述 2:一个 always 过程描述现态(CS),另一个 always 过程描述次态和输出逻辑(NS+OL)。

三段式描述：现态(CS)、次态(NS)和输出逻辑(OL)各用一个 always 过程描述，输出可以是组合电路输出，也可以是时序电路输出。

对一段式描述方式而言，所有的逻辑都用一个 always 模块实现，则容易出现时序约束、更改、调试等问题。而且不能很好地表示 Mealy 机的输出，容易综合出 Latches，容易出错。因此这种方法不推荐使用。

对二段式和三段式描述方式而言，设计属于同步时序电路。因为状态机实现后，状态转移是用寄存器实现的，是同步时序部分。状态的转移条件的判断是通过组合逻辑判断实现的，将同步时序和组合逻辑分别放到不同的 always 模块中实现，这样做不仅便于阅读、理解、维护，更重要的是利于综合工具优化代码，利于用户添加合适的时序约束条件，利于布局布线工具有效布线。

二段式与三段式描述方式相比较，三段式描述方式较优。二段式描述方式中，描述当前状态的输出用组合逻辑实现，组合逻辑较容易产生毛刺，且不利于约束，不利于综合工具和布局布线工具实现高性能设计；三段式描述方式则根据状态转移规律，在上一状态根据输入条件判断当前状态的输出，从而在不插入额外时钟节拍的前提下，实现了寄存器输出。

三段式描述与两段式描述相比，虽然代码结构复杂了一些，但是换来的优势是使 FSM 做到了同步寄存器输出，消除了组合逻辑输出的不稳定与毛刺的隐患，而且更有利于综合与布局布线。缺点是：面积大于双 always 块。

另外有一点提醒注意，所谓的一段式、二段式、三段式写法不能单纯从几个 always 语句来区分，必须清楚它们不同的逻辑划分。

4.3 FSM 描述方法实例

4.3.1 1001 序列信号检测器设计

1001 序列信号检测器是用来检测序列信号"1001"的。电路输入为一位串行数据，当检测到比特流"1001"时，电路输出为 1，否则输出为 0。引脚情况如图 4-11 所示，电路有三个输入端：Data_in(串行数据输入端)，Clock(时钟信号)，Reset(同步复位端)；一个输出端Detected。

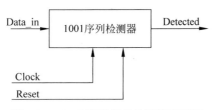

图 4-11　1001 序列信号检测器引脚图

对于这样一个信号检测器，首先确定采用 Moore 机设计该电路。其次要根据功能要求画出状态转移图，有了状态转移图就可以方便地使用 Verilog 语言来进行状态机描述。具体设计步骤如下。

1. 画出状态转移图

对电路进行功能分析并画出状态转移图。按照电路功能,因为要实现 4 位数据的检测,所以电路状态数是 5 个:起始状态(Start_S)、第一状态(First_S)、第二状态(Second_S)、第三状态(Third_S),最后状态(Last_S)。状态之间的转换关系如下。

(1) 在起始状态时,若 Data_in 输入为 0,则停留在起始状态;若 Data_in 输入为 1,则进入第一状态。

(2) 在第一状态,若 Data_in 输入为 1,则停留在第一状态;若 Data_in 输入为 0,则进入第二状态。

(3) 在第二状态,若 Data_in 输入为 1,则返回到第一状态;若 Data_in 输入为 0,则进入第三状态。

(4) 在第三状态,若 Data_in 输入为 0,则返回到起始状态;若 Data_in 输入为 1,则进入最后状态。

(5) 在最后状态,若 Data_in 输入为 0,则返回起始状态;若 Data_in 输入为 1,则进入第一状态。

输出端 Detected 在最后状态时为 1,其他状态时都为 0。

根据以上的状态转移分析,可以画出状态转移图如图 4-12 所示。状态转移图清晰地说明了状态机的跳转操作,用于编写 Verilog 代码时参考。

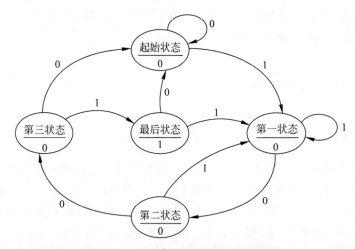

图 4-12　1001 序列检测器状态转移图

从图 4-12 中也看出这是 Moore 机,因为输出 Detected 仅为当前状态的函数,所以输出 Detected 是标示在圆圈中的分母位置上的。如果是 Mealy 机的话,由于输出信号是当前状态和输入信号的函数,在状态转换图上输出 Detected 应标示在箭头连线上(此时 Data_in 表示在分子位置上,Detected 表示在分母位置上)。

2. 一段式状态机描述

根据状态转移图,1001 序列检测器的一段式状态机 Verilog 代码描述如下(应该避免的写法)。

```
module fsm1(Clock,Reset,Data_in,Data_out);
input Clock,Reset,Data_in;
output Data_out;
reg Data_out;
reg[4:0] state;
parameter
    Start_S = 5'b10000,            //独热码表示状态
    First_S = 5'b01000,
    Second_S = 5'b00100,
    Third_S = 5'b00010,
    Last_S = 5'b00001;
always @(posedge Clock)
begin
    if(!Reset)
        begin state <= Start_S; Data_out <= 0; end
    else case(state)
        Start_S: begin Data_out <= 0;
                    if(Data_in == 1) state <= First_S;
                    else            state <= Start_S;
                end
        First_S: begin Data_out <= 0;
                    if (Data_in == 0) state <= Second_S;
                    else            state <= First_S;
                end
        Second_S: begin Data_out <= 0;
                    if(Data_in == 0) state <= Third_S;
                    else            state <= First_S;
                end
        Third_S: begin Data_out <= 0;
                    if (Data_in == 0) state <= Start_S;
                    else            state <= Last_S;
                end
        Last_S: begin Data_out <= 1;
                    if (Data_in == 0) state <= Start_S;
                    else            state <= First_S;
                end
        default: begin state <= Start_S; Data_out <= 0; end
        endcase
end
endmodule
```

fsm1.v RTL 综合视图如图 4-13 所示,由于 always 结构的敏感列表是时钟沿,所以最后的输出结构是以寄存器形式输出的,即时序逻辑输出,这样做的好处是可以克服输出逻辑出现毛刺的问题。

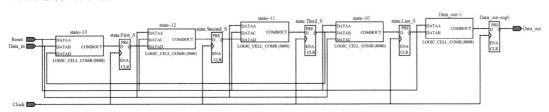

图 4-13 "1001"序列检测器的 RTL 综合视图

由于采用了独热码表示，综合优化之后得到5个触发器。虽然独热码需要使用更多的触发器，但是可以省下更多的组合电路，所以电路的速度和可靠性都有显著提高，而总的单元数却增加不多。因此，对于FPGA器件，建议采用该编码方式。必须强调的是，在case语句的最后要使用default分支项来确保多余的状态能返回到Start_S状态。

功能仿真波形如图4-14所示。可看出，Data_in发生变化时，只有当时钟上升沿到来的时候，系统才将对变化后的数据进行操作处理。一段式状态机的写法比较适应于Moore机或者非常简单的状态机设计，不符合将时序逻辑和组合逻辑分开描述的代码风格。而且在描述当前状态时还要考虑下一个状态的逻辑，整个代码看上去好像很简洁，其实结构不清晰，不利于修改和维护，不利于时序约束条件的加入，也不利于综合器对设计的优化，所以一般不推荐这种写法。

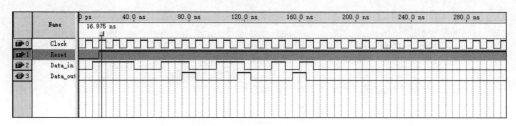

图 4-14　　fsm1 功能仿真图

3. 二段式状态机 1（CS＋NS、OL 双过程描述）

1001 序列检测器的二段式状态机 Verilog 代码描述如下。

```verilog
module fsm2(Clock, Reset, Data_in, Data_out);
input Clock, Reset, Data_in;
output Data_out;
reg Data_out;
reg[4:0] state;
parameter
    Start_S = 5'b10000, First_S = 5'b01000, Second_S = 5'b00100,
    Third_S = 5'b00010, Last_S = 5'b00001;
always @(posedge Clock)
begin
    if(!Reset)
            state <= Start_S;
        else
            case(state)
                Start_S: if (Data_in == 1) state <= First_S;
                        else
                        state <= Start_S;
                First_S: if (Data_in == 0) state <= Second_S;
                        else
                        state <= First_S;
                Second_S: if (Data_in == 0) state <= Third_S;
                        else
                        state <= First_S;
                Third_S: if (Data_in == 0) state <= Start_S;
                        else
```

```
                    state <= Last_S;
            Last_S: if (Data_in == 0) state <= Start_S;
                    else
                    state <= First_S;
            default: state <= Start_S;
        endcase
end
always @ (state)
begin case (state)
            Last_S: Data_out = 1'b1;
            default: Data_out = 1'b0;
        endcase
end
endmodule
```

上述代码中,第一个 always 过程用来描述现态和次态状态转换,第二个 always 过程用来描述输出逻辑(OL),OL 也可以直接用一个 assign 语句来表示,但是要注意 Data_out 要定义为 wire 类型。第二个 always 过程可以修改如下。

```
assign Data_out = (state == Last_S)? 1'b1: 1'b0;
```

文件 fsm2.v 的仿真波形如图 4-15 所示。注意观察此波形图与 fsm1.v 波形图的不同,采用一段式描述方式的 fsm1.v 输出逻辑会比二段式描述方式的 fsm2.v 输出逻辑延迟一个时钟周期的时间。分析原因,本书不再赘述。

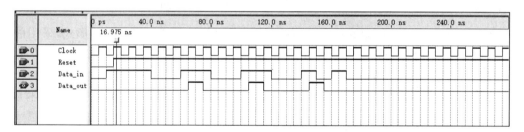

图 4-15 fsm2 功能仿真图

4. 二段式状态机 2(CS、NS+ OL 双过程描述)

1001 序列检测器的另一种二段式状态机 Verilog 代码描述如下。

```
module fsm3 (Clock, Reset, Data_in, Data_out);
input Clock, Reset, Data_in;
output Data_out;
reg Data_out;
reg[4:0] Current_state, Next_state;
parameter
    Start_S = 5'b10000, First_S = 5'b01000, Second_S = 5'b00100,
    Third_S = 5'b00010, Last_S = 5'b00001;
//第一段 always,完成现态次态的转换
always@( posedge Clock or negedge Reset)
begin
    if(!Reset)
```

```
                Current_state < = Start_S;        //异步复位
            else
                Current_state = Next_state;       //时钟 Clock 上升沿触发器状态翻转
        end
//第二段 always,描述次态变化和输出
always @ (Current_state or Data_in)
begin
    case(Current_state)
      Start_S: begin if (Data_in == 1) begin Next_state <= First_S; Data_out = 1'b0; end
                    else                begin Next_state <= Start_S; Data_out = 1'b0; end
               end
      First_S: begin if (Data_in == 0) begin Next_state <= Second_S; Data_out = 1'b0; end
                    else                begin Next_state <= First_S; Data_out = 1'b0; end
               end
      Second_S: begin if (Data_in == 0) begin Next_state <= Third_S; Data_out = 1'b0;end
                    else                 begin Next_state <= First_S; Data_out = 1'b0; end
                end
      Third_S: begin if (Data_in == 0) begin Next_state <=  Start_S; Data_out = 1'b0; end
                    else                begin Next_state <=  Last_S; Data_out = 1'b0; end
               end
      Last_S: begin if (Data_in == 0) begin Next_state <=  Start_S; Data_out = 1'b1; end
                    else               begin Next_state <=  First_S; Data_out = 1'b1; end
              end
      default: begin Next_state <= Start_S; Data_out = 1'b0; end
      endcase
end
endmodule
```

第一段 always 结构的敏感信号是时钟和复位信号,是描述时序电路的形式,采用的是非阻塞赋值,每次时钟到来时,把 Next_state 赋给 Current_state,完成现态次态状态的转换。第二个 always 过程,用来描述次态变化和输出。

二段式描述方法无论是采用 CS＋NS、OL 双过程还是 CS、NS＋OL 双过程,描述方式结构都很清晰,并且把时序逻辑和组合逻辑分开进行描述,便于修改。二段式的两种描述方法功能仿真波形是一样的。

5. 三段式状态机

上述 1001 序列检测器的三段式状态机 Verilog 代码描述如下。

```
module fsm4 (Clock, Reset, Data_in, Data_out);
input Clock, Reset, Data_in;
output Data_out;
reg Data_out;
reg[4:0] Current_state, Next_state;
parameter
    Start_S = 5'b10000, First_S = 5'b01000, Second_S = 5'b00100,
    Third_S = 5'b00010, Last_S = 5'b00001;
//第一段 always,完成现态到次态的转换
always@(posedge Clock or negedge Reset)
begin
    if(!Reset)
        Current_state < = Start_S;        //异步复位
```

```
        else
            Current_state = Next_state;    //时钟Clock上升沿触发器状态翻转
end
//第二段always,指定次态的变化
always @( Current_state or Data_in)
begin
    case(Current_state)
        Start_S: begin if(Data_in == 1) Next_state <= First_S;
                        else            Next_state <= Start_S;
                end
        First_S: begin if(Data_in == 0) Next_state <= Second_S;
                        else            Next_state <= First_S;
                end
        Second_S: begin if(Data_in == 0) Next_state <= Third_S;
                        else             Next_state <= First_S;
                end
        Third_S: begin if(Data_in == 0) Next_state <= Start_S;
                        else            Next_state <= Last_S;
                end
        Last_S: begin if (Data_in == 0) Next_state <= Start_S;
                        else            Next_state <= First_S;
                end
        default: Next_state <= Start_S;
    endcase
end
//第三段always,给出不同状态下的输出
//输出逻辑:让输出信号经过一个寄存器再送出,可以消除输出信号中的毛刺
always@( posedge Clock or negedge Reset)
begin
    if(!Reset)
        Data_out = 1'b0;
    else case (Current_state)
            Last_S: Data_out = 1'b1;
            default: Data_out = 1'b0;
        endcase
end
endmodule
```

fsm4.v 功能仿真波形如图 4-16 所示。与一段式 fsm1 的功能波形是一样的,其输出信号是经过一个寄存器再输出的,保证了输出信号中没有毛刺。

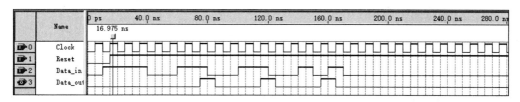

图 4-16　fsm4 功能仿真图

另外,可充分利用 assign 连续赋值语句将状态机的触发器部分和组合逻辑部分分成两个部分来描述,形成另外一种代码风格,描述如下。

```
module fsm5(Clock,Reset,Data_in,Data_out);
```

```
input Clock,Reset,Data_in;
output Data_out;
wire Data_out;
reg[2:0] state;
wire[2:0] Next_S;
parameter
    Start_S = 3'b000,
    First_S = 3'b001,
    Second_S = 3'b010,
    Third_S = 3'b011,
    Last_S = 3'b100;
always @(posedge Clock)
    if(!Reset)
        state <= Start_S;
    else
        state <= Next_S;
assign Next_S = (state == Start_S)?(Data_in?First_S: Start_S):
                (state == First_S)?(!Data_in?Second_S: First_S):
                (state == Second_S)?(!Data_in?Third_S: First_S):
                (state == Third_S)?(!Data_in?Start_S: Last_S):
                (state == Last_S)?(!Data_in?Start_S: First_S):Start_S;
assign Data_out = (state == Last_S)?1'b1: 1'b0;
endmodule
```

fsm5 仿真波形等同于 fsm2 和 fsm3。可看出这种风格编写的代码是相对较短的,但是并不是说代码段短的设计综合出的电路就简单,代码段长的电路综合出的电路就复杂。使用 Quartus Ⅱ 9.1 编译配置后得到在 FPGA 器件中 fsm2 和 fsm5 两种设计的资源占用情况如图 4-17 和图 4-18 所示,可比较其中的不同。两种方法设计的有限状态机都是可以综合的,逻辑功能虽然一样,但综合出的逻辑电路是有所不同的,所以应该根据电路不同的性能要求来构建合适的设计风格。

Flow Status	Successful - Sun Jul 19 16:40:30 2020
Quartus II Version	9.1 Build 222 10/21/2009 SJ Web Edition
Revision Name	fsm2
Top-level Entity Name	fsm2
Family	Cyclone II
Device	EP2C35F672C6
Timing Models	Final
Met timing requirements	Yes
Total logic elements	4 / 33,216 (< 1 %)
Total combinational functions	4 / 33,216 (< 1 %)
Dedicated logic registers	4 / 33,216 (< 1 %)
Total registers	4
Total pins	4 / 475 (< 1 %)
Total virtual pins	0
Total memory bits	0 / 483,840 (0 %)
Embedded Multiplier 9-bit elements	0 / 70 (0 %)
Total PLLs	0 / 4 (0 %)

图 4-17　fsm2.v 设计在 FPGA 中的资源占用情况

```
Flow Status                        Successful - Sun Jul 19 16:34:57 2020
Quartus II Version                 9.1 Build 222 10/21/2009 SJ Web Edition
Revision Name                      fsm5
Top-level Entity Name              fsm5
Family                             Cyclone II
Device                             EP2C35F672C6
Timing Models                      Final
Met timing requirements            Yes
Total logic elements               7 / 33,216 ( < 1 % )
    Total combinational functions  7 / 33,216 ( < 1 % )
    Dedicated logic registers      5 / 33,216 ( < 1 % )
Total registers                    5
Total pins                         4 / 475 ( < 1 % )
Total virtual pins                 0
Total memory bits                  0 / 483,840 ( 0 % )
Embedded Multiplier 9-bit elements 0 / 70 ( 0 % )
Total PLLs                         0 / 4 ( 0 % )
```

图 4-18 fsm5.v 设计在 FPGA 中的资源占用情况

必须强调的是,目前的有限状态机设计只要能够写出 Verilog 代码,则综合软件可以自动生成相应的逻辑硬件结构,但是这不是说不必掌握硬件设计方法。现代电路设计中,面对的是硬件描述语言编写的代码,但是必须要有硬件设计思想,在设计的过程中必须能够将不同的代码段映射出相应的硬件结构,所编写的代码也必须是具有可综合风格的。

4.3.2 简单十字路口交通信号控制器设计

1. 设计要求

设计十字路口东西、南北两方向的红、黄、绿三色灯控制器,指挥车辆和行人安全通行。交通灯信号控制系统示意图如图 4-19 所示。输出 R_1、Y_1、G_1、R_2、Y_2、G_2 分别代表东西方向的红、黄、绿灯和南北方向的红、黄、绿灯。东西方向绿灯亮的时间 t_1 为 30s,南北方向绿灯亮的时间 t_3 为 25s,两方向黄灯亮灯时间 t_2 为 5s。

该交通管理器由控制器和受其控制的三个定时器及 6 个交通信号灯组成。C_1、C_2、C_3 为控制器发出的启动定时计数器 t_1、t_2、t_3 的控制信号,W_1、W_2、W_3 为定时计数器反馈给控制器的指示信号,计数器在计数过程中,相应的指示信号为 0,计数结束时为 1。

2. 系统算法设计

数字系统在结构上分为数据处理单元和控制单元两大部分。十字路口交通信号控制器数据处理单元包括三个定时计数器,结构简单,因此系统设计以控制单元为主。控制单元接收外部系统时钟和复位信号及反映数据处理单元当前工作状况的反馈应答信号 W_1、W_2、W_3,发出对数据处理单元的控制序列信号 C_1、C_2、C_3 及产生相应的输出数据信号 R_1、Y_1、G_1、R_2、Y_2、G_2。按照常规的十字路口交通管理规则,给出交通管理工作流程图如图 4-20 所示,同时也可以看作系统控制器的 ASM 图。

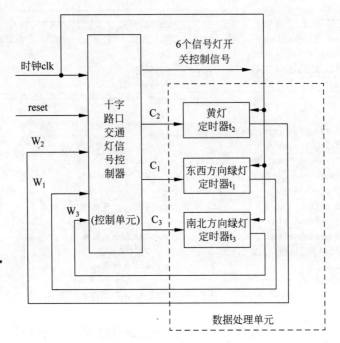

图 4-19　交通灯信号控制系统示意图

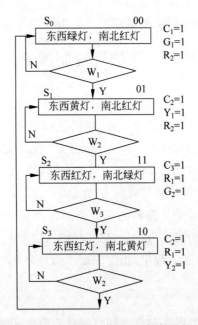

图 4-20　交通信号控制器工作流程(控制器的 ASM 图)

3. 交通信号控制系统 Verilog HDL 描述

本设计采用分层次描述方式,顶层采用图形输入描述方式,各模块采用文本描述方式。顶层模块如图 4-21 所示。

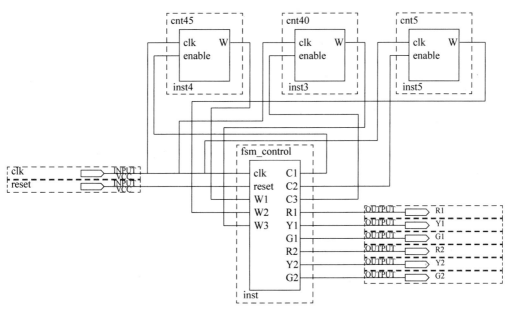

图 4-21 交通灯信号控制系统顶层图形文件

根据 ASM 图编写交通灯信号控制器的 Verilog 代码描述如下。

```
module fsm_control (clk, reset, W1,W2,W3, C1,C2,C3,R1,Y1,G1,R2,Y2,G2);
input clk, reset;                      //1Hz 时钟信号,同步复位
input W1,W2,W3 ;                       //定时器状态指示信号
//6 个信号灯: 东西方向(红、黄、绿)、南北方向(红、黄、绿)灯
output R1,Y1,G1,R2,Y2,G2;
output C1,C2,C3;                       //定时计数器计数启动信号
wire C1,C2,C3;
wire R1,Y1,G1,R2,Y2,G2;
reg[1:0] state;
parameter
    S0 = 2'b00,
    S1 = 2'b01,
    S2 = 2'b11,
    S3 = 2'b10;
always @ (posedge clk)
begin
    if (reset) state <= S0;
    else case (state)
        S0: beginif (W1 == 1) state <= S1;
            else             state <= S0;
            end
        S1: begin if (W2 == 1) state <= S2;
            else             state <= S1;
            end
        S2: begin if (W3 == 1) state <= S3;
            else             state <= S2;
            end
        S3: begin if (W2 == 1) state <= S0;
```

```
                    else            state <= S3;
                end
        endcase
    end
assign C1 = (state == S0)?1'b1:1'b0;
assign C2 = (state == S1||state == S3)?1'b1:1'b0;
assign C3 = (state == S2)?1'b1:1'b0;
assign G1 = (state == S0)?1'b1:1'b0;
assign Y1 = (state == S1)?1'b1:1'b0;
assign R1 = (state == S2||state == S3)?1'b1:1'b0;
assign G2 = (state == S2)?1'b1:1'b0;
assign Y2 = (state == S3)?1'b1:1'b0;
assign R2 = (state == S0||state == S1)?1'b1:1'b0;
endmodule
```

该代码在用综合器综合后，可以直观地观察到生成的状态图，例如，在 Quartus Ⅱ 软件中，对程序编译后，选择菜单 Tools→Netlist Viewers→State Machine Viewer，将弹出如图 4-22 所示的状态图。

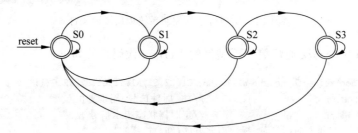

图 4-22　交通灯控制器状态机视图

三个定时计数器的 Verilog 代码描述如下。

```
module cnt45(clk,enable,W);
input clk, enable;                    //1Hz 时钟信号,同步使能信号
output W;                             //定时器状态指示信号
reg[6:0] cnt;
reg W;
always @ (posedge clk)
begin
    if (enable == 1'b1&& cnt < 45)
        cnt = cnt + 1'b1;
    else cnt = 0;
    if (cnt == 45)
        W = 1;
    else W = 0;
end
endmodule

module cnt40(clk,enable,W);
input clk, enable;                    //1Hz 时钟信号,同步使能信号
output W;                             //定时器状态指示信号
reg[6:0] cnt;
```

```
reg W;
always @ (posedge clk)
begin
    if (enable == 1'b1&& cnt < 40)
        cnt = cnt + 1'b1;
    else cnt = 0;
    if (cnt == 40)
        W = 1;
    else W = 0;
end
endmodule

module cnt5(clk, enable, W);
input clk, enable;              //1Hz 时钟信号,同步使能信号
output W;                       //定时器状态指示信号
reg[6:0] cnt;
reg W;
always @ (posedge clk)
begin
    if (enable == 1'b1 && cnt < 5)
        cnt = cnt + 1'b1;
    else cnt = 0;
    if (cnt == 5)
        W = 1;
    else W = 0;
end
endmodule
```

交通灯控制器系统仿真结果如图 4-23 所示。实验中,增加了输出变量 state 来显示状态变化,可以看出,交通控制器的状态完成了 00→01→11→10→00 的转换。符合如图 4-20 所示的交通信号控制器的 ASM 图中显示的状态变换规律。

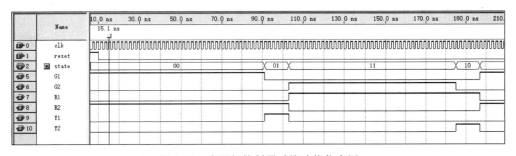

图 4-23　交通灯控制器系统功能仿真图

4.3.3　复杂交通灯信号控制器设计

某十字路口,在 A 方向和 B 方向上各有两组信号灯。每组 6 盏灯,分别是左转绿、左转黄、左转红、直行红、直行黄和直行绿。4 组信号灯共计 24 盏灯。另外,设置了 4 组倒计时显示牌,倒计时显示使用两位的八段码实现。A 方向上的两组信号灯显示情况一样,同样 B

方向上的两组信号灯显示情况一样。交通信号灯控制示意图如图 4-24 所示。为保证交通安全,在出现故障时,信号灯要倒向安全一侧,因此设计时要保证不能在红灯时显示绿色,在绿灯时显示红色。

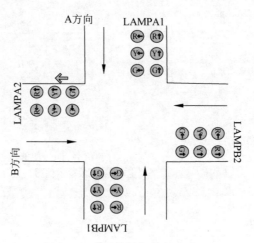

图 4-24　交通信号灯控制示意图

交通信号灯控制器的引脚情况如图 4-25 所示。输入有两个信号:Clock 为时钟信号,时钟频率为 1Hz;Reset 为复位信号,当为高电平时,系统开始工作。输出有 8 个信号:LAMPA1(LAMPA2),LAMPB1(LAMPB2),ACOUNT1(ACOUNT2),BCOUNT1(BCOUNT2)。

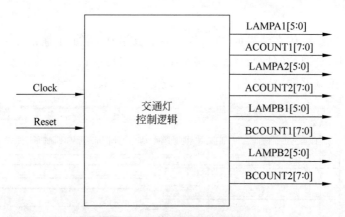

图 4-25　交通信号灯控制器引脚图

在设计中,对 A 和 B 方向分别编写状态机代码。但是注意 AB 两方向的交通是相关的,所以在时钟的统一步调下,AB 方向的红绿灯时间一定要配合好,使得交通顺畅有序。AB 方向的时间配合如图 4-26 所示,状态的转换按照图中所示时间节点进行,整个周期为 120s。

同一方向的信号灯亮灭相关性如下。

(1) 直行绿灯亮时必有左转红灯亮。

(2) 直行黄灯亮时必有左转黄灯亮。

(3) 直行红灯亮时必有左转绿灯亮或者左转红灯亮。

交叉方向的信号灯亮灭相关性如表 4-3 所示。

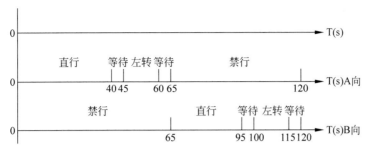

图 4-26　交通信号灯 A、B 方向时间匹配图

表 4-3　交叉方向信号灯亮灭相关性对应表

方向 A	方向 B
直行红灯亮	要么直行绿灯亮,要么直行黄灯亮,要么直行红灯亮 & 左转绿灯亮
直行绿灯亮	直行红灯亮
直行红灯亮 & 左转绿灯亮	直行红灯亮
直行黄灯亮	直行红灯亮

下面以 A 方向为例,介绍状态机的运行过程。共有 5 个工作状态,工作情况如下。

State0：A 向通行,此时 A 向直行绿灯亮 & 左转红灯亮;B 向禁行,此时 B 向直行灯红灯亮 & 左转红灯。倒计数 40s 后进入 State1。

State1：A 向左转准备状态,此时 A 向直行黄灯亮 & 左转黄灯亮;B 向禁行,此时 B 向直行红灯亮 & 左转红灯亮。倒计数 5s 后进入 State2。

State2：A 向左转状态,此时 A 向直行红灯亮 & 左转绿灯亮;B 向禁行,此时 B 向直行红灯亮 & 左转红灯亮。倒计数 15s 后进入 State3。

State3：A 向禁止准备状态,此时 A 向直行黄灯亮 & 左转黄灯亮;B 向禁行,此时 B 向直行红灯亮 & 左转红灯亮。倒计数 5s 后进入 State4。

State4：A 向禁止状态,此时 A 向直行红灯亮 & 左转红灯亮;B 向直行,此时,B 向绿灯亮 & 左转红灯亮。倒计数 55s 后返回 State0。

B 方向状态机工作情况与 A 方向类似,请读者自己考虑。

根据状态转移情况画出 A 方向的状态转移图如图 4-27 所示。B 方向的状态转移图和 A 方向的状态转移图类似。

根据状态转移图编写交通灯信号控制器的 Verilog 代码描述如下。

```
module traffic_control (Clock,Reset,LAMP_A1,LAMP_A2,LAMP_B1,LAMP_B2,
COUNT_A1,COUNT_A2,COUNT_B1,COUNT_B2);
input Clock,Reset;                              //1HZ 时钟信号,同步复位
output[5:0] LAMP_A1,LAMP_A2,LAMP_B1,LAMP_B2;    //4 组信号灯
output[7:0] COUNT_A1,COUNT_A2,COUNT_B1,COUNT_B2;   //倒计时牌
reg[5:0] LAMP_A,LAMP_B;                          //左转绿、左转黄、左转红、直行红、直行黄、直行绿
reg[7:0] num_A,num_B;                            //内部倒计时
reg temp_A,temp_B;                              //状态和计数转换信号
reg[2:0] state_A,state_B;                        //A、B 两方面的状态寄存器
reg[7:0] red_A,yellow_A,green_A,left_A,red_B,yellow_B,green_B,left_B;
```

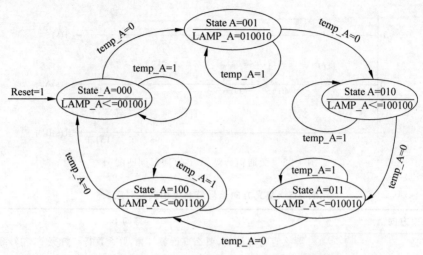

图 4-27 交通灯信号控制器 A 方向状态转移图

```verilog
assign COUNT_A1 = num_A, COUNT_A2 = num_A;
assign COUNT_B1 = num_B, COUNT_B2 = num_B;
assign LAMP_A1 = LAMP_A, LAMP_A2 = LAMP_A;
assign LAMP_B1 = LAMP_B, LAMP_B2 = LAMP_B;
always @(posedge Clock)
    if (!Reset)                           //Reset = 0 复位
        begin
            green_A <= 8'd40;
            yellow_A <= 8'd5;
            left_A <= 8'd15;
            red_A <= 8'd55;
            red_B <= 8'd65;
            yellow_B <= 8'd5;
            left_B <= 8'd15;
            green_B <= 8'd30;
            LAMP_A <= 'b000000;
            state_A <= 'b000;
            temp_A <= 0;
            num_A <= 0;
        end
    else begin                            //Reset = 1 正常工作
            if(!temp_A)                   //temp_A = 0 状态变换
                begin
                    temp_A <= 1;
                    case (state_A)
                        'b000: begin
                                num_A <= green_A;
                                LAMP_A <= 'b001001;
                                state_A <= 'b001;
                            end
                        'b001: begin
                                num_A <= yellow_A;
                                LAMP_A <= 'b010010;
```

```verilog
                                    state_A <= 'b010;
                                end
                            'b010:begin
                                    num_A <= left_A;
                                    LAMP_A <= 'b100100;
                                    state_A <= 'b011;
                                end
                            'b011:begin
                                    num_A <= yellow_A;
                                    LAMP_A <= 'b010010;
                                    state_A <= 'b100;
                                end
                            'b100:begin
                                    num_A <= red_A;
                                    LAMP_A <= 'b001100;
                                    state_A <= 'b000;
                                end
                            default:LAMP_A <= 'b000000;
                        endcase
                end
        else begin//temp_A = 1 倒计时
                if(num_A > 1)
                    if(num_A[3:0] == 0)
                        begin
                            num_A[3:0]<= 'b1111;
                            num_A[7:4]<= num_A[7:4] - 1'b1;
                        end
                    else
                        num_A[3:0]<= num_A[3:0] - 1'b1;
                if (num_A == 2)
                    temp_A <= 0;
                end
        end
always @(posedge Clock)
    if (!Reset) //Reset = 0 复位
        begin
            LAMP_B <= 'b000000;
            temp_B <= 0;
            state_B <= 0;
            num_B <= 'b000;
        end
    else begin //Reset = 1 正常工作
            if(!temp_B)//temp_B = 0 状态变换
                begin
                    temp_B <= 1;
                    case (state_B)
                        'b000:begin
                                num_B <= red_B;
                                LAMP_B <= 'b001100;
                                state_B <= 'b001;
                            end
```

```
                    'b001:begin
                        num_B<=green_B;
                        LAMP_B<='b001001;
                        state_B<='b010;
                      end
                    'b010:begin
                        num_B<=yellow_B;
                        LAMP_B<='b010010;
                        state_B<='b011;
                      end
                    'b011:begin
                        num_B<=left_B;
                        LAMP_B<='b100100;
                        state_B<='b100;
                      end
                    'b100:begin
                        num_B<=yellow_B;
                        LAMP_B<='b010100;
                        state_B<='b000;
                      end
                    default:LAMP_B<='b000000;
                 endcase
              end
            else begin                      //temp_B=1 倒计时
                 if(num_B>1)
                    if(num_B[3:0]==0)
                        begin
                            num_B[3:0]<='b1111;
                            num_B[7:4]<=num_B[7:4]-1'b1;
                        end
                    else
                        num_B[3:0]<=num_B[3:0]-1'b1;
                 if (num_B==2)
                    temp_B<=0;
              end
         end
    endmodule
```

上述代码中,定义了 8 个寄存器 red_A、yellow_A、green_A、left_A、red_B、yellow_B、green_B 和 left_B。这几个寄存器在时钟上升沿时,Reset 信号为低时,置入信号灯亮的倒计时总时间。num_A 和 num_B 是倒计时显示,倒计时到 1 后就转到下一状态。注意 temp_A 和 temp_B 信号,它们用来在状态下赋值和倒计时计算之间切换,比较关键,是设计的重点。功能仿真结果如图 4-28 所示。从图中可看出两个方向的交通灯都实现了设计所要求的亮灭情况。当 num_A 从 40 倒计数到 1 时,A 方向为直行绿灯,从 5 倒计数到 1 时,A 方向为左转等待状态,从 15 倒计数到 1 时,A 方向为左转状态,又从 5 倒计数到 1 时,A 方向为禁行等待状态。num_A 在 4 次倒计数过程中,num_B 只有一次倒计数,即从 65 倒计数到 1。两个方向的信号灯互相配合,使得十字路口的车辆可以有序通行。

使用 Quartus II 9.1 编译后得到在 FPGA 器件中资源占用情况如图 4-29 所示。可看

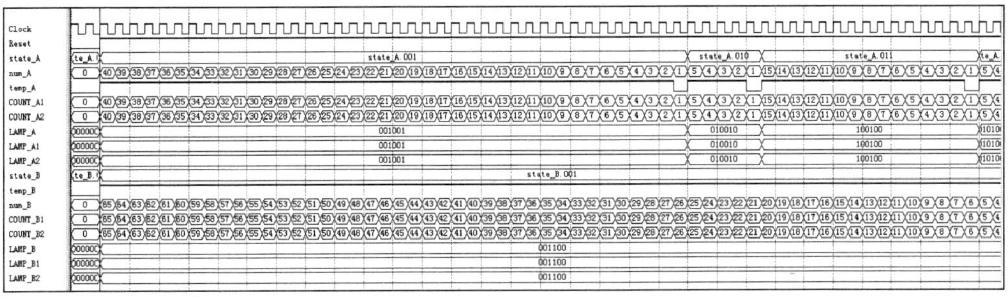

图 4-28　traffic_control 功能仿真图

到设计使用的是 Cyclone Ⅱ器件,逻辑单元使用了 62 个,寄存器使用了 34 个,总资源占用不到 1%。

```
Flow Status                        Successful - Sun Jul 19 16:43:40 2020
Quartus II Version                 9.1 Build 222 10/21/2009 SJ Web Edition
Revision Name                      traffic_control
Top-level Entity Name              traffic_control
Family                             Cyclone II
Device                             EP2C35F672C6
Timing Models                      Final
Met timing requirements            Yes
Total logic elements               62 / 33,216 ( < 1 % )
    Total combinational functions  62 / 33,216 ( < 1 % )
    Dedicated logic registers      34 / 33,216 ( < 1 % )
Total registers                    34
Total pins                         58 / 475 ( 12 % )
Total virtual pins                 0
Total memory bits                  0 / 483,840 ( 0 % )
Embedded Multiplier 9-bit elements 0 / 70 ( 0 % )
Total PLLs                         0 / 4 ( 0 % )
```

图 4-29　traffic_control2 设计在 FPGA 中的资源占用情况

　　从上面的例子可以看到,代码中使用了两个状态机来编写交通灯控制器,实现两个方向的交通灯亮灭控制。当然也可以使用一个状态机来编写交通灯控制器。使用一个状态机,可以将两个方向的交通灯的亮灭情况都包含在里面,共有 8 个状态,状态转移简图如图 4-30所示。请读者自己编写相应的状态机代码。

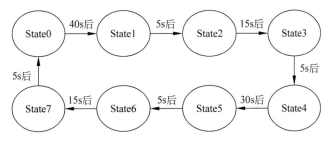

图 4-30　交通灯控制器单状态机状态转移简图

　　在仿真验证时可参考表 4-4 的信号灯的亮灭情况。LAMP_A 和 LAMP_B 从高位到低位分别为: 左转绿、左转黄、左转红、直行红、直行黄和直行绿。

表 4-4　交通灯单状态机设计时亮灭情况

状态	信　号　灯	
	LAMP_A[5:0]	LAMP_B[5:0]
State0	001001	001100
State1	010010	001100
State2	100100	001100
State3	010010	001100
State4	001100	001001
State5	001100	010010
State6	001100	100100
State7	001100	010100

上述代码完成了交通灯控制器的核心部分。如果要实现完整的系统设计，还需要分频模块、动态扫描与显示模块配合。整个设计可在 Quartus Ⅱ 9.1 软件下进行仿真、综合、配置，可下载到 Altera FPGA 开发板上通过 LED 灯的亮灭和 8 段码显示来验证系统设计的正确性。

4.4　小结

本章讨论了有限状态机的基本原理和两种不同类型的有限状态机：Moore 机和 Mealy 机。给出了设计 FSM 的基本步骤和指导原则。通过三个典型实例阐述了 FSM 设计的一般方法和设计过程。比较了状态机建模通常使用的一段式、二段式及三段式描述方法的优缺点，建议尽量避免使用一段式。详细地介绍了有限状态机常用的两种图形化表示方法：状态图和算法状态机图，以及 FSM 编码方式和非法状态处理办法。

习题 4

1. 什么是有限状态机？Moore 机和 Mealy 机的各自特点和区别是什么？
2. 比较一段式、二段式以及三段式有限状态机描述方式的异同以及各自的优缺点。
3. 请使用本章介绍的有限状态机设计方法设计同步 FIFO 和异步 FIFO。
4. 简述用 Verilog HDL 描述状态机的步骤。
5. 实验板共有 4 个 LED 灯，请实现它们的组合显示。具体功能如下。
（1）模式 1：先点亮奇数位 LED 灯，即 1、3，后点亮偶数位 LED 灯，即 2、4，依次循环。
（2）模式 2：按照 1、2、3、4 的顺序依次点亮所有 LED 灯，然后再按该顺序依次熄灭所有 LED 灯。
（3）模式 3：每次只点亮一个 LED 灯，亮灯顺序为 1、2、3、4、3、2，按照该顺序循环。
（4）模式 4：按照 1/4、2/3 的顺序依次点亮所有灯，每次同时点亮两个 LED 灯；然后再按该顺序依次熄灭所有 LED 灯，每次同时熄灭两个 LED 灯。
注：点亮与熄灭的时间间隔均为 0.25s。

在演示过程中,只有当一种模式演示完毕才能转向其他演示模式。

6. 设计一个汽车尾灯控制器。汽车尾部左右两侧各有两只尾灯,用作汽车行驶状态的方向指示标志。要求:

(1) 汽车正常向前行驶时,4 只尾灯全部熄灭。

(2) 当汽车要向左或向右转弯时,相应侧的两只尾灯从左向右依次闪烁。每个灯亮 1s,每个周期为 2s,另一侧的两只灯不亮。

(3) 紧急刹车时,4 只尾灯全部闪,闪动频率为 1Hz。

第5章

Verilog代码规范和代码风格

强调 Verilog 代码编写规范,有助于提高书写代码的可读性、可修改性、可重用性,便于优化代码综合和仿真的结果。指导设计工程师使用 Verilog HDL 规范代码和优化电路,从而做到: ① 逻辑功能正确;②可快速仿真;③ 综合结果最优(如果是 hardware model);④可读性较好。

代码规范之后的一个境界是优良的代码风格,代码风格不同于代码规范,其重点强调逻辑上的风格,同样的功能,使用不同的代码风格,代码综合面积可能是几倍的关系;另外,人们不经意间的编程习惯可能会导致许多冗余代码,在 Verilog 综合之后,即使通过了最大化的优化计算,这些冗余未必能全部被优化掉,依旧会产生不必要的电路,比如多余的寄存器或者没用的组合逻辑,从而导致更多的流片成本或占用更多的 FPGA 硬件资源。

本章主要介绍编写 Verilog HDL 代码时的代码规范和代码风格,给出了基于数字系统设计的一些基本原则和设计技巧的代码风格,这些代码风格不仅适用于 ASIC 设计,同时也适用于 FPGA 设计。

5.1 Verilog 代码规范

遵循代码编写规范书写的代码,很容易阅读、理解、维护、修改、跟踪调试、整理文档。相反,编写风格随意的代码,通常晦涩、凌乱,会给开发者本人的调试、修改工作带来困难,也会给读者带来很大麻烦。Verilog 代码规范主要包括命名、格式、注释及语法规范,下面将详细论述各个规范的内容。

5.1.1 命名规范

1. 文件名

每个模块(module)一般应存在于单独的源文件中,便于模块的修改,通常源文件名与所包含模块名相同。模块、文件命名时采用功能命名,例如:

```
u1_mux.v          上行复用模块
```

模块层次尽可能不要超过 4 层,低层模块的命名要求包含上层模块名,例如:

```
u1_mux_reg.v      上行复用寄存器模块
```

这样便于理解 FPGA 的模块层次结构和功能。调用 CORE 模块除外。

此外还应注意，Verilog 程序必须存入某文件夹中（要求非中文文件夹名），不要保存在根目录内或桌面上。

2. 模块名

（1）在系统设计阶段应该为每个模块命名，最终的顶层模块应该以芯片的名称来命名。在顶层模块中，除 I/O 引脚和不需要综合的模块外，其余作为次级顶层模块，建议以"xx_core.v"命名。

（2）调用模块的命名与该模块名匹配。

同一模块内调用同一子模块时，调用名采用整数索引或采用整数多次索引，以增加模块的可读性，避免混淆。例如：

```
block   block_1(…);
block   block_2(…);
block   block_3(…);
```

3. 信号名

（1）采用有意义的，能反映对象特征、出处、功能和性质的单词命名，可以达到望文生义，以增强程序的可读性。例如，count8<=count8+8'h01 就显得含糊不清，而 addr_count<=addr_count+8'h01 就表明了意义。

（2）长的名字对书写和记忆会带来不便，甚至带来错误，所以要避免标识符过于冗长，对较长的单词应当采用适当的缩写形式，如用 rst 代替 reset，en 代替 enable，addr 代替 address，clk 代替 clock 等。

（3）在 RTL 源码的设计中任何元素包括端口、信号、变量、函数、任务、模块等的命名都不能与 Verilog 和 VHDL 的关键字同名。

（4）如果需要多个意义独立的字符串命名，字符串之间要用下画线"_"隔开，便于维护，有助于对设计的理解，如 ram_addr、max_delay、data_size 等。

（5）总线由高位到低位命名，如 bus[31:0]。

（6）对来自同一驱动源的信号在不同的子模块中采用相同的名字，这要求在芯片总体设计时就定义好顶层子模块间连线的名字，端口和连接端口的信号尽可能采用相同的名字。

5.1.2 格式规范

1. 空行和空格

（1）适当地在代码的不同部分插入空行，避免因程序拥挤不利阅读。例如，分节书写，各节之间加 1 行到多行空格，如每个 always、initial 语句都是一节。

（2）不同变量，以及变量与符号、变量与括号之间都应当保留一个空格。Verilog 关键字与其他任何字符串之间都应当保留一个空格，如 always @（…）。

（3）使用//进行的注释，在//后应当有一个空格。

（4）在表达式中插入空格，避免代码拥挤，包括：

① 赋值符号两边要有空格。

② 双目运算符两边要有空格。

③ 单目运算符和操作数之间可没有空格。

例如：

```
a  <=  b;
c  =  a  +  b;
if (a  ==  b) then …
  e  <=  ~a  &  c;
```

2. 对齐和缩进

（1）不要使用连续的空格来进行语句的对齐。

（2）采用制表符 Tab 对语句对齐和缩进，Tab 键采用 4 个字符宽度，可在编辑器中设置。

（3）各种嵌套语句尤其是 if…else 语句，必须严格地逐层缩进对齐。

（4）同一个层次的所有语句左端对齐；initial、always 等语句块的 begin 关键词和相应的 end 关键词与 initial、always 对齐。

（5）每行只写一条语句可增加程序的可读性，便于用设计工具进行代码的语法分析。

3. 注释

必须加入详细、清晰的注释行以增强代码的可读性和可移植性，注释内容占代码篇幅不应少于 30%。使用//进行的注释行以分号结束；使用/＊ ＊/进行的注释，/＊ 和 ＊/各占用一行，并且顶头。例如：

//edge detector used to synchronize the input signal;

代码行使用单行注释，不使用多行注释，代码行注释跟在注释代码之后，处于同一行。注释应简明扼要，避免使单行内容过长。如注释过长且难以简略，可以分行注释。注意放在下一行的注释应与前行注释左侧对齐。注意分行的注释内容要独占一行，该行不能有其他的代码。若代码本身较长，难以在同一行加以注释，可以在代码的前一行放置注释内容。注意这行注释要独占一行。

4. 模块调用格式

在 Verilog 中有两种模块调用的方法，一种是位置映射法，严格按照模块定义的端口顺序来连接，不用注明原模块定义时规定的端口名，其语法为：

模块名 (连接端口 1 信号名，连接端口 2 信号名，连接端口 3 信号名，…)；

另一种为信号映射法，即利用"."符号，表明原模块定义时的端口名，其语法为：

模块名 (.端口 1 信号名(连接端口 1 信号名),

　　　.端口 2 信号名(连接端口 2 信号名),

　　　.端口 3 信号名(连接端口 3 信号名),…)；

显然,信号映射法同时将信号名和被引用端口名列出来,不必严格遵守端口顺序,不仅降低了代码易错性,还提高了程序的可读性和可移植性。因此,在良好的代码中,严禁使用位置映射法,全部采用信号映射法。

5. 大小写

如无特别需要,模块名和信号名一律采用小写字母;为醒目起见,自己定义的常数(\`define 定义)/参数(parameter 定义)采用大写字母,如 parameter CYCLE=100。

6. 参数化设计格式

为了源代码的可读性和可移植性,不要在程序中直接写特定数值,尽可能采用\`define 语句或 parameter 语句定义常数或参数。

5.1.3　RTL 可综合代码编写规范

用 HDL 实现电路,设计人员对可综合风格的 RTL 描述的掌握不仅会影响到仿真和综合的一致性,也是逻辑综合后电路可靠性和质量好坏最主要的因素,对此应当予以充分的重视。经常考虑以下几个方面。

(1) 每个模块尽可能只使用一个时钟,用一个时钟的上升沿或下降沿采样信号,不能一会儿用上升沿,一会儿用下降沿。如果既要用上升沿又要用下降沿则应分成两个模块设计。建议在顶层模块中对 Clock 做一非门,在层次模块中如果要用时钟下降沿就可以用非门产生的时钟,这样做的好处是在整个设计中采用同一时钟触发有利于综合。

(2) 代码描述应该尽量简单,如果在编码过程中无法预计其最终的综合结果,那综合工具可能会花很长的时间。

(3) 在内部逻辑中避免使用三态逻辑。

(4) 避免触发器在综合过程中生成锁存器。

(5) 尽量避免异步逻辑、带有反馈环的组合逻辑。

(6) 避免不必要的函数调用,重复的函数调用会增加综合次数,不仅会造成电路面积的浪费,还会使综合时间变长。

虽然不同的综合工具对 Verilog HDL 语法结构的支持不尽相同,但 Verilog HDL 中某些典型的结构是很明确地被所有综合工具支持或不支持的。

(1) 所有综合工具都支持的结构有 always、assign、begin、end、case、wire、tri、supply0、supply1、reg、integer、inout、input、instantitation、module、negedge、posedge、operators、output、parameter、default、for、function、and、nand、or、nor、xor、xnor、buf、not、bufif0、bufif1、notif0、notif1、if。

(2) 有些工具支持有些工具不支持的结构有 casex、casez、wand、triand、repeat、task、while、wor、trior、real、disable、forever、arrays、memories。

(3) 所有综合工具都不支持的结构有 time、defparam、$ finish、fork、join、initial、delays、UDP、wait。

5.1.4　常见错误

对于初学者,在编写代码中经常出现以下错误。

(1) 语句的结尾缺少分号。

(2) 对包含多条语句的块语句,缺少 begin…end 语句或 begin…end 语句不匹配。

(3) 对连续赋值的左边不声明为线网型变量,对过程赋值的左边不声明为寄存器类型。

(4) 对二进制数缺少基('b)(也就是说,编译器将它们看作十进制数)。

(5) 在编译器伪指令中错误使用撇号(应当是后撇号或重音符号"`")和数字基(应当是一般的单引号或倒转的逗号"'")。

5.2　Verilog 代码风格

本节介绍基于数字系统设计原则及技巧的 Verilog 的代码风格。在进行数字系统设计时,可以使用 ASIC 设计方式,也可以使用 FPGA 设计方式。ASIC 设计和 FPGA 设计有以下几点不同: ASIC 设计的功耗比 FPGA 设计要低得多; ASIC 能完成高速设计,工作频率可在 10GHz 以上,而 FPGA 目前最快频率不过 500MHz,对于大规模器件,资源利用率达到 250MHz 都是非常困难的; ASIC 设计密度大,而 FPGA 底层硬件结构一致,在实现用户设计时会有大量单元不能充分利用,所以 FPGA 的设计效率并不高。与 ASIC 相比,FPGA 的等效系统门和 ASIC 门的设计效率比约为 1:10。由于 ASIC 设计成本高,周期长等特点,设计人员也可以使用基于 FPGA 的设计作为 ASIC 设计流程中的验证手段。设计基于 FPGA 的硬件设计看似复杂,实则存在很多设计方法和内在规律,如果多做多练,必然可以掌握其中的技巧。

5.2.1　基本原则

基于 FPGA 的数字系统设计通常遵照以下几点基本原则。

1. 资源共享

在 ASIC 设计中,硬件设计资源和面积是一个重要的技术指标。对于 FPGA/CPLD,其芯片面积(逻辑资源)是固定的,但有资源利用率问题,"面积"优化是一种习惯上的说法。

这里的"面积"常用所消耗的逻辑单元数和寄存器来衡量。在 Quartus Ⅱ 9.1 软件中,"面积"消耗可从 Compilation Report 中的 Flow Summary 中看到。面积优化的实现有多种方法,其中,资源共享(Resource Sharing)是一个较好的方法,尤其是将一些耗用资源较多的模块进行共享,能有效降低系统耗用的资源。

例如,要实现这样的功能,当 sel=0 时,mult= a * b; 当 sel=1 时,mult= c * d。下面给出了两种实现方案,由于采用的代码风格不一样,综合后的 RTL 结构也不一样,如图 5-1 和图 5-2 所示。

//方案 1:用两个乘法器和一个 MUX 实现
```verilog
module mult1 (mult, sel, a, b, c, d);
input[3:0] a,b,c,d;
input sel;
output[7:0] mult;
reg[7:0] mult;
always @ ( * )
begin
if(sel == 0) mult = a * b;
else mult = c * d;
end
endmodule
```

//方案 2:用两个 MUX 和一个乘法器实现
```verilog
module mult2 (mult, sel, a, b, c, d);
input[3:0] a,b,c,d;
input sel;
output[7:0] mult;
wire[7:0] mult;
reg[3:0] temp1,temp2;
always @ ( * )
begin
if(sel == 0) begin temp1 = a;temp2 = b;end
else begin temp1 = c;temp2 = d;end
end
assign mult = temp1 * temp2;
endmodule
```

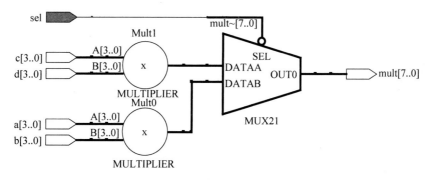

图 5-1　mult1 综合视图

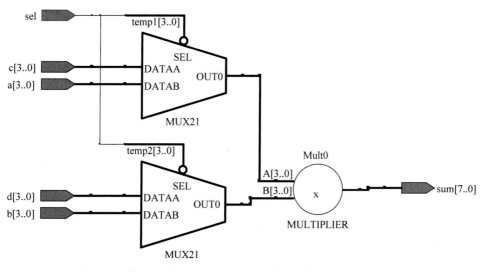

图 5-2　mult2 RTL 综合视图

　　从方案 1 对应的如图 5-1 所示的电路结构中可以看到,电路采用了两个乘法器,一个 MUX,乘法器在设计中面积占有率最大。而如图 5-2 所示的电路,增加了一个耗用资源比较小的 MUX,由于共享了乘法器,而减少了一个耗用资源多的乘法器,因此方案 2 更节省资源。所以,在电路设计中,应尽可能通过选择、复用的方式使硬件代价高的功能模块资源共享,以减少该模块的使用个数,达到减少资源使用、优化面积的目的。目前,Quartus Ⅱ和Synplify Pro 等高级的 HDL 综合器通过设置就能自动识别设计中需要资源共享的逻辑结构,自动地进行资源共享。但这种设计风格值得读者关注。

在代码中,还可以用括号等方式控制综合的结果,尽量实现资源的共享,重用已计算过的结果。

例如,下面两段代码实现三个 4 位数相乘,对应的 RTL 综合视图分别如图 5-3 和图 5-4所示。

```
//乘法方案 1
module mult3 (m1,m2,a, b, c);
input[3:0] a,b,c;
output[7:0] m1;
output[11:0]m2;
reg[11:0] m2;
reg[7:0]m1;
always @ ( * )
begin
m1 = a * b;
m2 = c * a * b;
end
endm
```

```
//乘法方案 2
module mult4 (m1,m2,a, b, c);
input[3:0] a,b,c;
output[7:0] m1;
output[11:0]m2;
reg[11:0] m2;
reg[7:0]m1;
always @ ( * )
begin
m1 = a * b;
m2 = c * (a * b);
end
end
```

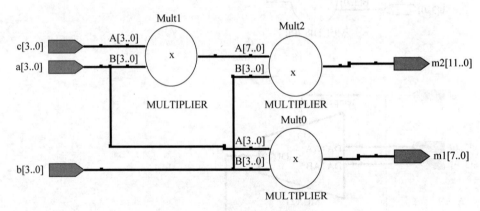

图 5-3　mult3 RTL 综合视图

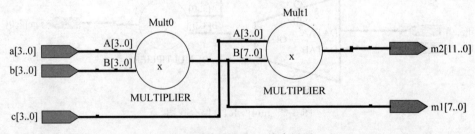

图 5-4　mult4 RTL 综合视图

上面两段代码实现的功能是完全相同的,但综合的结果却不同,方案 1 耗用了三个乘法器,而方案 2 只用了两个乘法器,因此方案 2 更优,这是因为方案 2 用括号控制了综合的结果,重用了已计算过的值 m1,因此节省了资源。

2. 面积和速度的折中考虑

"速度"指设计在芯片上稳定运行时所能够达到的最高时钟频率,它不仅和 FPGA 内部各个寄存器的建立时间、保持时间以及 FPGA 与外部器件接口的各种时序要求有关,而且还和两个紧邻的寄存器间(有紧密逻辑关系的寄存器)的逻辑延时、走线延时有关。在 Quartus Ⅱ 9.1 软件中,"速度"情况可从 Compilation Report 中的 Timing Analyzer 中看到。由于 FPGA/CPLD 的逻辑资源、连接资源和 I/O 资源有限,器件的速度和性能也是有限的,用器件设计系统的过程相当于求最优解的过程。最优化目标有多种,设计中常见的最优化目标有:器件资源利用率最高;系统工作速度最快,即延时最小;布线最容易,即实现性最好。具体设计中,各个最优化目标间可能会产生冲突,这时应满足设计的主要要求。最常见的冲突就是面积(器件资源利用率)和速度的冲突,面积和速度这两个指标贯穿着 FPGA 设计的始终,是设计质量评价的终极目标。优秀的设计必然要求面积尽可能小,速度尽可能快。但面积和速度是一对对立的矛盾体,同时具有设计面积最小、运行频率最高并不现实。科学的办法是在满足设计时序要求的前提下,尽可能地占用最小的芯片面积;或者是在所规定的面积之下,使系统的运行频率尽可能高,设计的健壮性更强。当面积和速度有冲突时,它们产生的影响也并不一样。一般来说,满足设计时序要求更加重要,因此选择速度优先。

在 CPLD/FPGA 设计中,有一个重要的设计思想:面积和速度互换。面积和速度的互换一方面是指,如果一个设计的时序余量(slack)较大,运行速度远远超过所需要的速度要求,此时可以通过功能模块复用的方法减小芯片面积,代价是速度有所降低,也就是说,用速度的优势换取面积的节约;另一方面是指,若设计的时序要求很高,一般方法达不到所需要的时序要求时,可以通过数据流串并转换、操作模块的复制使设计时序达到要求,代价是面积有所增加,也就是说,用面积复制换取速度提高。

速度换面积的常用方法是功能模块时分复用。功能模块时分复用是指通过设计更高频率的功能模块,使得原来两个较低频率模块的逻辑功能由一个较高频率模块通过时分复用的方式完成,这样就实现了面积的缩小和频率的提高。功能模块时分复用原理如图 5-5 所示。

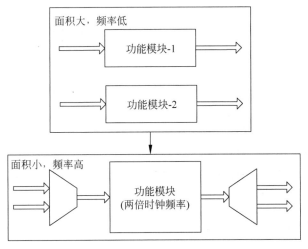

图 5-5　速度换面积之功能模块时分复用

面积换速度的常用方法是逻辑复制,其重要的应用是调整信号的扇出。在扇出很大的电路结构中,为了增强输出信号的驱动能力,一般方法是增加多级 buffer,这样就在一定程度上增加了信号的路径延时。如果在面积上不是要求特别苛刻时,可以通过复制输出信号的生成逻辑,来使多路同频同向信号驱动后续电路,从而减小每路输出的扇出,因此也不用增加 buffer 导致延时较大。逻辑复制原理如图 5-6 所示。

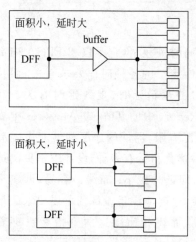

图 5-6　面积换速度之逻辑复制

3. 写代码时考虑硬件结构

在 FPGA 设计中常常使用 Verilog HDL 进行设计。但是务必要注意,虽然使用高级语言编写了代码,但是这绝不等同于软件设计,这是使用硬件描述语言进行的硬件电路设计。在编写代码进行硬件设计时一定要具备硬件设计思想,勾画出硬件情况,然后使用语言描述出来,这样综合工具才能快速有效地综合出最优结构。

评价 Verilog 代码的优劣不在于代码段的整洁简短,而在于代码是否能由综合工具流畅合理地转换成速度快和面积小的硬件形式。这是硬件语言编写代码和软件语言编写代码的最大不同之处,需要初学者不断练习才能体会。不同的代码逻辑功能相同,但是硬件结构大不相同,设计具有可综合风格的硬件具有重要意义。

4. 最好使用同步设计

电路设计可以是异步设计也可以是同步设计,但是异步设计的时序正确性完全取决于每个逻辑元件和布线的延迟情况,非常容易产生毛刺现象和亚稳态等,且难于处理,容易引起系统不稳定,而使用由时钟沿驱动的同步设计可以很好地避免毛刺情况,使系统稳定性和可靠性更好并且可以简化时序分析过程、减少工作环境对设计的影响。随着 FPGA/CPLD 设计规模的逐渐增加,片上时钟分布的质量变得非常重要,要充分有效地利用 FPGA/CPLD 专用的时钟分布资源和使用方法,产生高扇出低畸变的时钟信号。

在同步设计中,也需要满足一些原则才能保证系统的正确和稳定运行。

(1) 满足建立时间(setup time):建立时间是指触发器的时钟上升沿(如上升沿有效)到来以前,数据稳定不变的时间。即输入信号应提前于时钟上升沿 setup time 时间到达,如不满足 setup time,这个数据就不能被这一时钟打入触发器,只有等下一个时钟上升沿,数据才能被打入触发器。

(2) 满足保持时间(hold time):触发器的时钟信号上升沿到来以后,数据稳定不变的时间。如果 hold time 不够,数据同样不能被打入触发器。

对于系统而言,有时会有不同时钟域的设计,在尽量不用异步设计的同时,要重点考虑异步时钟域的数据转换问题。

5. 分模块设计方法

分模块设计方法也即结构层次化设计方法。目前大型设计中必须采用结构层次化设计,以提高代码可读性,易于分工合作,易于仿真测试。一般来说,分模块至少两层,不超过5层。如图 5-7 所示是分模块设计示意图(图中模块层次为 3 层)。

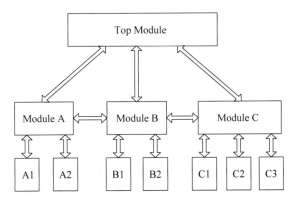

图 5-7 分模块设计示意图

很多初学者都会有些不理解,明明一个设计可以在一个模块中描述清楚,为什么还要对其分模块设计,似乎发现分模块设计仅增加了内部接口描述的工作量,并没有体现出优势。实际上,对于较小的系统,使用分模块设计看不到什么优势,但是对于比较复杂的设计,如果能将其中的时序逻辑和组合逻辑分开,将不同优化目标分开,将不同功能的电路分开,不仅利于设计的分工合作,阅读和维护,而且决定了综合时的耗时和效率。因此,从初始设计开始,就要使用分模块方法,养成良好的设计习惯,为复杂设计打下基础。

在分模块设计时,有以下一些原则需要注意。

(1)顶层模块主要完成对子模块的组织和调用,最好不要有复杂的逻辑功能。一般顶层模块包括:输入/输出引脚说明、模块调用、时钟与置位/复位、三态缓冲和简单组合逻辑。

(2)子模块的划分一定要合理,要综合考虑功能、时序、复杂度等因素。有以下几点划分原则。

① 将相关逻辑或可复用逻辑划分在同一模块内,这样综合时会获得更好的综合优化效果。

② 对子模块的输出尽量使用寄存器。这也是从综合工具的角度考虑,便于综合工具权衡子模块中的组合部分和时序部分,从而达到更好的时序优化效果。

③ 将不同的优化目标分开设计。在设计之初,就已经初步规划了设计规模和时序关键路径。对于不同的模块,综合工具仅考虑一种优化目标和策略。例如,对于时序可能会紧张的部分要独立划分模块,这样综合时可单独设置优化目标是"speed"。对于资源消耗可能过大的部分也独立划分模块,综合时的优化目标为"area"。

④ 将时序要求不高的逻辑(如多周期路径)独立划分模块,综合时指定较松散的约束条件,则达到节省面积资源目的。

⑤ 将存储逻辑独立划分模块,不仅提高仿真时速度,也利于综合工具的综合。

(3)为增加设计可读性和可维护性,尽量不要在深层次的模块间建立接口,也不要跨层次建立接口。如图 5-7 中,建立接口可以在第二层的 Module A、Module B 和 Module C 之间,但是不要在第三层的 A1,A2,B1,B2,C1,C2,C3 之间建立,也不要在第二层和第三层之间建立。

5.2.2　设计技巧

在 FPGA 设计中,离不开一些基本设计。对于这些基本设计都有一些设计上的小技巧。使用这些小技巧可以使设计更加有效、快速和稳定。

1. 串并/并串转换技巧

串并/并串转换是处理数据流的常用技巧,是面积与速度互换的直接体现。对于串转并,是指串行的数据流转变为并行的数据流。进行串转并的目的在于,通过复制逻辑,实现数据吞吐率的提高,即通过面积的消耗来实现速度的提高。

对于小的设计来说,主要用寄存器实现串转并。具体实现代码如下。

```
input clk;
input serial_in;
reg [N-1:0] parallel_out;
always@(posedge clk)
parallel_out <= {parallel_out,serial_in};
```

其中,data_in 是指串行数据流,parallel_out 为并行输出的缓存寄存器。

对于排列顺序有特别规定的串并转换,可以使用 case 语句实现。对于更加复杂的串并转换,可以使用状态机实现。

2. 流水线设计技巧

流水线的运用是实现高速设计的一个常用技巧。流水线设计的代码风格是将组合逻辑系统地分割,并在各个部分(分级)之间添加寄存器,暂存中间数据的方法,目的是将一个大操作分解成若干小操作,各小操作能并行执行。若设计的数据流是单方向流动,即没有反馈或者迭代运算,前一个步骤的输出是下一个步骤的输入,则使用流水线设计可以提高系统的工作频率。流水线设计的代价是增加寄存器逻辑,增加了芯片资源的耗用,也是通过面积换取速度的典型体现。如图 5-8 所示为三步骤流水线设计结构图。

图 5-8　三步骤流水线设计结构图

三步骤流水线设计的时序图如图 5-9 所示。在流水线设计中,重点在于每个步骤中设计时序的合理安排,要保证前后级接口数据流的匹配。尽量使前级操作时间大致等于后级操作时间,若前级操作时间小于后级操作时间,则要对前级输出进行缓存,否则会出现后级数据的溢出。若前级操作时间大于后级操作时间,则需要对前级进行逻辑复制或串并转换等手段来进行数据分流,否则会造成前后级的处理节拍不匹配。

下面以 8 位全加器的设计为例,对比非流水线设计和流水线设计的性能。

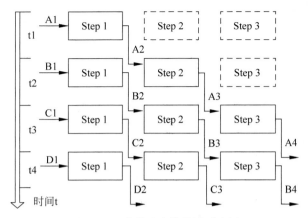

图 5-9 三步骤流水线设计时序图

1. 普通 8 位全加器

```
module add8(sum,cout, clk,cin,ina,inb);
input        clk, cin;
input [7:0]  ina,inb;
output[7:0]  sum;
output       cout;
reg          cout;
reg[7:0]     sum;
always @ (posedge clk)
{cout, sum} = ina + inb + cin;
endmodule
```

2. 两级流水线方式实现 8 位全加器

图 5-10 为两级流水线加法器实现框图,从图中可以看出,该加法器采用了两级锁存、两级加法,第一级低 4 位加法,第二级高 4 位加法,首次延迟需要两个周期,但执行重复操作时,只要一个时钟周期来获得最后的计算结果。代码如下。

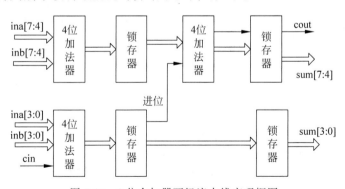

图 5-10 8 位全加器两级流水线实现框图

```
module add8_pip(sum,cout, clk,cin,ina,inb);
input        clk, cin;
input [7:0]  ina,inb;
output[7:0]  sum;
output       cout;
reg          cout;
reg          cout1;             //插入的寄存器
reg [3:0]    sum1 ;             //插入的寄存器
reg [7:0]    sum;
reg [3:0]    tempa, tempb;      //插入的寄存器
always @(posedge clk)           //第一级流水
begin
    {cout1 , sum1} = ina[3:0] + inb [3:0] + cin ;
    tempa = ina[7:4]; tempb = inb[7:4];
end
always @(posedge clk)           //第二级流水
begin
    {cout ,sum[7:0]} = {{1'b0, tempa} + {1'b0, tempb} + cout1 , sum1[3:0]} ;
end
endmodule
```

　　流水线就是插入寄存器,以面积换取速度。而 FPGA 的寄存器资源非常丰富,所以对 FPGA 设计而言,流水线是一种先进的而又不耗费过多器件资源的结构。但是采用流水线后,数据通道将会变成多时钟周期,所以要特别考虑设计的其余部分,解决增加通路带来的延迟。

3. 乒乓操作技巧

　　乒乓操作是一个常常应用于数据流控制的处理技巧,可以给数据处理模块赢得更多的处理时间,可避免由于数据处理时无法接收数据而导致的数据丢失。原理图如图 5-11 所示。

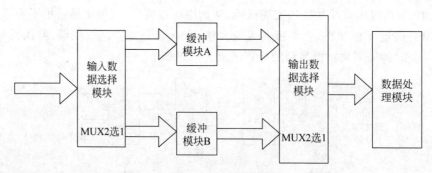

图 5-11　乒乓操作原理图

　　输入数据流通过"输入数据选择模块"后,轮流等时地被分配到两个数据缓冲区模块 A 和 B。缓冲模块可以是任何存储模块,如双口 RAM(DPRAM)、单口 RAM(SPRAM)、FIFO 等。在第 1 个缓冲周期,输入的数据流经过"输入数据选择模块"的切换缓存到"缓冲模块 A",在第 2 个缓冲周期,通过"输入数据选择模块"的切换,将输入的数据流缓存到"缓

冲模块 B",同时将"缓冲模块 A"缓存的第 1 周期数据通过"输出数据选择模块"的选择,送到"数据处理模块"进行运算处理;在第 3 个缓冲周期通过"输入数据选择模块"的再次切换,将输入的数据缓存到"缓冲模块 A",同时将"缓冲模块 B"缓存的第 2 个周期的数据通过"输出数据选择模块"切换,送到"数据处理模块"进行运算处理,如此循环。

通过输入数据选择模块和输出数据选择模块的相互配合,乒乓操作实现了缓冲数据流流畅无停顿地被送入数据处理模块进行处理。从整体来看,输入数据流和输出数据流都是连续不断的,因此适合对数据流进行流水线式处理,可实现数据的无缝缓冲和处理。

由于设定了不同的缓存模块,分节拍工作,也实现了缓存区空间的节约。主要应用在处理以帧为单位的数据处理中,而且每帧的处理时间小于帧周期的情况。

另外,通过乒乓操作,可实现使用低速处理模块处理高速数据流的效果,如图 5-12 所示。假设输入数据的速率为 100Mb/s,则可使用两个处理模块来进行数据处理,每个处理模块的处理速率为 50Mb/s。实际上,通过乒乓操作实现低速模块处理高速数据的本质是,缓存模块的使用实现了数据流的串并转换,使用两个处理模块来并行处理数据,最后再经过输出数据选择模块实现并串转换。这其实也是通过面积来换取速度的典型方法。

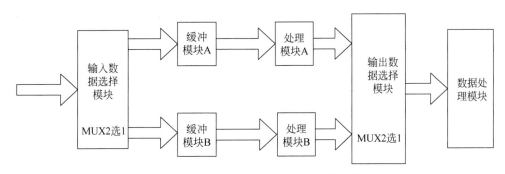

图 5-12　乒乓操作实现低速模块处理高速数据

5.3　小结

本章列出的代码编写规范,无法覆盖代码编写的方方面面,还有很多细节问题,需要在实际编写过程中加以考虑。并且有些规定也不是绝对的,需要灵活处理,并不是律条。但是在一个项目组内部、一个项目的进程中,应该有一套类似的代码编写规范来作为约束。总的方向是,努力写整洁、可读性好的代码。最后给出了基于 FPGA 的数字系统设计原则和设计技巧的代码风格。这些知识是进行优秀设计必须具备的基础,可以从宏观上指导初学者写出更好的设计。当然,所有的设计原则和方法,只是方法论的内容。读者必须从一个个小的设计开始做起,不断总结思考,不断实践,才能真正写出优秀的设计代码。

习题 5

1. 如何避免在综合过程中产生异步逻辑和带有反馈环的组合逻辑?
2. 举例说明触发器在什么情况下会在综合过程中生成锁存器。

3. 利用资源共享的方法对下面的程序进行面积优化。

```
module add4(sum, sel, a, b, c, d);
input[3:0] a,b,c,d;
input sel;
output[7:0] sum;
reg[7:0] sum;
always @ ( * )
if(sel == 0) sum = a + b;
else su = c + d;
endmodule
```

4. 列出几种基于 FPGA 的数字系统设计的基本原则和设计技巧。

5. 用 4 级流水线方式实现 8 位全加器。

第6章

逻辑验证与测试平台

前面几章讨论了 Verilog HDL 的基本语法、层次化描述、有限状态机设计以及代码规范和风格,学习完这几章后,读者就可以用 Verilog 语言进行基本的电路设计了,但如何验证所设计的电路是否正确,还需要测试平台(Testbench)。本章在介绍逻辑验证基本概念的基础上,介绍测试平台的构成和常用激励文件的语法。

6.1 测试平台的基本概念

6.1.1 什么是测试平台

测试平台是为 RTL 代码或门级网表的功能验证提供验证的平台,该平台包括待验证的设计(DUT)、激励信号产生器和输出显示控制等。在仿真的时候,测试平台用来产生测试激励给 DUT,同时检查 DUT 的输出是否与预期的一致,从而达到验证设计功能的目的。图 6-1 为测试平台的组织架构图。

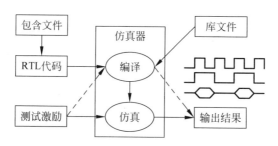

图 6-1　测试平台的组织架构

图 6-1 中,虚线表示编译时检测输入文件是否存在及可读并允许生成输出文件。搭建一个好的测试平台,关键是仿真激励的产生和输出信号的监测,图 6-2 为光纤通信芯片功能验证测试平台例子。

图 6-2 中,DUT 为待验证的光纤通信芯片,该芯片实现 PDH 信号(DS3/E3/DS2/E2/DS1/E1)等到 SONET/SDH(STM-12/STM-4)的映射功能,ds3/e3 gen、d2/e2 gen、ds1/e1 gen 用于产生 PDH 信号,PDH 映射成 SONET/SDH 信号后,需要对映射后的 STS-12/STM-4 或 STS-3/STM-1 进行分析,验证映射过程是否正确,STS-12/STM-4 ana 和 STS-3/

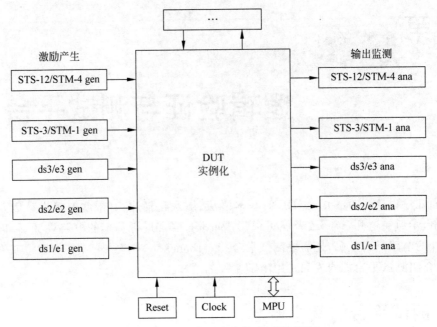

图 6-2　光纤通信芯片功能验证测试平台

STM-1 ana 实现该功能,同样,该芯片还可以实现上述过程的逆过程,即实现高速率的 SONET/SDH 信号分解出低速率的 PDH 信号,验证时就需要由 STS-12/STM-4 gen 和 STS-3/STM-1 gen 产生 SONET/SDH 的帧信号,输出的 PDH 信号则由 ds3/e3 ana、ds2/e2 ana、ds1/e1 ana 进行分析。除了上述信号外,一般情况下,还需要对待验证设计提供时钟信号(Clock)、复位信号(Reset)等,如果有寄存器控制的芯片,还需要有寄存器读写的 MPU 接口等。

6.1.2　测试平台模板

开发测试平台是集成电路设计过程中的一个重要步骤。在开发测试平台时,需要先制定一个测试方案,如需要验证的电路有什么样的特征,如何在测试平台上进行测试等。测试平台应该是面向测试单元的,以下为测试平台的一般结构。

```
module DUT_tb ( );
reg …                           //主要输入寄存器
wire  …                         //主要输出声明
DUT u_DUT( … );                 //待测设计例化
initial $ monitor ( );          //以文本形式监测并显示信号描述
initial # time_out   $ finish   //确保模拟终端停止观测
initial                         //设计一个或多个激励信号发生器
begin

                                //仿真激励的施加

end
endmodule
```

6.2　仿真激励的语法

　　产生激励并加到设计有很多方法。常用的方法有从一个 initial 块中施加线激励，从一个循环或 always 块中施加激励，从一个向量或整型数组中施加激励，记录一个仿真过程，然后在另一个仿真中回放施加激励等。下面对激励的施加语法和方法进行介绍。

6.2.1　initial 语句和 always 语句施加激励

　　initial 和 always 是两种基本的过程结构语句，在仿真开始时并行执行，被动检测响应时使用 always 语句，主动产生激励时使用 initial 语句。initial 和 always 的区别是：initial 语句只执行一次，always 语句不断地重复执行。所以 initial 多用于给变量、信号赋初始值或用于产生测试激励。

　　用 initial 语句来生成激励，例如：

```
initial
begin
    datain = 'b0000;
    #10 datain = 'b0010;
    #10 datain = 'b1011;
    #10 datain = 'b0100;
    #10 datain = 'b1001;
end
```

　　如果希望在 initial 里多次运行一个语句块，则可以在 initial 里嵌入循环语句，如 while、repeat、for 或 forever 等。例如：

```
initial
begin
    forever   / * 永远执行 * /
    begin
     ⋮
    end
end
```

　　always 语句在仿真过程中是不断活动着的，一个模块中可以有多个 always 块，它们是并行运行的，如果这些 always 块是可综合的，表示的是某种结构；如果不可综合，则是电路结构的行为。多个 always 块没有前后之分。例如：

```
always @(posedge clk)
begin
    A = B;      //在时钟 clk 的上升沿执行
     ⋮
end
```

6.2.2　时钟信号的产生

1. 一般时钟信号

由于时钟信号是周期性的信号,通常用 always 语句产生,例如:

```
//产生一个占空比为 50%, 周期为 10ns 的时钟
`timescale 1ns/10ps
module clk_tb;
reg  clk;
parameter PERIOD = 10;          //定义 10ns 的时钟周期
initial
      clk = 0;                  //将 clk 初始化为 0 (或 1)
always
      #(PERIOD/2) clk = ~clk;
endmodule
```

图 6-3 为用上述方法产生的周期为 10ns 的时钟波形。

用 initial 语句也可以产生如图 6-3 所示的时钟,
程序如下。

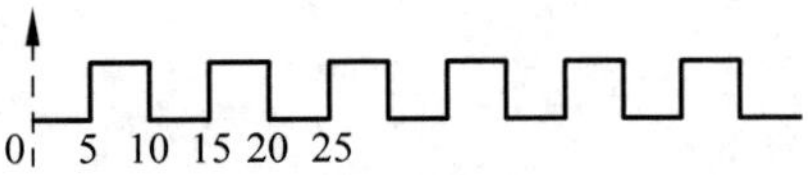

```
`timescale 1ns/10ps
module clk_tb;
reg  clk;
parameter PERIOD = 10;
initial
begin
    clk  = 0;
    forever
      #(PERIOD/2) clk = ~clk;
end
endmodule
```

图 6-3　周期为 10ns 的时钟波形

2. 非 50% 占空比时钟信号

在设计或验证时,有时需要用到占空比不是 50% 的时钟,此时就不能用上述方法实现。
下面为占空比为 40%,周期为 10ns 的时钟产生方法。

```
//产生占空比为 40% 的时钟
`timescale 1ns/10ps
module clk_tb;
reg  clk;
initial
      clk = 0;                  //将时钟 clk 初始化为 0
always
begin
    #6  clk = 1;                //6ns 后变为 1
    #4  clk = 0;                //4ns 后变为 0
end
endmodule
```

图 6-4 为用上述方法产生的占空比为 40%,周期为 10ns 的时钟波形。

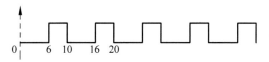

图 6-4 占空比为 40%,周期为 10ns 的时钟

3. 固定个数的时钟信号

设计或验证时有时需要固定个数的时钟,此时可以在 initial 语句中使用 repeat 语句来实现,Verilog 代码如下。

```verilog
`timescale 1ns/10ps
module clk_tb;
reg  clk;
initial
begin
    clk  = 0;                //时钟初始化为 0
    repeat (6)               //产生 3 个高脉冲的时钟
      #5  clk = ~clk;        //周期为 10ns
end
endmodule
```

图 6-5 为用上述方法产生的周期为 10ns 的固定个数的时钟波形。

图 6-5 周期为 10ns 的固定个数的时钟波形

4. 相移时钟信号

很多时候需要产生有一定相位关系的时钟,即相移时钟,产生方法如下。

```verilog
`timescale 1ns/10ps
module clk_tb2;
reg  clk;
wire phase_clk;
initial
    clk = 0;                 //将 clk 初始化为 0
always                       //产生周期为 10ns 的基准时钟
begin
  #5  clk = 1;
  #5  clk = 0;
end
assign #2  phase_clk = clk;  //产生相移 2ns 的时钟
endmodule
```

图 6-6 为上述程序产生的时钟波形。

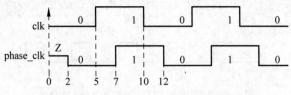

图 6-6 基准时钟为 10ns,相位差 2ns 的时钟

图 6-6 中,由于 phase_clk 为 wire 类型,没有初始化,其初始值为高阻态 Z。

6.2.3 复位信号

复位信号为被测设计提供一定宽度的高电平或低电平脉冲,然后变为低电平或高电平,并保持不变,因而用 initial 语句可以很方便地实现。复位信号包括异步复位信号和同步复位信号两种。

异步复位信号的产生:

```
`timescale 1ns/10ps
module reset_tb;
reg  rstn;
initial
begin
        rstn = 1;           //赋初始值 1
    #10   rstn = 0;         //10ns 后产生复位信号 0
    #20   rstn = 1;         //复位信号持续 20ns 后变为 1
end
endmodule
```

异步复位信号与时钟无任何相位关系,只要复位信号有效,即进行复位功能,图 6-7 为异步复位信号波形。

同步复位信号的产生:

```
`timescale 1ns/10ps
module reset_tb;
reg  clk;
reg  rstn;
parameter PERIOD = 10;      //定义 10ns 的时钟周期
initial
begin
        clk  = 0;           //将 clk 初始化为 0
        rstn = 1;           //rstn 初始化为 1
        @ (negedge clk);    //等待时钟下降沿
        rstn = 0;           //复位开始
        #25                 //延迟 25ns
        @ (negedge clk);    //等待时钟下降沿
        rstn = 1;           //复位撤销
end
always
        #(PERIOD/2) clk = ~clk;
```

图 6-7 异步复位信号波形

```
endmodule
```

上述代码中 rstn 为低有效,首先把 rstn 初始化为 1,在第 1 个时钟下降沿到来时开始复位,然后延时 25ns,在第 4 个时钟的下降沿处复位取消,因为时钟是在上升沿有效,复位信号的产生和撤销都避开了时钟的有效边沿,不致产生时序冲突,而且该复位信号与时钟具有固定的相位关系,是同步复位的一种。图 6-8 为该同步复位信号的波形图。

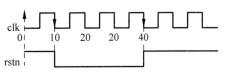

图 6-8   同步复位信号波形

同步复位信号的另一种实现方法如下。

```
`timescale 1ns/10ps
module reset_tb;
reg  clk;
reg  rstn;
parameter PERIOD = 10;          //定义 10ns 的时钟周期
initial
begin
   clk = 0;                     //将 clk 初始化为 0
   rstn = 1;                    //rstn 初始化为 1
   @ (negedge clk);            //等待时钟下降沿
   rstn = 0;                    //复位开始
   repeat (3)  @ (negedge clk); //等待时钟下降沿
   rstn = 1;                    //复位撤销
end
always
   #(PERIOD/2) clk = ~clk;
endmodule
```

该方法首先把 rstn 初始化为 1,在第 1 个时钟下降沿到来时开始复位,然后经过 3 个时钟的延迟,在第 4 个时钟的下降沿处复位取消,该方法产生的复位波形与图 6-7 中的波形相同。

6.2.4   并行激励

如果希望在仿真的某一时刻同时启动多个任务,即需要并行激励,可以采用 fork…join 语法结构。例如,在仿真开始 50ns 后,同时进行发送和接收任务,则可以使用如下代码。

```
initial
begin
   #50;
   fork    //并行操作
         send_task;
         receive_task;
   join
end
```

下面程序中的两个 repeat 循环从不同时间开始,并行执行,像这样的特殊的激励集在单个的 begin…end 块中很难实现。

```
`timescale 1ns/10ps
module  line_tb;
reg [7: 0] data_bus;
initial
fork
      data_bus = 8'b00;
      #10 data_bus = 8'h45;
      #20 repeat (10)  #10  data_bus = data_bus + 1;
      #25 repeat (5)   #20  data_bus = data_bus << 1;
      #140 data_bus = 8'h0f;
join
endmodule
```

程序的输出结果如下。

```
Time | data_ bus
0    | 8'b0000_0000
10   | 8'b0100_0101
30   | 8'b0100_0110
40   | 8'b0100_0111
45   | 8'b1000_1110
50   | 8'b1000_1111
60   | 8'b1001_0000
65   | 8'b0010_0000
70   | 8'b0010_0001
80   | 8'b0010_0010
85   | 8'b0100_0100
90   | 8'b0100_0101
100  | 8'b0100_0110
105  | 8'b1000_1100
110  | 8'b1000_1101
120  | 8'b1000_1110
125  | 8'b0001_1100
140  | 8'b0000_1111
```

6.2.5 循环激励

很多时候,测试激励产生的方法或规律是相同的,只是测试激励的结果不同,这时候可以使用 for 循环语句,在每一次循环,修改同一组激励变量,这就是循环激励。循环激励使得时序关系规则,代码更加紧凑。下面为用 for 循环语句产生激励 00~FF 的例子。

```
`timescale 1ns/10ps
module loop_tb;
reg   clk;
reg  [7:0] stimulus;
integer i;
initial
      clk = 0;
always                        //产生周期为 10ns 的时钟
   #5  clk = ~clk;
```

```
initial
begin                                    //产生激励 00~FF
  for (i = 0; i < 256; i = i + 1)
      @( negedge clk)
      stimulus = i;
      #20
      $finish;
end
endmodule
```

6.2.6 数组激励

如果已经定义了数组,测试激励也可以直接从数组中获得,而且激励数组可以直接从文件中读取。例如:

```
`timescale 1ns/10ps
module array_tb;
reg  [7:0]  data_bus;
reg  [7:0]  stim_array[0:15];              //定义 1 维数组
reg  [7:0]  stimulus;
integer i;
initial
begin
//从数组读入数据
    #20 stimulus = stim_array[0];
    #30 stimulus = stim_array[15];
    #20 stimulus = stim_array[1];
    for (i = 14; i > 1; i = i - 1)       //循环
        #50 stimulus = stim_array[i] ;
    #30 $finish;
end
endmodule
```

6.2.7 强制激励

在过程块中,可以用两种持续赋值语句驱动一个值或表达式到一个信号。过程持续赋值通常不可综合,所以它们通常用于测试基准描述,对每一种持续赋值,都有对应的命令停止信号赋值,不允许在赋值语句内部出现时序控制。

1. assign 和 deassign

assign 是强制性为寄存器赋确定的值,对一个寄存器使用 assign 和 deassign,将覆盖所有其他在该信号上的赋值。这个寄存器可以是 RTL 设计中的一个节点或测试基准中在多个地方赋值的信号等。例如:

```
initial
begin
    #10 assign top.dut1.state_reg = `init_state ;
    #20 deassign   top.dut1.state_reg ;
end
```

2. force 和 release

force 是强制性为变量赋确定的值,在 register 和 net 上(例如,一个门级扫描寄存器的输出)使用 force 和 release,将覆盖该信号上的所有其他驱动。例如:

```
initial
begin
    #10 force    top.dut1.counter. reg1.q = 0 ;
    #20 release  top.dut1.counter. reg1.q ;
end
```

在上面两个例子中,在 net 或 register 上所赋的常数值,覆盖所有在时刻 10 和时刻 20 之间可能发生在该信号上的其他任何赋值或驱动。如果所赋值是一个表达式,则该表达式将被持续计算。强制激励有以下特点。

(1) 可以强制(force)并释放一个信号的指定位、部分位或连接,但位的指定不能是一个变量。

(2) 不能对 register 的一位或部分位使用 assign 和 deassign,对同一个信号,force 覆盖 assign。

(3) 后面的 assign 或 force 语句覆盖以前相同类型的语句。

(4) 如果对同一个信号先 assign 然后 force,它将保持 force 值,在对其进行 release 后,信号为 assign 值。

(5) 如果在一个信号上 force 多个值,然后 release 该信号,则不出现任何 force 值。强制激励并不常用,有时可以利用该语句和仿真工具进行简单的交互操作。

6.2.8　包含文件

包含文件用于读入代码的重复部分或公共数据。例如,包含文件 parameter.v:

```
//clock generator constants
parameter   lo_time = 6;
parameter   hi_time = 4;
```

该文件定义了时钟产生所用的参数。主文件如下。

```
`timescale 1ns/10ps
module clk_tb ( );
reg clk;
`include "parameter.v"                      //调用包含文件
initial
clk = 0;
always
begin
    #lo_time  clk = 1;                      //lo_time 从包含文件中读取
    #hi_time  clk = 0;                      //hi_time 从包含文件中读取
end
endmodule
```

该例中,公共参数在一个独立的文件中定义,此文件在不同的仿真中可被不同的测试文件调用。

6.2.9　文件的读写

在写测试激励时,经常需要从已有的文件中读入数据,或把数据写入文件中,以便做进一步的分析,例如,设计图像处理芯片,需要从文件中读取图像数据,处理完毕后要写入文件中进行进一步的分析。

1. 文件读

```
reg [7:0]  Datasource  [127:0];              //定义一个数组
$readmemh ("read_file.txt",  Datasource);    //read_file.txt 为十六进制格式
$readmemb ("read_file.txt",  Datasource);    //read_file.txt 为二进制格式
```

该代码的意思是把 read_file.txt 文件中的数据读入到 Datasource 数组中,然后就可以直接调用这些数据了。

2. 文件写

向文件中写入数据的代码如下。

```
integer Write_file;                          //定义一个整型文件指针
Write_file = $fopen ("Write_file.txt");      //打开要写的文件
$fdisplay (Write_file, "%h", Data_in);       //往文件中写入数据
$fclose (Write_file);                        //关闭文件
```

6.2.10　矢量采样

在仿真过程中可以对激励和响应矢量进行采样,作为其他仿真的激励和期望结果。例如:

```
`timescale 1ns/10ps
module capture_tb;
reg [7:0] in_vec;
reg [7:0] out_vec;
integer RESULTS, STIMULUS;
DUT u1 (out_vec, in_vec);
initial
begin
   STIMULUS = $fopen("stimulus.txt") ;
   RESULTS = $fopen("results.txt") ;
   fork
      if (STIMULUS != 0 )
         forever #10
         $fstrobeb (STIMULUS, "%b", in_vec);
      if (RESULTS != 0 )
         #10 forever #10
         $fstrobeb (RESULTS, "%b", out_vec);
```

```
        join
    end
    endmodule
```

6.2.11　矢量回放

保存在文件中的矢量反过来可以作为激励,称为矢量回放。

```
`timescale 1ns/10ps
module read_file_tb;
reg [7:0] data_bus;
reg [7:0] stim [15:0];
integer i;
initial
begin
    $ readmemb ("vec.txt", stim);        //从文件 vec.txt 中读取向量
                                         //把 vec.txt 中的向量保存到寄存器 stim 中
    for (i = 0; i < 15 ; i = i + 1)
        #10 data_bus = stim[i];
end
endmodule
```

文件 vec.txt 以二进制格式存放,格式如下。

```
00000000
00000101
00000110
00000111
00000100
00000010
00000011
00000001
10000010
10000011
10000100
10000111
10000110
10000000
10000001
10000101
```

6.2.12　MATLAB

ModelSim、Quartus Ⅱ 的功能非常强大,仿真的波形可以以多种形式进行显示,但是当涉及数字信号处理算法的仿真验证时,则显得有点儿不足。而进行数字信号处理是 MATLAB 的强项,MATLAB 不但有大量的关于数字信号处理的函数,而且图形显示功能也很强大,所以在做数字信号处理算法的 FPGA 验证时借助 MATLAB 会大大加快算法验证的速度。下面是利用 MATLAB 脚本产生一个周期 256 点 8b 的正弦波数据,以十六进制形式写入 sinewave.txt 文件。

```
clear;
N = 256;
n = 1:256;
y = fix(128 + (2^7 - 1) * sin(2 * pi * n/N));
fid = fopen('sinewave.txt','w');
fprintf(fid,'% x\n', y);
fclose(fid);
```

然后在 Verilog 中以矢量回放的方式(如 6.2.11 节)产生测试代码。Matlab 是高级数学建模和分析工具,内部自带各种函数,在产生大的有一些常规模式或数学描述的矢量集时,它是极其有用的。

6.3 系统函数和系统任务

在编写测试平台时,一些系统函数和系统任务可以帮助产生测试激励,显示调试信息,协助定位等。系统函数和任务一般以符号"$"开头,通常在 initial 或 always 过程块中调用系统任务和系统函数。在使用不同的 Verilog HDL 仿真工具(如 VCS、Verilog-XL、ModelSim 等)进行仿真时,这些系统任务和系统函数在使用方法上可能存在差异,应根据使用手册来使用。Verilog 支持文本输出的系统任务有 $display、$write、$strobe、$monitor 等,读取当前仿真时间的系统函数有 $time、$stime、$realtime 等。下面对这些常用的系统函数和任务逐一加以介绍。

6.3.1 $display、$write 和 $strobe

$display 输出参数列表中信号的当前值,输出时自动换行。

语法格式如下。

$display("输出格式定义",输出列表)

上式中,"输出格式定义"是用双引号括起来的字符串,由"%"和格式字符组成,其作用是将输出的数据转换成指定的格式输出,对于不同类型的数据采用不同的格式输出,$display 支持二进制、八进制、十进制和十六进制。默认基数为十进制。表 6-1 列出了常用的输出格式。

表 6-1 常用输出格式列表

输 出 格 式	定 义
%h, %H	十六进制输出
%d, %D	十进制输出
%o, %O	八进制输出
%b, %B	二进制输出
%c, %C	ASCII 字符形式输出
%v, %V	输出网络型数据信号强度
%m, %M	输出等级层次名
%s, %S	字符串形式输出

续表

输 出 格 式	定　义
%t, %T	以当前时间格式输出
%e, %E	以指数的形式输出实型数
%f, %F	以十进制数的形式输出实型数
%g, %G	以指数或十进制数的形式输出实型数,并且都以较短的结果输出

对于一些特殊字符,可以通过表 6-2 中的转义符来获得。

表 6-2　转义符与功能

转 义 符	定　义	转 义 符	定　义
\n	换行	\"	输出双引号"
\t	横向跳格	\o	1~3 位八进制数代表的字符
\\	输出反斜杠\	%%	输出百分号%

例如:

```
`timescale 1ns/10ps
module display_tb;
reg [7:0] test;
initial
begin
    test = 59;
    $display("\"How are you\"");
    $display("test = % h hex % d decimal", test, test);
    $display("test = % o otal % b binary" , test, test);
    $display("test has % c ascii character value", test);
end
endmodule
```

输出结果如下。

```
"How are you"
test = 3b hex 59 decimal
test = 073 otal 00111011 binary
test has ; ascii character value
```

$write 与 $display 不同的是, $write 在输出结束时不会自动换行; $strobe 与 $display 不同的是, $strobe 在仿真时间发生改变时,并在所有事件都已处理完毕后,才将结果输出。而 $display 和 $write 立即显示信号值,可以显示信号的中间状态值, $strobe 显示稳定状态信号值。

$write 和 $strobe 都支持多种数基,如 $writeb、$writeo、$writeh、$strobeb、$strobeo、$strobeh 等,默认为十进制。例如:

```
`timescale 1ns/10ps
module textio_tb;
reg flag;
reg [31:0] data;
initial
```

```
begin
    $writeb(" % d", $time, ," % h \t", data, , flag, "\n");
    #20 flag = 1; data = 12;
    $displayh( $time, ,data, , flag);
end
initial
begin
    #10 data = 20;
    $strobe( $time, , data);
    $display( $time, , data);
    data = 30;
end
endmodule
```

输出结果如下。

```
0 xxxxxxxx x
10        20
10        30
0000000000000014 0000000c 1
```

另外,通过任何显示任务,如 $display、$write 或 $strobe 任务中的%m 选项可以显示任何级别的层次。例如,当一个模块的多个实例执行同一段 RTL 代码时,%m 选项会区分哪个模块实例在输出,显示任务中的%m 选项无需任何参数。

6.3.2 系统任务 $monitor

系统任务 $monitor 提供了监控和输出参数列表中的表达式或变量值的功能,其参数列表中的输出控制格式字符串和输出列表的规则与 $display 一样。在 $monitor 中,参数可以是 $time 系统函数,这样参数列表中变量或表达式的值同时变化时可以通过标明同一时刻的多行输出来显示。

- $monitor 是唯一的不断输出信号值的系统任务。其他系统任务在返回值之后就结束。
- $monitor 和 $strobe 一样,显示参数列表中信号的稳定状态值,也就是在仿真时间前进之前显示信号。在同一时刻,参数列表中信号值的任何变化将触发 $monitor,但 $time、$stime、$realtime 不能触发。任何后续的 $monitor 覆盖前面调用的 $monitor。只有新的 $monitor 的参数列表中的信号被监视,而前面的 $monitor 的参数则不被监视。
- 可以通过 $monitoron 和 $monitoroff 来打通和关闭监控标志来控制监控任务 $monitor 的启动和终止,使用户可以在仿真时只监视特定时间段的信号。$monitor 支持多种基数,如 $monitorb、$monitoro、$monitorh,默认为十进制。

$monitor 的格式如下。

```
$monitor (p1,p2, ⋯ ,pn)
$monitor ( $time, , "data1 = % b data2 = % b",data1,data2);
```

例如,$monitor 的使用:

```
`timescale  10ns/1ns
module  monitor;
reg[1:0]  a,b;
initial
//将 $time 作为参数可以使每次输出包括当前的仿真时间
    $monitor( $time,,"a = % b,b = % b",a,b);
initial
begin
    a = 00;b = 01;
    #10 a = 10;
    #10 b = 11;
    #10 a = 00;
    #20 $finish;
end
endmodule
```

输出结果为:

```
0   a = 00,b = 01
10 a = 10,b = 01
20 a = 10,b = 11
30 a = 00,b = 11
```

$monitor($time,,"a=%b,b=%b",a,b);语句中每次 a 或 b 信号的值发生变化都会激活该语句,并显示当前仿真时间和二进制格式的 a、b 信号值。",,"代表一个空参数。空参数在输出时显示为空格。

6.3.3　$fopen、$fclose、$fdisplay 和 $fmonitor

Verilog 的输出结果通常输出到标准输出和文件 verilog.log 中,可以通过系统任务把 Verilog 的输出定向到指定的文件。

$fopen 打开参数中指定的文件并返回一个 32 位无符号整数 MCD,MCD 是与文件一一对应的多通道描述符(Multichannel Descriptor)。MCD 可以看作由 32 个标志构成的组,每个标志代表一个单一的输出通道。如果文件不能打开并进行写操作,它返回 0。

$fopen 的格式为:

```
$fopen("文件名");
```

$fclose 关闭 MCD 指定的通道。

输出信息到 log 文件和标准输出的 4 个格式化显示任务($display、$write、$monitor、$strobe)都有相对应的任务用于向指定文件输出。这些对应的任务($fdisplay、$fwrite、$fmonitor、$fstrobe)的参数形式与对应的任务相同,只有一个例外: 第 1 个参数必须是一个指定哪个文件输出的 MCD。MCD 可以是一个表达式,但其值必须是一个 32 位的无符号整数。这个值决定了该任务向哪个打开的文件写入。多通道描述符的优点是可以有选择地同时写多个文件。

系统任务 $fdisplay、$fmonitor、$fwrite 和 $fstrobe 都可以用于文件写,在语法上与常规的系统任务 $display、$monitor 类似,但提供了额外的写文件功能。其格式如下。

```
$fdisplay(<文件描述符>,p1,p2,…,pn);
$fmonitor(<文件描述符>,p1,p2,…,pn);
```

上式中,"文件描述符"是一个多通道描述符,p1,p2,…,pn 为变量、信号名或带引号的字符串。

6.3.4 系统任务 $readmemb 和 $readmemh

系统任务 $readmemb 和 $readmemh 用来从一个文本文件读取数据并写入存储器,这两个系统任务可以在仿真的任何时刻被执行使用。如果数据为二进制,使用 $readmemb;如果数据为十六进制,则使用 $readmemh。使用格式如下。

```
//读取二进制文件
$readmemb("filename",mem_name);
$readmemb("filename",mem_name,start_addr);
$readmemb("filename",mem_name,start_addr,finish_addr);
//读取十六进制文件
$readmemh("filename",mem_name);
$readmemh("filename",mem_name,start_addr);
$readmemh("filename",mem_name,start_addr,finish_addr);
```

其中,filename 指定要调入的文件,mem_name 指定存储器名,start_addr 和 finish_addr 决定存储器被装载的地址。start_addr 为起始地址,finish_addr 为结束地址。如果不指定起始和结束地址,$readmem 从低端开始读入数据,与说明顺序无关。$readmemb 和 $readmemh 读取文件的内容只能包含空白位置、注释行、二进制或十六进制的数字。

例如,使用 $readmemb 和 $readmemh 给寄存器赋值:

```
module  readfromfile;
reg[1:0]  memoryb[1:4];     //定义了 4 个宽度为 2 位的存储器组
reg[7:0]  memoryh[1:4];
integer i;
initial
begin
//将位于 D:/test 目录下的 memb.txt 和 memh.txt 中的数据分别读入 memoryb
//和 memoryh 中
    $readmemb("memb.txt",memoryb);
    $readmemh("memh.txt",memoryh);
    for(i=1;i<=4;i=i+1)
    begin
      %display("memb[ %d] = %b",memoryb[i]);
      %display("memh[ %d] = %h",memoryh[i]);
    end
end
endmodule
```

文件 memb.txt 的内容如下。

00 01 10 11

文件 memh.txt 的内容如下。

```
0a  34  5  1c
```

程序的仿真结果如下。

```
memb[1] = 00
memh[1] = 0a
memb[2] =  01
memh[2] = 34
memb[3] = 10
memh[3] = 05
memb[4] = 11
memh[4] = 1c
```

6.3.5 系统任务 $finish 和 $stop

系统任务 $finish 的作用是退出仿真器,结束仿真过程,格式如下。

```
$finish;
$finish(n);
```

$finish 可以带参数,根据参数的值输出不同的特征信息;如果不带参数,默认 $finish 的参数值为 1,不同参数的意义如下。

0:不输出任何信息。

1:输出当前的仿真时刻和位置。

2:输出当前仿真时刻、位置以及在仿真过程中所用内存和 CPU 时间的统计。

系统任务 $stop 的作用是暂停仿真,并在仿真界面给出一个交互式的命令提示符,把控制权交给用户,该任务也可以带有参数,根据参数数值的不同,输出不同的信息,参数数值越大,输出的信息越多,格式如下。

```
$stop;
$stop(n);
```

6.3.6 系统任务 $random

$random 提供了一个产生随机数的方法,当函数被调用时返回一个 32 位的随机数,该数据为一个带符号的整型数。 $random 用法如下。

$random %b, (b>0),给出一个范围为($-b+1:b-1$)的随机数,例如:

```
reg [23:0] rand;
rand = $random % 50;
```

该例子给出了一个范围为$-49 \sim 49$的随机数。

6.3.7 系统函数 $time 和 $realtime

Verilog 中有两种类型的时间系统函数: $time 和 $realtime,使用这两个时间函数可以得到当前的仿真时刻。

$time 返回一个 64 位的整数,表示当前的仿真时刻值,该时刻以模块的仿真时间尺度为基准。例如：

```
`timescale 10ns/1ns
module time_tb;
reg  vec;
initial
  begin
    $monitor( $time,,"vec = ", vec);
    #1.6 vec = 0;
    #1.6 vec = 1;
  end
endmodule
```

输出结果为：

```
0 vec = x
2 vec = 0
3 vec = 1
```

上面的例子中，时间尺度为 10ns，由于 $time 输出的时刻是时间尺度的倍数，所以 16ns 和 32ns 的时刻实际输出为 1.6 和 3.2，但 $time 的输出为整数，在将经过尺度比例变换的数字输出时，要进行取整，所以输出结果中 1.6 和 3.2 取整后的时刻为 2 和 3。

$time 和 $realtime 功能相似，只是 $realtime 返回的时间是实型数，该数值同样以时间尺度为基准。上面的例子中改用 $realtime 后代码如下。

```
`timescale 10ns/1ns
module time_tb;
reg  vec;
initial
begin
    $monitor( $ realtime,,"vec = ", vec);
    #1.6 vec = 0;
    #1.6 vec = 1;
end
endmodule
```

输出结果为：

```
0    vec = x
1.6  vec = 0
3.2  vec = 1
```

6.3.8 值变转储文件

值变转储文件(VCD)是一个 ASCII 文件，该文件包含仿真时间、范围与信号的定义以及仿真运行过程中信号值的变化等信息。设计中的所有信号或选定的信号在仿真过程中都可以被写入 VCD 文件。对于大规模设计的仿真，可以把选定的信号转储到 VCD 文件中，并用后处理工具去调试、分析和验证仿真结果。

Verilog 提供了系统任务来选择要转储的模块或模块信号($dumpvars)，选择 VCD 文件的名称($dumpfile)，选择转储过程的起点和终点($dumpon，$dumpoff)，选择生成检测点($dumpall)。例如：

```
initial
    $dumpfile("file.dmp");              //仿真信息转储到 file.dmp 文件
//转储模块中的信号
initial
    $dumpvars;                          //没有指定变量范围,把信号中全部信号都转储
initial
//转储模块 top 中的信号,1 表示层次的等级,只转储 top 下第 1 层信号
    $dumpvars(1, top);
initial
    $dumpvars(2,top.mcu);               //转储 top.mcu 模块下 2 层的信号
initial
    $dumpvars(0,top.mcu);               //转储 top.mcu 模块下各层所有的信号
initial
begin
    $dumpon;                            //启动转储过程
    #2000
    $dumpoff;                           //停止转储
end
initial
    $dumpall;                           //生成一个检查点,转储所有 VCD 变量的现行值
```

对于不同的仿真工具,如 Synopsys VCS、Cadence Verilog_XL 等,还提供了 $vcspluson $vcsplusoff 等系统任务。例如：

```
//FOR Synopsys VCS
initial
begin
    `ifdef vcd
    $display("\nVCD+ on\n");
    $vcdpluson;
    `endif
end
//FOR Verilog_XL
initial
begin
    $shm_open("ALU.shm");
    $shm_probe("AC");
end
endmodule
```

6.4　基础实例

1. 8-bit 计数器

```
//8 - bit counter 源代码
```

```
module counter (count, clk, rst);
output [7:0] count;
input clk, rst;
reg [7:0] count;
always @ (posedge clk or posedge rst)
   if (rst)
     count = 8'h00;
   else
     count <= count + 8'h01;
endmodule
//Testbench of 8-bit counter 测试代码
`timescale 10ns/1ns
module counter_tb;
reg clk, rst;
wire [7:0] count;
counter dut (count,clk,rst);              //元件例化
initial                                   //产生时钟
begin
    clk = 0;
    forever #10 clk = !clk;
end
initial //测试激励
begin
    rst = 0;
    #5 rst = 1;
    #4 rst = 0;
    #50000 $stop;
end
initial
    $monitor( $stime,, rst,, clk,,, count);
endmodule
```

2. 8 位乘法器

```
//8-bit mulitiplier 源代码
module mult8 (out, a, b);
input [7:0] a,b;
output[15:0] out;
wire out;
assign out = a * b;
endmodule
//Testbench of 8-bit mulitiplier 测试代码
`timescale 10ns/1ns
module mult_tb;
reg[7:0] a,b;
wire[15:0] out;
integer i,j;
mult8 mul (out,a,b);
initial
begin
    a = 0;b = 0;
```

```
        for ( i = 1; i < 255; i = i + 1 )
            #10 a = i;
    end
    begin
        for ( j = 1; j < 255; j = j + 1 )
            #10 b = j;
    end
    initial
    begin
        $monitor( $stime,,, " % d * % d = % d", a, b, out );
        #2560 $finish;
    end
endmodule
```

3. 2 选 1 电路

```
//mux_21 源代码
module mux_21( out, a, b, sel );
output    out;
input     a, b, sel;
assign   out = ( sel == 0 ) ? a : b;
endmodule
//Testbench of mux_21 测试代码
'timescale 10ns/1ns
module mux21_tb;
reg a, b, s;
//调用 DUT
mux_21 mux1( out, a, b, s );
//产生测试激励信号
initial
begin
    a = 0; b = 1; s = 0;
    #10   a = 1;
    #10   b = 0;
    #10   s = 1;
    #10   b = 1;
    #10   a = 0;
    #10   $finish;
end
//检测输出信号
initial
    $monitor( $time, " a= % b b= % b s= % b out = % b", a, b, s, out );
endmodule
```

4. 4 位加法器

```
//adder4 源代码
module adder4(a, b, sum);
input [3:0] a, b;
output [3:0] sum;
assign sum = a + b;
```

```
endmodule
//Testbench of adder4 测试代码
'timescale 10ns/1ns
module adder_test;
wire [3:0] sum_out;
reg [3:0] a_in, b_in;
reg [8:0] in;
adder4 u1(a_in, b_in, sum_out);
initial
    $monitor( $time, " %h + %h = %h", a_in, b_in, sum_out);
initial
begin
    for (in = 0; in <= 9'h0ff; in = in + 1)
    begin
        a_in = in[7:4]; b_in = in[3:0];
        if (sum_out !== (a_in + b_in))
        begin
            $display(" * * * ERROR at time = %d * * *", $time);
            $display("a = %h, b = %h, sum = %h", a_in, b_in, sum_out);
            $stop;
        end
        #100;
    end
    $display(" * * * Test successfully completed * * *");
    $finish;
end
endmodule
```

6.5 应用实例

6.5.1 小型 FIFO 设计与仿真

FIFO 是 First In First Out 的缩写,即先进先出堆栈,又称为队列。作为一种数据缓冲器,其数据存放结构和 RAM 是一致的,只是存取方式有所不同。特点就是顺序写入数据,顺序读出数据,其数据地址由内部读写指针自动加 1 完成,当缓存器内部为空时,读取时会读取无效数据;当缓存器内部填满时,写入时会产生溢出。实例中的 FIFO 含 4 个存储单元,每个单元寄存器的位数为 2。刚开始时 FIFO 为空,当读入 4 个数据时,FIFO 被填满,读出的数据要和写入的数据一致。本实例给出小型 FIFO 的源代码和测试代码及仿真波形图。

1. 引脚分配

小型 FIFO 引脚图如图 6-9 所示,有 5 个输入引脚和 3 个输出引脚,各引脚含义如下。输入引脚如下。

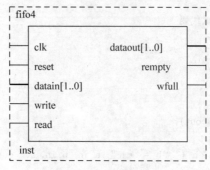

图 6-9　小型 FIFO 引脚图

clk：系统时钟。

reset：异步复位信号，复位后 FIFO 所有数据清空。

datain[1:0]：数据输入信号。

read：数据读取操作信号。

write：数据写入操作信号。

输出引脚如下。

dataout[1:0]：数据输出信号。

rempty：空标志。

wfull：满标志。

2. 设计要点

设置满 wfull 和空 rempty 两个标志信号，wfull＝1 表示 FIFO 处于满状态，wfull＝0 表示 FIFO 非满，还有空间可以写入数据；rempty＝1 表示 FIFO 处于空状态，rempty＝0 表示 FIFO 非空，还有有效的数据可以读出。

3. 源代码

```verilog
module fifo4 (clk, reset, datain, write, read, dataout, rempty, wfull);
input        clk;
input        reset;              //复位信号
input [1:0]  datain;
input        read;              //读操作
input        write;            //写操作
output [1:0] dataout;
output       rempty;            //空标志
output       wfull;            //满标志
parameter    SIZE = 2,
             ADDRESS = 2'b11;  //定义地址最大值
reg          rempty;
reg          wfull;
reg [1:0]    dataout;
reg [(SIZE-1):0]  ra;          //定义读指针
reg [(SIZE-1):0]  wa;          //定义写指针
reg [SIZE:0]  count;            //定义计数器
```

```
reg [1:0] mem4[ADDRESS:0];                    //定义 mem4 存储器有 4 个 2 位的存储单元
always @(posedge clk)                         //读操作
begin
    if (!reset)
        dataout <= 2'b00;                     //复位信号有效置 0
    else if(!write)                           //表示有信号输入
     dataout <= 2'b00;
     else
      dataout <= mem4[ra];                    //将 mem4 中第 ra 个单元赋给 dataout
end
always @(posedge clk or negedge reset)        //读指针加 1
begin
if (!reset) ra <= 2'b00;                      //读指针复位
    else if (!read &&! rempty)
        ra <= ra + 1'b1;
end
always @(posedge clk or negedge reset)        //写操作
begin
    if(!reset)                                //mem4 存储器清零
    begin
    mem4[0]<= 2'b00;
    mem4[1]<= 2'b00;
    mem4[2]<= 2'b00;
    mem4[3]<= 2'b00;
    wa <= 2'b00;                              //写指针复位
    end
else if (!write && !wfull)
  begin
      mem4[wa] <= datain;                     //数据写入
        wa <= wa + 1'b1;                      //写指针加 1
end
end
always @(posedge clk or negedge reset)        //读写状态下计数器加减计数操作
begin
    if (!reset)
        count <= 2'b00;
    else begin
      case ({read, write})
          2'b00: count <= count;
          2'b10:
              if (count != ADDRESS + 1)
              count <= count + 1'b1;          //为写状态时计数器进行加法计数
          2'b01:
             if (count != 2'b00)
              count <= count - 1'b1;          //为读状态计数器进行减法计数
          2'b11:
             count <= count;
      endcase
    end
end
always @(count)                               //空、满标志置 1
```

```
begin
  if (count == 2'b00)
    rempty <= 1'b1;                  //count 为 0 时 rempty 赋为 1
  else
    rempty <= 1'b0;
end
always @(count)
begin
  if (count == ADDRESS + 1)
    wfull <= 1'b1;                   //计数到最大时 wfull 赋为 1
  else
    wfull <= 1'b0;
end
endmodule
```

4. 测试代码

测试时先测试正常情况下 FIFO 的读写情况,然后再测试在 FIFO 为空或者满时出现的读写情况,查看标识位的状态。

```
`timescale 1ns / 1ps
module tst_fifo4;
//输入端口
reg clk;
reg reset;
reg [1:0] datain;
reg write;
reg read;
//输出端口
wire [1:0] dataout;
wire rempty;
wire wfull;
fifo4 udt(.clk(clk), .reset(reset), .datain(datain), .write(write), .read(read), .dataout(dataout)
      , .rempty(rempty), .wfull(wfull));
task rd_mem;
begin
    @(negedge clk);                 //等待时钟下降沿
    read = 0;
    @(posedge clk) #5;              //等待时钟上升沿
    read = 1;
end
endtask
task wt_mem;
input [15:0]word;
begin
    @(negedge clk);                 //等待时钟下降沿
    datain = word;
    write = 0;
    @(posedge clk);                 //等待时钟上升沿
    #5;
```

```
        datain = 2'bzz;
        write = 1;
end
endtask
always #10   clk = ~clk;
initial
begin
datain = 2'bzz; write = 1; read = 1; reset = 1; clk = 0;
#20 reset = 0; #20 reset = 1; #50;
wt_mem (2'b00);                          //写数据
wt_mem (2'b01);
wt_mem (2'b10);
rd_mem;                                  //读数据
rd_mem;
wt_mem (2'b11);
repeat (6) rd_mem;
wt_mem (2'b00);
wt_mem (2'b01);
wt_mem (2'b10);
wt_mem (2'b11);
repeat (5) rd_mem;
end
initial
#7000 $finish;
endmodule
```

5. 仿真结果及分析

从图 6-10 中可以观察到,由于设计的 FIFO 为 4 个 2 位寄存器,因此当写入超过 4 个时,其满信号 wfull 跳 1;同理,当 FIFO 未满时,读信号超过 4 个时,其空信号 rempty 跳 1;读出的数据和写入的数据一致。

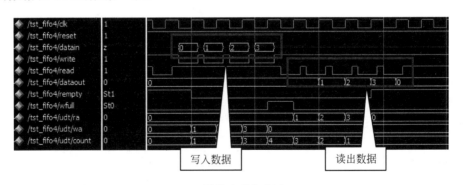

图 6-10　FIFO 模块波形仿真图(Modelsim)

6.5.2　自动售货机设计与仿真

自动售货机销售价值分别为 4 元和 5 元的两种不同商品。可接受 1 元硬币或 5 元、10

元的纸币。自动售货机设有确认键,经确认后,自动售货机开始售卖工作。如投入金额不足以支付商品则直接退还投入货币,反之则售出商品并予以找零。设计以 LED 灯的亮灭情况表示商品售出与否并以 LED 灯闪烁的次数来表示找零数目。本实例给出自动售货机的源代码和测试代码及仿真波形图。

1. 引脚分配

自动售货机引脚图如图 6-11 所示,有 8 个输入引脚和 3 个输出引脚,各引脚含义如下。
输入引脚如下。

clk:系统时钟 50MHz。

reset:异步复位。

ack:确认键,经确认后,自动售货机开始售卖工作。

choice4、choice5:分别代表选择价值 4 元和 5 元的商品。每次按下 choice4 和 choice5 则内部商品价值寄存器 choice 分别进行 +4 和 +5 操作。

coin1、coin5、coin10:分别对应投入 1 元、5 元、10 元的货币。每次按下 coin1、coin5、coin10 内部寄存器 coin 分别进行 +1、+5 和 +10 操作。

输出引脚如下。

led_change:显示找零,以 led 闪烁次数表示内部寄存器 change 的值。

led_choice4、led_choice5:灯亮分别表示成功售出 4 元商品和 5 元商品。

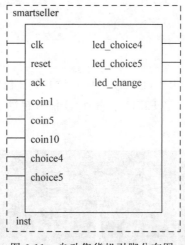

图 6-11　自动售货机引脚分布图

2. 设计思路

整个自动售货机程序主要分为三部分功能块:售货处理模块、售货显示模块及找零模块。

(1) 售货处理模块中,设定内部寄存器 choice、coin 分别记录欲购商品价值、投入货币金额。每次按下 coin1、coin5、coin10,寄存器 coin 分别进行 +1、+5 和 +10 操作。而每次按下 choice4 和 choice5,寄存器 choice 分别进行 +4 和 +5 操作并改变标志位 c1 和 c2 的值。ack 确认后,判断投入货币是否足以购买商品(即比较 choice 和 coin 大小),以此为依据给 status 赋值来表示自动售货机的工作状态,并对寄存器 change 赋值表示退币找零的数目。具体工作如下。

当 coin>choice 时,赋值:status<=2'b10,change<=coin-choice。

当 coin<choice 时,赋值:status<=2'b01,change<=coin。

当 coin==choice 时,如果 coin>0,赋值:status<=2'b10,change<=coin-choice。否则,赋值 status<=2'b01,change<=0。

(2) 售出货物和退币找零模块则根据 status 的值判断售货与退币情况。当 status==2'b01 时,说明交易不成功,则自动售货机不输出商品仅退币。当 status==2'b10 时,说明交易成功,输出购买的商品并找零。

3. 设计注意事项

(1) 设计中注意时钟频率的问题,由于 50MHz 的系统时钟频率过快,会影响显示时观察结果,因此需要对系统时钟进行合理分频。

(2) 设计中注意按键的消抖问题,每次按键后需要间隔一段时间才执行下一次按键操作,否则会造成误操作。因而依据此项原则结合分频方法设计适合的按键消抖方案,并通过计算给出两次按键之间的间隔有效时间。

(3) 自动售货机每次交易完成后,即退币找零操作结束后,应将售货处理模块中的 choice、coin 以及 change 的值清零,以免影响下次交易。

4. 源代码

```verilog
module smartseller (clk, reset, ack, coin1, coin5, coin10, choice4, choice5, led_choice4, led_
choice5, led_change);
input clk, reset, ack;
input coin1, coin5, coin10, choice4, choice5;
output led_choice4, led_choice5, led_change;
reg led_choice4, led_choice5, led_change;
reg c1, c2;
reg [1:0] status;                        //自动售货机工作状态
reg [4:0] choice, coin, change;          //欲购商品价值、投入金额、退币找零
reg [5:0] count;                         //退币找零操作的计数
reg clk_out1, clk_out2;                  //分频后时钟
reg [25:0] cnt1, cnt2;
reg [7:0] tag;                           //消抖标签
wire clear;                              //退币找零清零允许标志

always@ (posedge clk or negedge reset)   //将时钟频率从 50MHz 降 100Hz 和 1Hz
begin
if(!reset)
  begin
    cnt1 <= 0;
    cnt2 <= 0;
    clk_out1 <= 0;
    clk_out2 <= 0;
  end
```

```verilog
        else
          begin
          if (cnt1 < 250000)
              cnt1 <=  cnt1 + 1'b1;
          else
            begin
              clk_out1 <= ~clk_out1;
              cnt1 <= 0;
            end
           if (cnt2 < 25000000)
              cnt2 <=  cnt2 + 1'b1;
           else
              begin
                  clk_out2 <= ~clk_out2;
                  cnt2 <= 0;
              end
          end
    end

    always@(posedge clk_out1 or negedge reset)    //消除抖动模块
    if(!reset)
       tag[7:0]<= 8'b00000000;
    else
      begin
        if(tag < 30)
            tag[7:0]<= tag[7:0] + 1'b1;
         else
            tag <= 8'b00000000;
      end
    always@ (posedge clk_out1 or negedge reset)  //售货处理模块
    begin
      if(!reset)
            begin
                status <= 0;
                choice <= 0;
                coin <= 0;
                change <= 0;
                c1 <= 0;
                c2 <= 0;
            end
      else if(clear)                          //退币找零操作结束后清零
        begin
          coin <= 0;
          choice <= 0;
          c1 <= 0;
          c2 <= 0;
          change <= 0;
        end
      else
        begin
            begin
```

```verilog
        if(!coin1&&!tag)                    //投入 1 元
            coin <= coin + 1'b1;
        else if(!coin5&&!tag)               //投入 5 元
            coin <= coin + 4'b0101;
        else if(!coin10&&!tag)              //投入 10 元
            coin <= coin + 4'b1010;
        else if(!choice4&&!tag)             //欲购价值 4 元的商品
            begin
                choice <= choice + 4'b0100;
                c1 <= 1;
            end
        else if(!choice5&&!tag)             //欲购价值 5 元的商品
            begin
                choice <= choice + 4'b0101;
                c2 <= 1;
            end
        else
            begin
                coin <= coin;
                choice <= choice;
                c1 <= c1;
                c2 <= c2;
            end
    end
    if(ack)                                 //确认交易
        begin                               //比较 coin 和 choice 的大小
            if(coin < choice)               //货币不足以购物
                begin
                    change <= coin;
                    status <= 2'b01;
                end
            else if(coin > choice)          //货币可以购物
                begin
                    change <= coin - choice;
                    status <= 2'b10;
                end
            else if(coin == choice&&coin > 0)  //投入货币刚好够买货物
                begin
                    change <= coin - choice;
                    status <= 2'b10;
                end
            else
                begin
                    change <= 0;
                    status <= 2'b00;
                end
        end
    else
        begin
            status <= status;
            change <= change;
        end
    end
end
```

```
always@ (posedge clk_out2 or negedge reset) //售出货物及退币找零模块
begin
  if(!reset)
    begin
      led_choice4 <= 0;
        led_choice5 <= 0;
        led_change <= 0;
        count <= 0;
      end
  else
    begin
      count <= 2 * change;               //退币操作计数
      if(status == 2'b01)                //投入货币不足以购买商品
      begin
          led_choice4 <= 0;
          led_choice5 <= 0;
          if(count > 0)                  //退币
            begin
              led_change <= led_change + 1'b1;
              count <= count − 1'b1;
          end
        else
            led_change <= 0;
            end
      else if(status == 2'b10)           //投入货币可以购买货物
        begin
          led_choice4 <= c1;
            led_choice5 <= c2;
            if(count > 0)                //找零
              begin
                led_change <= led_change + 1'b1;
                count <= count − 1'b1;
          end
        else
            led_change <= 0;
        end
      else
        begin
          led_choice4 <= led_choice4;
          led_choice5 <= led_choice5;
          led_change <= led_change;
        end
      end
end
assign clear = (count == 1)?1'b1:1'b0;       //coin、choice 及 change 清零信号
endmodule
```

5. 测试代码

测试每次按下 coin1、coin5、coin10,寄存器 coin 是否分别进行＋1、＋5 和＋10 操作。

而每次按下 choice4 和 choice5 寄存器 choice 是否分别进行＋4 和＋5 操作。检测货币不足购买货物和货币足够购买货物时，表示商品的 led_choice4、led_choice5 以及表示找零的 led_change 是否正常工作。

```
`timescale 1ns / 1ps
module tst_seller;
reg clk,reset,ack;
reg coin1,coin5,coin10;
reg choice4,choice5;
wire led_choice4,led_choice5,led_change;
smartseller user (.clk(clk), .reset(reset), .ack(ack), .coin1(coin1), .coin5(coin5), .coin10
    (coin10),.choice4(choice4), .choice5(choice5), .led_choice4(led_choice4), .led_choice5
    (led_choice5), .led_change(led_change));
initial
begin
        clk = 0; reset = 1; ack = 0; coin1 = 1; coin5 = 1; coin10 = 1; choice4 = 1;
        choice5 = 1; #1000 $finish;
end
initial
$monitor( $time,, clk,, reset,, ack,, coin1,, coin5,, coin10,, choice4,, choice5,, led_
choice4,, led_choice5,, led_change);
always #5 clk = ~clk;
initial
fork
#10 reset = 0; #50 reset = 1;
#100 coin1 = 0; #110 coin1 = 1;
#120 choice4 = 0; #130 choice4 = 1;
#150 ack = 1; #250 ack = 0;
#300 reset = 0; #320 reset = 1;
#350 coin5 = 0; #360 coin5 = 1;
#400 choice4 = 0; #410 choice4 = 1;
#450 ack = 1; #550 ack = 0;
#600 reset = 0; #620 reset = 1;
#650 coin10 = 0; #660 coin10 = 1;
#700 choice5 = 0; #710 choice5 = 1;
#800 ack = 1; #900 ack = 0;
#950 reset = 0; #1000 reset = 1;
join
endmodule
```

6. 仿真波形图与分析

从图 6-12 中可以观察到在第一次交易中 coin1 按下后，coin 值相应地由 5'h00 变为 5'h01，表示投入 1 元。而 choice4 按下后，choice 值由 5'h00 变为 5'h04，表示欲购商品的价值为 4 元。当 ack 确认后，由于投入货币不足以购买货物，因此表示货物的 led 灯并未亮起，而表示找零的 led_change 闪烁 1 次表示退还投入的金额。在第二次交易中 coin5 按下后，coin 值相应地由 5'h00 变为 5'h05，表示投入 5 元。而 choice4 按下后，choice 值由 5'h00 变为 5'h04,表示欲购商品的价值为 4 元。当 ack 确认后,由于本次投入货币可以购买货物,因此表示货物的 led_choice4 灯亮起,而表示找零的 led_change 闪烁 1 次表示找零。第三次则使用 10 元购买价值 5 元的商品,因此 led_choice5 亮起,led_change 闪烁 5 次表示找零。每次交易退币操作完成后,choice、coin 和 change 值清零为 5'h00。结果与之前的设计要求完全一致。

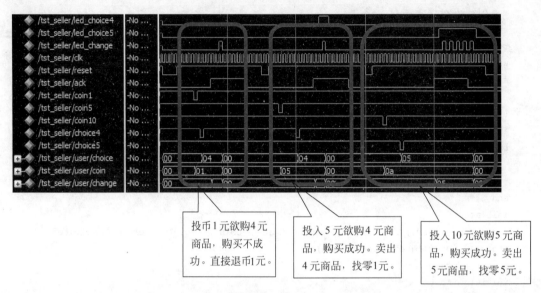

图 6-12　自动售货机波形仿真图(Modelsim)

6.5.3　洗衣机控制器设计与仿真

洗衣机正常的工作状态为待机(5s)→正转(60s)→待机(5s)→反转(60s)。可自行设定洗衣机的循环次数,这里设置最大循环次数为 7 次。该洗衣机具有紧急情况处理功能,当发生紧急情况时,立即转入待机状态,待紧急情况解除后重新设定并开始工作。同时,为方便用户在洗衣过程中的操作,该洗衣机还具有暂停功能,当用户操作完成后,可继续执行后续步骤。洗衣机设定循环次数递减到零时,可报警告知用户。

1. 引脚分配

洗衣机引脚图如图 6-13 所示,5 个输入引脚和 1 个输出引脚,各引脚含义如下。

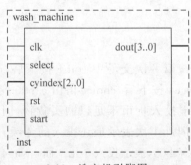

6-13　洗衣机引脚图

输入引脚：

clk：系统时钟 50MHz

start：启动/暂停

rst：复位键

cyindex：设定循环次数

select：输出选择，select＝1，dout 输出警报 warning 和洗衣机的工作状态 status；select＝0 时，dout 输出剩余循环次数 number。

输出引脚：

dout：经选择后的输出

2. 设计思路

整个洗衣机的设计可以由循环控制模块、循环次数计算模块以及报警模块组成。其中，循环控制模块采用有限状态机实现对洗衣机各种工作状态的转换控制。循环次数计算模块则负责设定循环次数或者改变剩余循环次数。报警模块则在正常工作结束后发出报警信号。为了使工作状态顺序循环切换，设定切换使能信号 switch，当 switch＝0 时，允许状态切换，当 switch＝1 时，进行倒计时计数。具体操作为：当 rst＝0 且 start＝1 时，开始工作，倒计时 timer＝2 时，使工作状态切换的使能信号 switch＝0，同时使 state 的值改变，切换工作状态。当 state＝0 且 status＝3'b010 时，表示一次循环结束，则 number＜＝number－1。当 number＝0 则 warning 报警。

3. 源代码

```
module wash_machine (clk,select,cyindex,rst,start,dout);
output[3:0] dout;
input clk;
input select;
input start,rst;
input[3:0] cyindex;
//倒计时时间参数赋值
parameter
    t1 = 8'h60,
    t2 = 8'h05,
    t3 = 8'h60,
    t4 = 8'h05;
reg[3:0] dout;
reg[7:0] timer, number;                //倒计时时间、剩余循环次数
reg switch;                            //状态转换和倒计时操作切换
reg label;                            //洗衣机工作标志
reg warning = 0;                       //报警信号
reg[2:0] state;                        //工作状态, 依次取 1(正转)、2(待机)、3(反转)、0(待机)
reg clk_out = 0;                       //时钟分频
reg [25:0] cnt;
reg[2:0] status;                       //记录工作状态,采用独热编码,正转 100,待机 010,反转 001
wire sub, en_warning;
assign sub = ((state == 0&& timer == 2&&status == 2)||!start||rst);
```

```verilog
assign en_warning = (!number&&start);              //报警使能

always@ (posedge clk) //50MHz 分频为 1Hz
begin
  if (cnt < 25000000)
    cnt < = cnt + 1;
  else
    begin
      clk_out < = ~clk_out;
      cnt < = 0;
    end
end

always @(posedge clk_out)                //循环控制模块
  begin
    if(!rst)
      begin
        label < = 0;
        if(start&&!label)
          begin
            if(!switch&&number)
              begin
                switch < = 1;
                case(state)
                  0:begin                //正转
                      timer < = t1;
                      status < =  4;
                      state < =  1;
                    end
                  1:begin                //待机
                      timer < = t2;
                      status < = 2;
                      state < = 2;
                    end
                  2:begin                //反转
                      timer < = t3;
                      status < = 1;
                      state < = 3;
                    end
                  3:begin                //待机
                      timer < = t4;
                      status < = 2;
                      state < = 0;
                    end
                  default:status < = 2; //待机
                endcase
              end
            else                         //倒计时操作
              begin
                if(timer[3:0]> 4'h0)
                timer[3:0]< = timer[3:0] - 4'h1;
```

```
                        else if(timer[7:4]> 4'h0)
                          begin
                            timer[3:0]< = 4'h9;
                            timer[7:4]< = timer[7:4] − 4'h1;
                              end
                            else
                                begin
                                    timer[3:0]< = timer[3:0];
                                    timer[7:4]< = timer[7:4];
                                end
                              if(timer[7:0] == 2)
                              switch < = 0;
                          end
                    end
            end
        else
            begin
              state < = 0;
              timer < = 0;
              switch < = 0;
              status < = 2;
              label < = 1;                     //洗衣机不工作
            end
    end

always @(negedge sub)                          //循环次数计算模块
  begin
    if(!timer&& !number)                       //时间为 0 且剩余循环次数为 0,则设定循环次数
      number < = cyindex;
      else if(timer == 0&&status == 2)         //时间为 0 且在待机状态,则循环结束
        number < = 0;
      else if(timer)                           //每次循环结束,剩余循环次数减 1
        number < = number − 1;
  end

always @(posedge clk_out)                      //循环完成报警模块
  begin
    if(en_warning)
        warning = ~warning;                    //不断闪烁发出警报
    else
        warning = 0;
  end

always @(posedge clk)                          //选择输出模块
  if(!select)
      dout < = number;
  else
begin
  dout[3]< = warning;
    dout[2:0]< = status[2:0];
    end
endmodule
```

4. 测试代码

测试洗衣机控制器的循环工作次数是否正确设置 cyindex,测试循环结束后是否报警。测试工作时,start=0 是否具有暂停工作的功能,rst 是否具有重置的功能。

```
`timescale 1ns / 1ps
module washer_tst;
reg clk;
reg [3:0] cyindex;
reg rst;
reg start;
reg select;
wire[3:0] dout;
wash_machine dut (.clk(clk), . select(select),.cyindex(cyindex), . rst(rst), . start(start),.
dout(dout));
initial
begin
clk = 0;
cyindex = 0;
start = 1;
rst = 1;
select = 1;
#12000 $ finish;
end

always #5 clk = ~clk;

initial
fork
#20      rst = 0;
#50      start = 0;
#80      cyindex = 4'b0011;
#300     start = 1;
#3000    start = 0;
#3500    start = 1;
#4000    select = 0;
#5000    start = 0;
#5050    cyindex = 4'b0101;
#5500    start = 1;
#8500    rst = 1;
#9000    rst = 0;
join
endmodule
```

5. 仿真波形与分析

从图 6-14 中可以观察到 rst=0 时按下 start,循环次数 number<=cyindex。之后按照正转→待机→反转→待机的状态工作,每当一个状态操作到剩余时间 timer==2 时,令切换使能 switch==0,此时切换工作状态并同时将 switch 置 1。四个状态完成称为一个循环结束,即当 sub=1 且 timer==1 时,循环次数 number<=number-1。等到全部循环结束后 warning 置 1 报警。运行过程中 rst 置 1 可以实现重置功能。仿真结果与之前的设计要求完全一致。

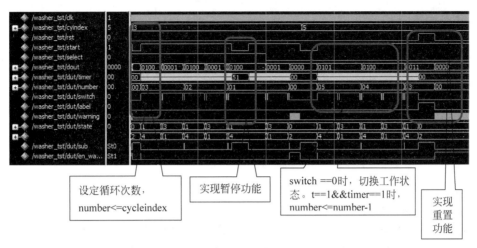

图 6-14　洗衣机控制器波形仿真图（Modelsim）

6.6　小结

设计高效的 Testbench，需要注意以下几个方面。

（1）避免使用无限循环。Testbench 里面的每个事件都应该是可控制和有限的，否则会增加仿真器的 CPU 和 Memory 资源消耗，降低仿真速度。

（2）避免不必要的输出显示。一些常用的仿真工具都支持将信息显示在终端上或存储在文件中，这对仿真结果的分析十分有用。但对于复杂设计而言，一定要避免不必要的输出显示，因为这类进程非常耗费 CPU 和 Memory 资源，极大地降低仿真速度。

习题 6

1. 如何生成时钟激励信号？什么是 Testbench？

2. 通常怎样产生规则激励和不规则激励？

3. 如何使用 Verilog 语句生成异步复位激励和同步激励信号？

4. 编写一个 Verilog 仿真程序，用来产生一个 reset 复位信号，要求 reset 信号在仿真开始保持低电平，过 10 个时间单位后变高电平，再过 50 个时间单位恢复成低电平。

5. 编写 4 位二进制加法计数器源代码和测试代码。

6. 编写一个 4 位的比较器，并对其进行测试。

7. 编写一个测试程序，对 D 触发器的逻辑功能进行测试。

8. 产生一个高电平持续时间和低电平持续时间分别为 3ns 和 10ns 的时钟。

9. 编写测试时序检测器的测试验证程序。时序列检测器按模式 1 0 0 1 0 在每个时钟正沿检查输入数据流。如果找到该模式，将输出置为 1，否则输出置为 0。

第 7 章

逻辑综合与静态时序分析

本章对逻辑综合技术和方法做最基本的介绍,并以 Verilog HDL 为例介绍逻辑综合最基本的流程,以 Synopsys 公司的 dc compiler 为例介绍逻辑综合的最基本语法。通过本章的学习,读者能对逻辑综合有基本的了解,并能利用 Synopsys 的综合工具进行逻辑综合。

7.1 逻辑综合概述

7.1.1 什么是逻辑综合

逻辑综合是在标准单元库(Standard Library)和特定的设计约束(Design Constrain)的基础上,把设计的高层次描述(如 RTL 代码)转换为优化的门级网表(Netlist)的过程。它是根据一个系统逻辑功能与性能的要求,在一个包含众多结构,功能、性能均已知的逻辑元件的单元库的支持下,寻找出一个逻辑网络结构的最佳实现方案,即实现在满足设计电路的功能、速度及面积等限制条件下,将行为级描述转换为指定的技术库中单元电路的连接。目前基于 RTL 的逻辑综合已经成为 IC 设计流程的一个重要的步骤。

图 7-1 为综合过程示意图。综合主要包括两个阶段:转换(Translate)和编译(Compile)。转换阶段综合工具将高层语言描述的电路用门级的逻辑来实现,对于 Synopsys 的综合工具 DC 来说,就是使用 gtech.db 库中的门级单元来组成 HDL 描述的电路,从而构成初始的未优化的电路。编译阶段包括优化(Optimization)与映射(Mapping)过

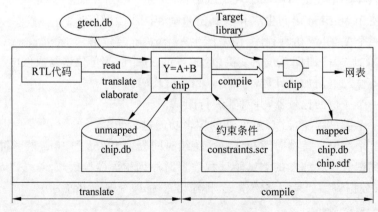

图 7-1 综合过程示意图

程,是综合工具对已有的初始电路进行分析,去掉电路中的冗余单元,并对不满足限制条件的路径进行优化,然后将优化之后的电路映射到由用户提供的工艺库上。

7.1.2 逻辑综合的特点

综合是连接电路的高层描述与物理实现的桥梁。综合结果的好坏直接决定于 HDL 的描述,综合给定的限制条件与综合之后的门级网表将送到后端工具用于布局布线。而且在使用 HDL 描述电路以及在综合的过程中就需要考虑电路的可测试性,在综合之后需要对电路的可测试性进行处理。

综合是限制条件驱动(Constraint Driven)的,是在设计人员给定的限制条件下对电路进行优化与映射,因此,设计人员给定的限制条件就是综合的目标。这个限制条件一般都是在系统设计时对整个系统进行时序分析之后给出的,模块的设计人员不能随意对该限制条件进行更改与调整。

综合是综合工具对电路的一些性能进行折中的结果,对于数字电路来说就是在电路的面积与功耗、面积与时序上的性能进行折中。

图 7-2 是综合曲线的示意图。可以看出,当路径的延迟减小到一定程度,面积上的代价就不能明显地改善时序上的性能;同样,当面积减小到一定程度,路径延迟的增大也不能明显改善面积上的性能。

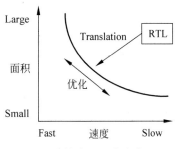

图 7-2 综合过程中速度和面积的折中

综合是基于路径的,Design Compiler 在做综合的时候,会调用静态时序分析工具 Design Timer 对电路中的有效路径进行静态时序分析,按照时序分析的结果对电路进行优化。

7.1.3 逻辑综合的要求

1. 逻辑综合脚本的要求

综合脚本必须是可重用的。脚本的可重用主要有以下两方面的含义。

(1) 在整个电路设计过程中,当后端工具提取出线负载模型后做综合或者在布局布线完成之后再做综合,保证添加的约束条件与初始时的综合约束条件是相同的。

(2) 当系统的一些参数改变时,例如,一个模块从 16 位变为 32 位,而模块的功能没有改变,可以不改变综合的脚本,只需要改变其中的参数就可以实现该目标,即要保证综合脚本是参数化的。

在添加约束条件时,必须对如下对象施加限制条件。

(1) 电路中需要有时钟的定义。一般情况下,希望综合之后的电路是同步的数字电路(异步电路以及模拟电路需要单独处理),而同步电路中都需要设置时钟或者虚拟时钟。

(2) 保留时钟网络,不对时钟网络做综合。

(3) 综合的时候需要指定线负载模型,用于估计连线延迟。

(4) 限制模块中组合路径的输入/输出延迟。

(5) 限制输出的带负载能力(Loading Budget)以及输入的驱动单元(Driving Cell)。

(6) 模块同步输出的输出延迟(Output Delay)的限制,以及同步输入的输入延迟(Input Delay)的限制。

(7) 多周期路径(Multicycle Path)以及伪路径(False Path)的限制。

(8) 工作环境的给定。

2. 逻辑综合结果的要求

(1) 综合的结果中没有时序违反(Timing Violation),即综合的结果必须满足时序性能的要求。

(2) 综合之后的门级网表必须已经映射到工艺库上。

(3) 综合之后的门级网表中应避免包含如下电路结构。

① 在同一个电路中同时含有触发器和锁存器两种电路单元。

② 在电路中出现有反馈的组合逻辑。

③ 用一个触发器的输出作为另外一个触发器的时钟。

④ 异步逻辑和模拟电路未单独处理。

⑤ 使用的单元电路没有映射到工艺库中。

7.2　逻辑综合流程和语法

1. 指定工艺库和启动文件

对于确定的流片工艺,在进行逻辑综合前需要选定该工艺下的标准单元库,工艺库包含综合所需要的全部信息,如库单元的功能、版图面积、输入/输出时序关系等。EDA 综合软件根据约束条件和单元库的信息来选择合适的逻辑单元,以满足时序要求。

对于 Synopsys Dc Compiler (DC),在启动 DC 之前需要一个启动文件.synopsys_dc.setup 来初始化综合的环境。DC 的默认启动文件位于 Synopsys 安装目录中,随着 DC 的启动而自动加载,用户可以在启动文件中指定与设计相关的信息。在启动过程中,按以下顺序读取文件。

(1) Synopsys 安装目录。

(2) 用户根目录。

(3) 项目工作目录。

通常该文件存放在综合目录下,即启动 DC 时的当前目录下。

下面是.synopsys_dc.setup 文件的例子。

```
#.synopsys_dc.setup
  set search_path
  set search_path   "$search_path  /tools/lib"     //定义工艺库的路径
#set target library
  set target_library {slow.db}
#set link library
  set link_library   {" * "slow.db pad.db RAM.db ROM.db codec.db}
#set symbol library
  set symbol_library {slow.sdb}
```

- search_path：定义搜索目录，当 DC 搜索某个未指定路径的文件时，将根据 search_path 中定义的路径去搜索，通常定义为主要库文件所在的目录，如 slow. db，slow. sdb 所在的目录。
- target_library：定义综合时调用的标准单元库，一般由流片厂家提供，也可以由设计者自己建立，该库中的单元被 DC 用来进行逻辑映射。
- link_library：定义链接库，其列表中应该包含 target_library 中的单元库名，用于 DC 读取门级网表（Netlist）。link_library 中通常还包括压焊块工艺库（pad. db）和所有其他的宏单元，如 RAM、ROM 和模拟电路宏单元等。
- symbol_library：定义符号库，指定的库文件包含工艺单元库中元件的图形化信息。当使用图形化综合工具 dsign_analyzer（DA）时，用于表示门电路的原理图。符号库以 . sdb 为扩展名，如果启动文件没有定义符号库，则 DA 使用一个名为 generic. sdb 的通用符号库来生成电路图。符号库和工艺单元库中的单元名和引脚名必须一致。

除了 . synopsys_dc. setup 之外，通常还定义另一个启动文件 . synopsys_vss. setup 用于存放综合过程中产生的中间文件。

```
. synopsys_vss.setup
work > DEFAULT
DEFAULT    :./WORK
```

上面的启动文件中，WORK 目录存放综合过程中产生的中间文件。

2. 设计输入

在进行综合之前，需要把设计代码读入综合工具，并且由综合工具对读入的 RTL 代码进行编译，检查 RTL 代码语法有无问题以及该 RTL 代码是否可综合，报告错误（Error）或告警（Warning）信息。如果有 Error 信息，则必须根据所报 Error 信息对 RTL 代码进行修改，否则无法完成综合的后续步骤。

设计读入有两种命令：read 命令和 analyze&elaborate 命令组合。read 命令用于读入 Verilog、VHDL、EDIF 和 db 等所有格式的文件，analyze & elaborate 命令用于读入 Verilog 或 VHDL 格式的 RTL 代码。

analyze 命令将转换结果保存在以-library 选项指定的设计库目录中（如 WORK 目录等），在综合时会从该库中调用中间结果，节省时间。Read 命令执行 analyze & elaborate 命令的功能，但不存储中间结果。analyze & elaborate 支持在中间过程加入参数，以便以后可以加快读取过程。如果使用了参数或结构（如 VHDL 中使用了 Generic 语句或 Architecture 语句），则必须使用 analyze & elaborate 命令。read 命令不能用来传递参数，不能指定 VHDL 中的 Architecture 能被详细描述。

3. 定义环境约束条件

（1）设置环境条件（set_operating_conditions）。

环境约束条件定义了综合时的工艺参数，如 PVT（工艺、电压、温度）等，I/O 端口属性和线载模型（wire_load_model）等。工艺参数（set_operating_conditions）定义了设计的工艺、电压和温度条件，在具体的工艺库文件中，通常包含对各种不同条件的具体描述，如

WORST、TYPICAL 和 BEST 等情况,对应于芯片工作时的最坏、典型和最好的工作条件。WORST 情况通常用于版图布局布线前的综合,以最大的建立时间优化设计;BEST 情况通常用于修正保持时间 Violation 的情况。

定义工艺参数用"set_operating_conditions <工作条件名>"表示,例如:

```
dc_shell-t> set_operating_conditions slow
dc_shell-t> set_operating_conditions WORST
```

Design Compiler 通过在 UNIX 或 Linux 命令行里输入 dc_shell 或 dc_shell-t 来调用,dc_shell 基于 Synopsys 语言的原有格式,而 dc_shell-t 使用的是标准的 TCL(Tool Command Language)。考虑到与 Synopsys 其他工具的兼容性,本书中主要介绍基于 TCL 格式的 DC 命令和语法。

(2) 设置线载模型(set_wire_load_model)。

线载模型用来为 DC 提供估算的线载信息,综合时用来估算连线上的延迟时间。对于特定的工艺单元库,通常根据电路的规模提供多种线载模型,以便用户根据其设计选择适合自己的线载模型。用户也可以自己建立适合自己设计的更精确的线载模型。

线载模型用"set_wire_load_model -name <线载模型名>"进行设置,例如:

```
dc_shell-t> set_wire_load_model -name smic18_wl10
dc_shell-t> set_wire_load_model -name MEDIUM
```

(3) 设置驱动强度(set_drive, set_driving_cell)。

set_drive 用于设定输入端口的驱动强度,0 表示最强的驱动强度,一般用于输入时钟端口。set_driving_cell 用于对输入端口驱动单元的驱动电阻进行建模,该命令把驱动单元作为参数并将该驱动单元的所有设计规则约束应用于指定模块的输入端口。

```
set_drive   <数值>   <信号列表>
set_driving_cell -cell  <驱动单元名>  -pin <引脚名>  <端口列表>
```

例如:

```
dc_shell-t> set_drive  0  {CLK RST}
dc_shell-t> set_drive  0  [find port [list core_clk dsp_clk usb_clk]]
dc_shell-t> set_driving_cell -cell  INVX2  -pin Y  [all_inputs]
dc_shell-t> set_driving_cell -cell  BUFF2  -pin Z  [all_inputs]
```

(4) 设置电容负载(set_load)。

电容负载设定连线或端口上的电容负载,单位为工艺单元库中定义的单位,通常为 pf。

```
set_load  <负载值>  <连线或端口列表>
```

例如:

```
dc_shell-t> set_load 0.1  [all_inputs]
dc_shell-t> set_load 0.2  [all_outputs]
dc_shell-t> set_load 0.5  [get_nets dsp/A]
```

(5) 设置扇出负载(set_fanout_load)。

为输出端口设定扇出负载值,综合时,检查某个驱动单元所驱动的所有引脚的扇出负载之和,看其是否超过该单元的最大扇出值。

```
set_fanout_load  <数值>  <输出端口>
```

例如:

```
set_fanout_load 0.5 [all_outputs]
```

4. 定义设计约束条件

设计约束条件对设计电路进行约束,包括时序和面积的约束等。设计约束直接关系到综合后电路的大小、性能和功耗等。

(1) 设计规则约束(set_max_transition,set_max_fanout,set_max_capacitance)。

设计规则约束由 set_max_transition、set_max_fanout 和 set_max_capacitance 组成,这些约束一般在工艺单元库中进行设置,并由工艺参数决定其大小。如果标准单元库中设置的约束值不合适,可以用命令行进行重新设置,以便使综合后电路的时序能满足要求。设计规则约束可以在输入端口、输出端口或当前设计(current_design)进行设置。

```
set_max_transition <数值>  <对象列表>        //定义最大跳变时间
set_max_capacitance <数值>  <对象列表>        //定义最大负载电容
set_max_fanout <数值>  <对象列表>            //定义最大扇出
```

例如:

```
dc_shell - t > set_max_transition 0.1 current_design
dc_shell - t > set_max_transition 0.2 [remove_from_collection [all_inputs] [find port [list
core_clk dsp_clk usb_clk reset_n]]]
dc_shell - t > set_max_capacitance 1.0 [get_ports Q]
dc_shell - t > set_max_fanout 16 mpu_top               //对当前设计进行设置
dc_shell - t > set_max_fanout 2 [all_outputs]          //对所有输出端口进行设置
//对除了时钟和复位信号以外的输入端口进行设置
dc_shell - t > set_max_fanout 1 [remove_from_collection [all_inputs] [find port [list core_clk
dsp_clk usb_clk reset_n]]]
```

(2) 定义时钟(create_clock)。

时钟是综合过程中不可缺少的部分,综合后的时序报告与时钟有直接的关系。

create_clock 用于定义时钟的周期和波形,-period 选项定义时钟周期,-waveform 选项控制时钟的占空比和起始边沿。

```
//周期为 10 ns、占空比为 50％的端口时钟 CLK 的定义
dc_shell - t > create_clock - period 10 - waveform {0 5} CLK
```

产生的时钟波形如图 7-3 所示。时钟上升沿在 0ns 时开始,下降沿发生于 5ns,通过改变下降沿数值可以改变时钟的占空比。对于纯组合逻辑电路,例如无时钟信号的 ALU 模块,可以创建一个虚拟时钟来定义该模块的延迟约束,通过指定相对于该虚拟时钟的输入和输出延迟时间来约束该组合模块的时序。

对于内部生成的时钟可以用 create_generated_clock 产生,该命令产生基于主时钟的倍频或分频时钟,在多时钟的电路设计中有着广泛的应用。

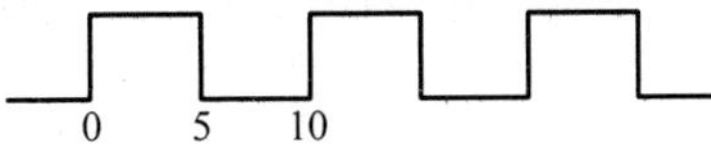

图 7-3 周期为 10ns、占空比为 50％的时钟波形

```
create_generated_clock - name <生成的时钟名> - source <基准时钟源> - divide_by
                    <分频因子> (或 - multiply_by <倍频因子> )
```

例如：

```
dc_shell - t > create_generated_clock - name ref_clk_e3 - source clk_in - divide_by 8 [find pin
urefclkgen/ref_clk_e3_reg/Q]
```

除了定义时钟周期的相关信息以外，还有其他与时钟相关的信息如下。

- set_clock_latency 命令：用于定义时钟网络的延时。例如：

  ```
  dc_shell - t > set_clock_latency 1.0 CLK
  //时钟上升沿 1ns 的延时,下降沿 2ns 的延时
  dc_shell - t > set_clock_latency - rise 1.0 - fall 2.0 CLK
  ```

- set_clock_uncertainty 命令：定义时钟偏斜(Clock Skew)信息。时钟偏斜是时钟到达不同触发器所需时间的最大差值，通常是由时钟传播路径的差异或时钟抖动所引起，set_clock_uncertainty 用于给时钟的建立和保持时间预留一定的余量，这样可以减少芯片受工艺偏差(如 PVT 的偏差等)的影响。例如：

  ```
  dc_shell - t > set_clock_uncertainty 0.1 CLK
  dc_shell - t > set_clock_uncertainty - rise 0.1 - fall 0.2 CLK
  dc_shell - t > set_clock_uncertainty - setup 0.1 - hold 0.2 CLK
  dc_shell - t＞set_clock_skew - uncertainty 0.1 CLK
  ```

- set_clock_transition 命令：设置时钟跳变(过渡)时间，该命令使得综合时能基于指定的固定时钟信号跳变时间对时钟连线的驱动电路计算实际的延时。例如：

  ```
  dc_shell - t > set_clock_transition 0.2 CLK
  ```

- set_propagated_clock 命令：用于时钟树综合完成后，使用传统的延迟计算方法计算延迟时间。例如：

  ```
  dc_shell - t > set_propagated_clock CLK
  ```

- set_dont_touch_network 命令：一般用于对时钟或复位信号设置 dont_touch 属性，任何与被设置为 dont_touch 的连线相连接的逻辑门同样会继承 dont_touch 的属性。使用 set_dont_touch_network 命令必须慎重，对于包含门控时钟的设计来说，如果对输入时钟设置 set_dont_touch_network 属性，则综合时会阻止对门控时钟逻辑插入 Buffer，这可能导致时钟信号 DRC 的 Violation。例如：

  ```
  dc_shell - t > set_dont_touch_network CLK
  dc_shell - t > set_dont_touch_network [find port [list core_clk dsp_clk usb_clk reset_n]]
  ```

- set_ideal_network 命令：通常用于把时钟和复位信号设置为理想情况，以便综合时阻止对高扇出信号，如时钟和复位信号插入缓冲(Buffer)。例如：

  ```
  dc_shell - t > set_ideal_network [find port [list core_clk dsp_clk usb_clk reset_n]]
  ```

(3) 定义输入/输出延迟 (set_input_delay、set_output_delay)。

- set_input_delay 为输入延迟定义，指定信号相对于时钟的到达时间，指一个信号在

时钟沿之后多长时间到达,用于输入端口,指定数据在时钟沿后稳定所需要的时间。图 7-4 为周期为 10ns,输入延迟为 6ns 的例子。例如:

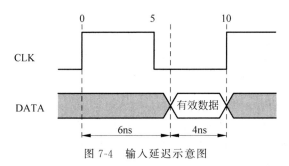

图 7-4 输入延迟示意图

```
dc_shell - t > set_input_delay - max 6.0 - clock CLK {DATA}
dc_shell - t > set_input_delay - min 0 - clock CLK {DATA}
```

上式中,最大输入延迟为 6.0ns,对应于输入信号 DATA 的建立时间要求为 4.0ns,最小输入延迟对应于输入信号 DATA 的保持时间要求为 0ns。如果没有选项-max 和-min,则表示最大和最小输入延迟使用相同的数值。

```
dc_shell - t > set_input_delay 1.0 - min [all_inputs]    //定义所有输入信号的最小延迟为 1.0ns
//定义除了时钟 clk_i、host_clk 和复位信号 reset_n 外的所有输入信号的最大延迟为 2.0ns
dc_shell - t > set_input_delay 2.0 - max - clock clk_i [remove_from_collection [all_inputs]
[find port [list clk_i host_clk reset_n]]]
```

- set_output_delay 为输出延迟定义,指一个信号在时钟沿之前多长时间输出。例如:

```
dc_shell - t > set_output_delay 2 - max [all_outputs]              //所有输出信号延迟最大为 2ns
```

(4) 其他命令。

- set_dont_touch:用于对当前设计(current_design)、单元或连线设置 dont_touch 属性。该命令通常用于层次化综合过程中,例如,对于包含若干子模块的一个设计,在各个子模块分别综合后,在对顶层电路(top 层)进行综合时,如不允许各综合好后的子模块发生改变(不打乱或再优化),可以使用该命令进行阻止。例如:

```
dc_shell - t > set_dont_touch mpu
```

- set_dont_use:用于从工艺库中剔除用户不愿意综合时使用的库单元,如 Latch 或某些触发器等。通常可在启动文件或包含文件中进行设置。例如:

```
//把工艺库 LV130C_WCS 中单元名前缀为 FD1S 的单元综合时剔除
set_dont_use   LV130C_WCS/FD1S *
```

- set_flase_path:用于指定设计中的虚假路径,如果不进行指定,综合时会对所有路径进行优化,关键路径(Critical Path)的时序可能会受到影响。在跨时钟域的设计中,通常需要指定虚假路径。还可以通过选项-through 进一步明确某一路径。例如:

```
dc_shell - t > set_false_path - from  [get_clocks {CLKA}] - to  [list [get_clocks {CLKB}]
[get_clocks {CLKC}]]     //定义从 CLKA 到 CLKB 和 CLKC 的虚假路径
dc_shell - t > set_false_path - from  A   //定义从信号 A 开始的路径为虚假路径
```

- set_multicycle_path:用于设置多周期路径,指示设计中从发送数据到接收到数据所需要的时钟周期数。如不进行设置,则 DC 自动假设所有路径是单周期路径。例如:

```
//定义所有输入到输出的路径都是两个周期的路径
dc_shell-t> set_multicycle_path 2 - from [all_inputs] - to [all_outputs]
dc_shell-t> set_multicycle_path 2 - from u0_ci/wdata_reg*  - to u0_ci/wdata_sample_reg*
```

(5) 消除层次 (ungroup -flattern -all)。

在默认情况下,综合时会保留原有的层次,但设计中不必要的层次有时限制了 DC 在层次内进行优化而不能跨越层次进行优化,影响了设计的时序。为打破层次,即消除层次的边界,以得到最优解,可以使用如下命令。

```
dc_shell-t> current_design ALU              //ALU 为需要打破层次的设计
dc_shell-t> ungroup - flatten - all
```

5. 映射和优化

(1) 使用 compile 命令对模块或设计进行从 RTL 到工艺库的映射,并且可以通过一些选项来控制对当前模块或设计的优化。常用的命令如下。

```
dc_shell-t> compile - map_effort < low| medium | high>  - area_effort  < low| medium |
high >- incremental_mapping - no_design_rule| - only_design_rule   - scan
```

在默认情况下,compile 使用-map_effort medium 选项,对于一般的设计来说,基本可以满足要求,只有在综合后时序不达标时才使用-map_effort high,该选项用于在门级映射时尽最大的努力使映射后的门级网表能满足设计约束要求,例如,使得关键路径的时间裕量(Slack Time)尽可能满足要求。

(2) -incremental_mapping 即增量编译,通常用于改善逻辑的时序和修正 DRC,只用在设计已经映射到工艺库中的门级网表。在极少数情况下,该选项会恶化设计的时序。但在设计的顶层修正 DRC 时,该选项比较有效。为避免使用该选项时的负面影响,可以在增量编译时使用-only_design_rule 选项。

(3) -no_design_rule 指示综合时避免修正 DRC,一般不用。

(4) -area_effort 用于门级映射时对面积要求的努力程度,-area_effort high 表示最大努力满足对面积的约束要求。

(5) compile -scan 命令将 RTL 代码映射到单元库中的扫描触发器,但不把这些扫描触发器连成扫描链。使用该命令可以在综合时考虑到扫描触发器的时序,因为扫描触发器相对一般的触发器多了选通开关等额外的电路。

7.3　逻辑综合实例

图 7-5 为常用的综合目录结构。本节介绍组合电路(ALU 的层次化设计)和时序电路(数字跑表)综合实例。

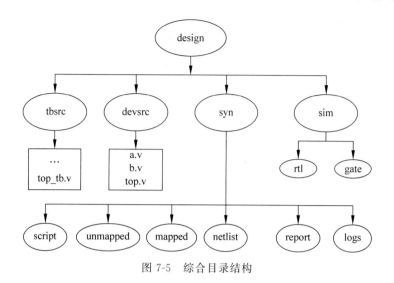

图 7-5　综合目录结构

7.3.1　组合电路的综合(4 位 ALU 的层次化综合)

ALU 是微处理器系统的核心部件,它主要负责进行各种数学运算以及逻辑运算。在标准 MCU 中,ALU 包括两个操作数之间的加运算、减运算、求补、左移/右移(即乘法与除法运算)等数学运算,还包括可进行 AND、OR、NOT 和 XOR 等逻辑运算的逻辑电路。4 位 ALU 电路结构如图 7-6 所示。

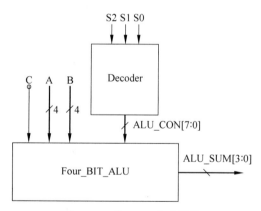

图 7-6　4 位 ALU 电路结构

1. 代码准备

源代码(Single_BIT. v, Decoder. v, Fout_BIT. v, Fout_BIT_ALU. v, TOP. v),测试代码(ALU_tb. v)。

ALU Verilog RTL 代码如下。

```
//Single_BIT code
module Single_BIT (P,CO,ALU_CON,A,B);
output P;
output CO;
```

```verilog
input [5:0] ALU_CON;
input A;
input B;
reg CO;
reg P;
//Notes
//Single bit ALU element
//P is the PRODUCT
//CO is the CARRY/BORROW out (BORROW is inverted)
//OPERATION CODN
//      0 1 2 3 4 5  | P   OUTPUT
//      0 0 0 0 x x  | 0
//      1 1 0 0 x x  | not A
//      0 1 1 1 x x  | A or B
//      0 1 0 1 x x  | A exor B
//      0 0 1 1 x x  | A
//      0 0 1 0 x x  | A and B
//      1 0 1 0 x x  | A - B
//      0 1 1 0 x x  | B
//      x x x x 1 x  | Enable CARRY
//      x x x x x 1  | Enable BORROW
always @ (A or B or ALU_CON)
begin
    P <= ~A && ~B && ALU_CON[0] || ~A && B  && ALU_CON[1] || A && B  && ALU_CON[2] || A && ~
B && ALU_CON[3];
    CO <= A && B   && ALU_CON[4] ||   A && ~B && ALU_CON[5];
end
endmodule
//Four_BIT.v code
module Four_BIT (S,P,G,C_IN,C_EN);
output [3:0] S;
input [3:0] P;
input [2:0] G;
input C_IN;
input C_EN;
reg [3:0] S;
always @(P or G or C_IN or C_EN)
begin
        S[0] <= P[0] ^ C_IN;
        S[1] <= P[1] ^( (C_IN && P[0]) || (C_EN && G[0]));
        S[2] <= P[2] ^( (C_IN && P[0] && P[1]) || (C_EN && P[1] && G[0]) || (C_EN && G[1]));
        S[3] <= P[3] ^( (C_IN && P[0] && P[1]&& P[2]) || (C_EN && P[1] && P[2] && G[0]) || (C_EN
                && P[2] && G[1]) || (C_EN && G[2]));
end
endmodule
//Four_BIT_ALU .v code
module Four_BIT_ALU(CO,OPERAND_A,OPERAND_B,ALU_CON,ALU_SUM);
output [3:0] ALU_SUM;
input [7:0] ALU_CON;
input [3:0] OPERAND_A;
input [3:0] OPERAND_B;
```

```
input CO;
reg CARRY_IN;
reg CARRY_ENABLE;
wire [3:0] ALU_PROP;
wire [3:0] ALU_GEN;
Single_BIT u1 (.P(ALU_PROP[0]),.CO(ALU_GEN[0]),.ALU_CON(ALU_CON[5:0])
            ,.A(OPERAND_A[0]),.B(OPERAND_B[0]));
Single_BIT u2 (.P(ALU_PROP[1]),.CO(ALU_GEN[1]),.ALU_CON(ALU_CON[5:0])
            ,.A(OPERAND_A[1]),.B(OPERAND_B[1]));
Single_BIT u3 (.P(ALU_PROP[2]),.CO(ALU_GEN[2]),.ALU_CON(ALU_CON[5:0])
            ,.A(OPERAND_A[2]),.B(OPERAND_B[2]));
Single_BIT u4 (.P(ALU_PROP[3]),.CO(ALU_GEN[3]),.ALU_CON(ALU_CON[5:0])
            ,.A(OPERAND_A[3]),.B(OPERAND_B[3]));
Four_BIT u5 (.S(ALU_SUM),.P(ALU_PROP),.G(ALU_GEN[2:0]),.C_IN(CARRY_IN)
            ,.C_EN(CARRY_ENABLE));
always @ (CO or ALU_CON[7:4])
begin
    CARRY_ENABLE <= |ALU_CON[5:4];
    CARRY_IN <= ALU_CON[5] && ~CO || CO && ALU_CON[4] || CO && (ALU_CON[6] || ALU_CON[7]);
end
endmodule
//Decoder.v code
module Decoder (S,ALU_CON);
output [7:0] ALU_CON;
input [2:0] S;
reg [7:0] ALU_CON;
always @(S)
begin
    ALU_CON[0]<= &S || ~(|S[2:1]) && S[0];
    ALU_CON[1]<= &S || S[2] && ~S[1] && S[0] || ~(|S) || &S[2:1] && ~S[0] || ~S[2] && &S[1:0];
    ALU_CON[2]<= S[2] && ~S[1] && S[0] || ~S[2] && S[1] && ~S[0] || S[2] && ~(|S[1:0]) || ~
(|S[2:1]) && S[0] || ~S[2] && &S[1:0];
    ALU_CON[3]<= S[2] && ~S[1] && S[0] || ~(|S) || &S[2:1] && ~S[0] || ~S[2] && S[1] && ~S[0];
    ALU_CON[4]<= ~(|S);
    ALU_CON[5]<= ~(|S[2:1]) && S[0];
    ALU_CON[6]<= ~S[2] && S[1] && ~S[0];
    ALU_CON[7]<= ~S[2] && &S[1:0];
end
endmodule
//TOP.v code
module TOP (S,OPERAND_A,OPERAND_B,ALU_RESULT,CO);
output [3:0] ALU_RESULT;
input CO;
input [2:0] S;
input [3:0] OPERAND_A,OPERAND_B;
wire [7:0] ALU_CON;
Decoder u6(.S(S),.ALU_CON(ALU_CON));
Four_BIT_ALU   u7(.CO(CO),.OPERAND_A(OPERAND_A),.OPERAND_B
(OPERAND_B),.ALU_CON(ALU_CON),.ALU_SUM(ALU_RESULT));
endmodule
//ALU_tb .v code
```

```verilog
`timescale 1ns/10ps
module ALU_tb;
reg [2:0] S;
reg [3:0] OPERAND_A,OPERAND_B;
reg CO;
reg [7:0] test;
wire [3:0] ALU_RESULT;
TOP u8 (.S(S),.A(OPERAND_A),.B(OPERAND_B),.ALU_RESULT(ALU_RESULT)
,.Cin(CO));
initial
begin
    `ifdef vcd     //enable vcd dumping
    $display ("\nVCD+ dumping is turned on\n");
    $vcdpluson;
    `endif
end
initial
begin
        for ( test = 0; test <= 8'hfe; test = test+1)
        begin
            CO = test[0];
            S[2:0] = test[3:1];
            OPERAND_A = test[3:0];
            OPERAND_B = test[7:4];
            #50;
          end
$finish;
end
endmodule
```

2. ALU 综合约束文件

(1) setup_alu.tcl（定义综合过程中文件路径和 RTL 文件列表）。

```tcl
#setup_alu.tcl
set DESDIR    .
set RTL_DIR   [format "%s%s" $DESDIR/rtl/]
set NETLIST_DIR   [format "%s%s" $DESDIR/netlist/]
set SCRIPT_DIR    [format "%s%s" $DESDIR/script/]
set MAPPED_DIR   [format "%s%s" $DESDIR/mapped/]
set UNMAPPED_DIR [format "%s%s" $DESDIR/unmapped/]
set REPORT_DIR [format "%s%s" $DESDIR/report/]
set main_module TOP
set search_path [concat $search_path  .]
set file_list [list Single_BIT Four_BIT_ALU Four_BIT Decoder TOP]
```

(2) translate_alu.tcl（读取所有 RTL 文件，进行 analyze & elaborate）。

```tcl
#translate_alu.tcl
#Do analyze & elaborate
sh date
```

```
source - echo - verbose script/setup_alu.tcl
#Translation Routine
foreach member $file_list {
    set dc_shell_status [ analyze - f verilog - lib work [format "%s%s%s"   $RTL_DIR
        $member.v] ]
        if {   $dc_shell_status == 0 } {
            echo [concat {ANALYSIS ERROR OR FILE } $member { NOT FOUND}]
            quit
                }
            }
#elaborate
elaborate TOP   - lib   work
current_design TOP
write - f db - hier - output [format "%s%s"   $UNMAPPED_DIR TOP.db]
quit
```

（3）constraints_alu.tcl（定义约束条件）。

```
#constraints_alu.tcl
set_operating_conditions - max   "WORST"
set_wire_load_model   - name 150kxabove
set_wire_load_mode top
set_max_area 0
set_driving_cell   - lib_cell IN01D1 - pin YN [all_inputs]
set MAX_INPUT_LOAD [expr [load_of csmc06core/AN02D1/A] * 6]
set_max_capacitance $MAX_INPUT_LOAD   [all_inputs]
set_load [expr $MAX_INPUT_LOAD * 4]   [all_outputs]
```

（4）compile_alu.tcl（综合优化）。

```
#compile_alu.tcl
#read in design...
set search_path [concat   $search_path . ]
source - echo - verbose script/setup_alu.tcl
#read unmapped database
read_file - f db [format "%s%s"   $UNMAPPED_DIR TOP.db]
current_design TOP
link
uniquify
source - echo - verbose [format "%s%s"   $SCRIPT_DIR constraints_alu.tcl]
compile - map_effort   medium - area_effort high
check_design
write - f db - hier - output [format "%s%s"   $MAPPED_DIR ALU.db]
write - f verilog - hier - output [format "%s%s"   $NETLIST_DIR ALU_Gates.v]
write_sdf - version 2.1 report/ALU_Sdf.sdf
#Generate the Reports
report_timing                     >"$REPORT_DIR/ALU.timing";
report_timing - max_paths 5 .     >"$REPORT_DIR/ALU.violators";
report_area                       >"$REPORT_DIR/ALU.area";
report_cell                       >"$REPORT_DIR/ALU.cell";
sh date
quit
```

（5）运行文件（Makefile）。

```
################################
##Synthesis for alu
################################
    synth_alu: translate_alu compile_alu
    translate_alu:
        (dc_shell－t －f script/translate_alu.tcl | tee logs/translate.log)
    compile_alu:
        ( dc_shell－t －f script/compile_alu.tcl | tee logs/compile.log)
```

综合脚本的运行分为两步进行，第（1）步做 translate 的工作，读入文件列表，该过程检查每个 RTL 文件的语法是否有错误以及文件是否可综合，如 RTL 文件有错误，则第（2）步的 compile 将无法运行，需要把有错误或不能综合的文件进行修改正确以后才能继续运行。

（6）综合运行。

```
$make
```

综合后的网表如下。

```
//Decoder netlist
module Decoder (S, ALU_CON);
input[2:0] S;
output [7:0] ALU_CON;
wire n19,n21,n8,n22,n20,n11,n12,n13,n14,n15,n16,n17,n18;
assign ALU_CON[0] = n22;
assign ALU_CON[3] = N20;
ND02D1 U16 ( .A(S[2]), .B(S[0]), .YN(n8) );
OA05D2 U17 ( .A1(n12), .A2(n17), .B(ALU_CON[2]) , .C(n14), .YN(ALU_CON[1]) );
OA04D2 U18( .A1(S[1]), .A2(n18), .B(n11), .YN(ALU_CON[2]) );
NR03D2 U19 ( .A(S[0]), .B(S[2]) , .C(S[1]), .YN(ALU_CON[4]) );
NI01D5 U20 ( .A(n21), .Y(n22) );
NI01D2 U21 ( .A(n13), . YN(ALU_CON[5]) );
NI01D5 U22 ( .A(n19), .Y(n20) );
NR02D1 U23 ( .A(n12), .B(n11), .YN(ALU_CON[7]) );
NR02D1 U24 ( .A(S[0]), .B(n11), .YN(ALU_CON[6]) );
OA01D1 U25( .A1(S[1]), .A2(n8), .B1(S[0]) , .B2(n15), .YN(n19) );
NR02D1 U26 ( .A(S[1]), .B(n16), .YN(n15) );
ND02D1 U27 ( .A(S[1]), .B(n16), .YN(n11) );
NR02D1 U28( .A(S[0]), .B(S[2]), .YN(n18) );
IN01D1 U29 ( .A(S[0]), .Y(n12) );
OA04D1 U30( .A1(n17), .A2(n8) , .B2(n13), .YN(n21) );
ND03D1 U31( .A1(n17), .B(n16) , .C(S[0]), .YN(n13) );
IN01D1 U32 ( .A(S[2]), .Y(n16) );
ND02D1 U33( .A(S[2]), .B(S[0]), .YN(n14) );
IN01D1 U34 ( .A(S[1]), .Y(n17) );
endmodule
//Four_BIT  netlist
module Four_BIT (S,P,G,C_IN,C_EN);
output [3:0] S;
input [3:0] P;
```

```verilog
input [2:0] G;
input C_IN ,C_EN;
wir n9,n10,n11;
AOO9D2 U13( .A(n10), .B(P[2]), .C(G[2]), .D(C_EN), .Z(n9));
XN02D1 U14 ( .A(P[3]), .B(n9), .YN(S[3]) );
XN02D1 U15 ( .A(P[2]), .B(n10), .YN(S[2]) );
AOO9D1 U16( .A(n11), .B(P[1]), .C(G[1]), .D(C_EN), .Z(n10));
XN02D1 U17 ( .A(P[1]), .B(n11), .YN(S[1]) );
AOO1D1 U18( .A1(G[0]), . A2 (C_EN), .B1(C_IN), .B2(P[0]), . YN(n11));
XN02D1 U19 ( .A(P[0]), .B(C_IN), .Y(S[0]) );
endmodule
//Single_BIT_0 netlist
module Single_BIT_0 (P,CO,ALU_CON,A,B);
input [5:0] ALU_CON;
input A,B;
output P, CO;
wire n8;
MX41D1 U10 ( .A0(ALU_CON[0]), .A1(ALU_CON[1]) , .A2(ALU_CON[3])
  , .A3(ALU_CON[2]), .S0(B) , .S1(A), .Y(P) );
AN02D1 U11 ( .A(n8), .B(A), .Y(CO) );
MX21D1 U12( .A0(ALU_CON[5]), .A1(ALU_CON[4]), .S (B), .Y(n8) );
endmodule
//Single_BIT_1 netlist
module Single_BIT_1 (P,CO,ALU_CON,A,B);
input [5:0] ALU_CON;
input A,B;
output P, CO;
wire n8;
MX41D1 U10 ( .A0(ALU_CON[0]), .A1(ALU_CON[1]) , .A2(ALU_CON[3])
            , .A3(ALU_CON[2]), .S0(B) , .S1(A), .Y(P) );
AN02D1 U11 ( .A(n8), .B(A), .Y(CO) );
MX21D1 U12( .A0(ALU_CON[5]), .A1(ALU_CON[4]), .S (B), .Y(n8) );
endmodule
//Single_BIT_2 netlist
module Single_BIT_2 (P,CO,ALU_CON,A,B);
input [5:0] ALU_CON;
input A,B;
output P, CO;
wire n8;
MX41D1 U10 ( .A0(ALU_CON[0]), .A1(ALU_CON[1]) , .A2(ALU_CON[3])
            , .A3(ALU_CON[2]), .S0(B) , .S1(A), .Y(P) );
AN02D1 U11 ( .A(n8), .B(A), .Y(CO) );
MX21D1 U12( .A0(ALU_CON[5]), .A1(ALU_CON[4]), .S (B), .Y(n8) );
endmodule
//Single_BIT_3 netlist
module Single_BIT_3 (P,CO,ALU_CON,A,B);
input [5:0] ALU_CON;
input A,B;
output P, CO;
wire n8;
MX41D1 U10 ( .A0(ALU_CON[0]), .A1(ALU_CON[1]) , .A2(ALU_CON[3])
```

```
                     , .A3(ALU_CON[2]), .S0(B) , .S1(A), .Y(P) );
       AN02D1 U11 ( .A(n8), .B(A), .Y(CO) );
       MX21D1 U12( .A0(ALU_CON[5]), .A1(ALU_CON[4]), .S (B), .Y(n8) );
       endmodule
       //Four_BIT_ALU netlist
       module Four_BIT_ALU(CO,OPERAND_A,OPERAND_B,ALU_CON,ALU_SUM);
       input [7:0] ALU_CON;
       input [3:0] OPERAND_A;
       input [3:0] OPERAND_B;
       input CO;
       wire \ALU_GEN[2], \ALU_GEN[1], \ALU_GEN[0],CARRY_IN, CARRY_ENABLE,n5;
       wire [3:0] ALU_PROP;
       Single_BIT_3 u1(.P(ALU_PROP[0]),.CO(\ALU_GEN[0]),.ALU_CON(ALU_CON [5:0])
                   ,.A(OPERAND_A[0]),.B(OPERAND_B[0]);
       Single_BIT_2 u2(.P(ALU_PROP[1]),.CO(\ALU_GEN[1]),.ALU_CON(ALU_CON [5:0])
                   ,.A(OPERAND_A[1]),.B(OPERAND_B[1]);
       Single_BIT_1 u3(.P(ALU_PROP[2]),.CO(\ALU_GEN[2]),.ALU_CON(ALU_CON [5:0])
                   ,.A(OPERAND_A[2]),.B(OPERAND_B[2]);
       Single_BIT_0 u4(.P(ALU_PROP[3]),. ALU_CON(ALU_CON [5:0]) ,.A(OPERAND_A[3])
                   ,.B(OPERAND_B[3]);
       Four_BIT u5(.S(ALU_SUM),.P(ALU_ PROP),.G({\ALU_GEN[2],\ ALU_GEN[1],
             \ ALU_GEN[0]}),.C_IN(CARRY_IN),.C_EN(CARRY_ENABLE));
       OR02D2 U7( .A(ALU_CON[5]), .B(ALU_CON[4]), . Y(CARRY_ENABLE) );
       MX21D1 U8(.A0(ALU_CON[5]), .A1(n5), . S(CO) , . Y(CARRY_IN) );
       OR03D1 U9( .A(ALU_CON[7]), .B(ALU_CON[6]) , . C(ALU_CON[4]), . Y(n5) );
       endmodule
       //TOP netlist
       module TOP (S,OPERAND_A,OPERAND_B,ALU_RESULT,CO);
       input CO;
       input [2:0] S;
       input [3:0] OPERAND_A,OPERAND_B;
       output [3:0] ALU_RESULT;
       wire [7:0] ALU_CON;
       wire n1,n2,n3,n4,n5,n6,n7;
       Decoder u6 (.S({n5,n6,n7}),.ALU_CON(ALU_CON));
       Four_BIT_ALU u7(.CO(CO),.OPERAND_A(OPERAND_A),.OPERAND_B
                   ({n4,n2,n1,n3}),.ALU_CON(ALU_CON),.ALU_SUM(ALU_RESULT));
       NI01D2 U1 (.A(S[2]),.Y(n5));
       NI01D3 U2 (.A(S[0]),.Y(n7));
       NI01D2 U3 (.A(OPERAND_B[1]),.Y(n1));
       NI01D2 U4 (.A(OPERAND_B[2]),.Y(n2));
       NI01D2 U5 (.A(OPERAND_B[0]),.Y(n3));
       NI01D2 U6 (.A(OPERAND_B[3]),.Y(n4));
       NI01D2 U7 (.A(S[1]),.Y(n6));
       Endmodule
```

综合后的 ALU 面积(alu. area)、时序(alu. timing)报告文件分别如图 7-7 和图 7-8
所示。

7.3.2　时序电路的综合(数字跑表的综合)

设计一个数字跑表,该表具有复位、暂停、秒表计时等功能。该跑表有 3 个输入端,分别

```
*****************************************
Report : area
Design : TOP
Version: V-2004.06-SP2
Date   : Mon Jun 28 11:53:27 2010
*****************************************

Library(s) Used:

    csmc06core (File: /home/yebo/alu/lib/csmc06core.db)

Number of ports:              16
Number of nets:               31
Number of cells:               9
Number of references:          4

Combinational area:       346.000000
Noncombinational area:      0.000000
Net Interconnect area:     26.076000

Total cell area:          346.000000
Total area:               372.075989
```

图 7-7 ALU 面积报告文件

```
*****************************************
Report : timing
        -path full
        -delay max
        -max_paths 1
Design : TOP
Version: V-2004.06-SP2
Date   : Mon Jun 28 11:53:27 2010
*****************************************

Operating Conditions: WORST   Library: csmc06core
Wire Load Model Mode: top

Startpoint: S[2] (input port)
Endpoint: ALU_RESULT[3]
          (output port)
Path Group: (none)
Path Type: max

Des/Clust/Port     Wire Load Model      Library
-------------------------------------------------
TOP                150kxabove           csmc06core

Point                                Incr     Path
-------------------------------------------------
input external delay                 0.00     0.00 r
S[2] (in)                            0.02     0.02 r
U1/Y (NI01D2)                        0.35     0.38 r
u6/S[2] (Decoder)                    0.00     0.38 r
u6/U32/YN (IN01D1)                   0.21     0.59 f
u6/U26/YN (NR02D1)                   0.43     1.02 r
u6/U25/YN (OA01D1)                   0.79     1.82 f
u6/U22/Y (NI01D5)                    0.94     2.76 f
u6/ALU_CON[3] (Decoder)              0.00     2.76 f
u7/ALU_CON[3] (Four_BIT_ALU)         0.00     2.76 f
u7/u1/ALU_CON[3] (Single_BIT_3)      0.00     2.76 f
u7/u1/U10/Y (MX41D1)                 0.71     3.47 f
u7/u1/P (Single_BIT_3)               0.00     3.47 f
u7/u5/P[0] (Four_BIT)                0.00     3.47 f
u7/u5/U18/YN (AO01D1)                0.79     4.26 r
u7/u5/U16/Z (AO09D1)                 1.38     5.64 r
u7/u5/U13/Z (AO09D2)                 1.25     6.89 r
u7/u5/U14/YN (XN02D1)                2.12     9.01 f
u7/u5/S[3] (Four_BIT)                0.00     9.01 f
u7/ALU_SUM[3] (Four_BIT_ALU)         0.00     9.01 f
ALU_RESULT[3] (out)                  0.00     9.02 f
data arrival time                             9.02
-------------------------------------------------
(Path is unconstrained)
```

图 7-8 ALU 时序报告文件

为时钟输入(CLK)、复位(CLR)和启动/暂停(PAUSE)。复位信号高电平有效,可对整个系统异步清 0。当启动/暂停键为低电平时跑表开始计时,为高电平时暂停,变低电平后在原来的数值基础上再计数。

为了便于显示,百分秒、秒和分钟信号皆采用 BCD 计数方式,并直接输出到 6 个数码管显示出来。数字跑表功能如表 7-1 所示。

表 7-1　数字跑表功能表

控制键名称	取　值	功　能
复位键	1	异步清 0
	0	计数
启动/暂停键	1	暂停
	0	计数

逻辑综合约束要求如下。

(1) 工作时钟频率为 100MHz,估计在时钟网络(Clock Network)上的延时为(0.8ns、0.9ns),时钟偏斜(Clock Skew)为 0.1ns,优化时不需要对 Clock Network 做任何处理。

(2) 输入信号延时为 5ns,输出信号延时为 5ns。

(3) 输入端口最大扇出 max_fanout 1pf (clk port 除外),输入、输出端口负载分别为 1pf、5pf。

(4) 端口 clr 的所有 path 作为 false path 处理。

(5) 生成 timing.rpt 文件,检查确保 slack>0。生成.sdf 文件,用于后仿真。其中,CLK 为同步钟信号,CLR 为异步复位信号。

1. 代码准备

源代码(paobiao.v)、测试代码(paobiao_tb.v)。

Verilog RTL 代码如下。

```
module paobiao (CLK,CLR,PAUSE,MSH,MSL,SH,SL,MH,ML);
input CLK,CLR;
input PAUSE;
output [3:0] MSH,MSL,SH,SL,MH,ML;
//MSH 为百分秒的高位,MSL 为百分秒的低位
//SH 为秒的高位,SL 为秒的低位
//MH 为分钟的高位,ML 为分钟的低位
reg [3:0] MSH,MSL,SH,SL,MH,ML;
reg cnt1,cnt2,cnt2_d;
wire cnt3;
//百分秒计数
always @(posedge CLK or posedge CLR)
begin
    if(CLR)
    begin
        {MSH,MSL}<= 8'h00;
        cnt1 <= 0;
    end
    else if(!PAUSE)
    begin
        if(MSL == 9)
        begin
```

```verilog
                MSL <= 0;
                if(MSH == 9)
                begin
                    MSH <= 0;
                    cnt1 <= 1;
                end
                else
                    MSH <= MSH + 1;
                end
                else
                begin
                    MSL <= MSL + 1;
                    cnt1 <= 0;
                end
        end
end
//秒计数
always @(posedge CLK or posedge CLR)
begin
        if(CLR)
        begin
            {SH, SL} <= 8'h00;
            cnt2 <= 0;
        end
        else if ((cnt1 == 1) && (!PAUSE))
        begin
                if(SL == 9)
                begin
                    SL <= 0;
                    if(SH == 5)
                    begin
                        SH <= 0; cnt2 <= 1;
                    end
                    else
                        SH <= SH + 1;
                end
                else
                begin
                    SL <= SL + 1;
                    cnt2 <= 0;
                end
        end
end
always @(posedge CLK or posedge CLR)
begin
    if(CLR)
        cnt2_d <= 0;
    else
        cnt2_d <= cnt2;
    end
assign cnt3 = cnt2 & ~cnt2_d;
```

```verilog
//分钟计数
always @(posedge CLK or posedge CLR)
begin
   if(CLR)
   begin
      {MH,ML}<= 8'h00;
   end
   else if ((cnt3 == 1)&&(!PAUSE))
   begin
      if(ML == 9)
      begin
         ML <= 0;
         if(MH == 5)
            MH <= 0;
          else
            MH <= MH + 1;
      end
      else
         ML <= ML + 1;
      end
   end
endmodule
```

Testbench RTL 代码如下。

```verilog
`timescale 1ns/10ps
module paobiao_tb;
reg   CLK,CLR;
reg   PAUSE;
wire [3:0] MSH,MSL,SH,SL,MH,ML;
paobiao u1(.CLK(CLK),.CLR(CLR),.PAUSE(PAUSE),.MSH(MSH),.MSL(MSL),.SH(SH)
,.SL(SL),.MH(MH),.ML(ML));
initial
begin
    #5     CLK = 0;CLR = 0;PAUSE = 0;
    #10    CLR = 1;
    #15    CLR = 0;
    #19994 PAUSE = 1;
    #19999 PAUSE = 0;
    #20000 CLR = 1;
    #20005 CLR = 0;
end
always   #10 CLK = ~CLK;
initial
begin
      $shm_open("paobiao.shm");
      $shm_probe("AC");
end
endmodule
```

2. 综合约束文件

（1）setup_paobiao.tcl（定义综合过程中文件路径和 RTL 文件列表）。

```
#setup_paobiao.tcl
set DESDIR    .
set RTL_DIR        [format "%s%s"   $DESDIR/rtl/]
set NETLIST_DIR    [format "%s%s"   $DESDIR/netlist/]
set SCRIPT_DIR     [format "%s%s"   $DESDIR/script/]
set MAPPED_DIR     [format "%s%s"   $DESDIR/mapped/]
set UNMAPPED_DIR   [format "%s%s"   $DESDIR/unmapped/]
set REPORT_DIR     [format "%s%s"   $DESDIR/report/]
set main_module paobiao
set search_path    [concat $search_path  .]
#Define list will all the verilog/vhdl file names
set file_list [list paobiao]
```

（2）translate_paobiao.tcl（读取所有 RTL 文件，做 analyze & elaborate）。

```
#translate_paobiao.tcl
#Do analyze & elaborate
sh date
source -echo -verbose script/setup_paobiao.tcl
#Translation Routine
foreach member $file_list {
    set dc_shell_status [analyze -f verilog -lib work [format "%s%s%s"   $RTL_DIR $member .v] ]
    if { $dc_shell_status == 0 } {
            echo [concat {ANALYSIS ERROR OR FILE }  $member { NOT FOUND}]
                quit
    }
}
#Do elaborate
elaborate paobiao   -lib  work
current_design paobiao
write -f db -hier -output [format "%s%s"   $UNMAPPED_DIR paobiao.db]
quit
```

（3）constraints_paobiao.tcl（定义时序约束条件）。

```
#Constraint_paobiao.tcl
set_drive 0 [find port [list  CLK ]]
set_dont_touch_network [find port [list CLK CLR ]]
set_ideal_network [find port [list CLK CLR ]]
set_auto_disable_drc_nets -clock true -constant true
//定义时钟
create_clock -period 10 -name my_clk [get_ports CLK]
set_clock_uncertainty 0.1 [get_clocks my_clk]
set_dont_touch_network [get_clocks my_clk]
set all_in_ex_clk [remove_from_collection [all_inputs] [get_ports CLK]]
set_input_delay 5 -max -clock my_clk $all_in_ex_clk
set_output_delay 5 -max -clock my_clk [all_outputs]
```

```
//定义工作条件
set_operating_conditions slow
set_max_area 0
set_wire_load_model - name smic18_wl10
#set_wire_load_mode top
set_max_fanout 16    paobiao
set_max_fanout 1    $all_in_ex_clk
set_load    1    $all_in_ex_clk
set_load    5    [all_outputs]
set_false_path - from CLR
```

（4）compile_paobiao.tcl。

```
#compile_paobiao.tcl
#read in design
set search_path [concat    $search_path .]
source - echo - verbose script/setup_paobiao.tcl
#read unmapped database
read_file - f db [format "%s%s"    $UNMAPPED_DIR paobiao.db]
#compile
current_design paobiao
link
uniquify
source - echo - verbose [format "%s%s"    $SCRIPT_DIR constraints_paobiao.tcl]
compile   - map_effort medium - area_effort high
check_design
#写综合结果
write - f db   - hier - output   [format "%s%s"    $MAPPED_DIR   paobiao.db]
write - f verilog   - hier - output   [format "%s%s"    $NETLIST_DIR paobiao.v]
write_sdf - version 2.1 report/paobiao.sdf
#写综合报告结果
report_timing                    > "$REPORT_DIR/paobiao.timing";
report_timing - max_paths 5      > "$REPORT_DIR/paobiao.violators";
report_area                      > "$REPORT_DIR/paobiao.area";
report_cell                      > "$REPORT_DIR/paobiao.cell";
sh date
quit
```

（5）运行文件（Makefile）。

```
####################################
## Synthesis for paobiao
####################################
synth_paobiao: translate_paobiao compile_paobiao
translate_paobiao:
    (dc_shell - t - f script/translate_paobiao.tcl | tee logs/translate.log)
compile_paobiao:
    ( dc_shell - t - f script/compile_paobiao.tcl | tee logs/compile.log)
```

综合脚本的运行分为两步进行,第(1)步做 translate 的工作,读入文件列表,该过程检查每个 RTL 文件的语法是否有错误以及文件是否可综合,如有 RTL 文件有 Error,则第(2)步 compile 将无法运行,需要把有错误或不能综合的文件进行修改,正确以后继续运行。

（6）综合运行。

$make

综合后的面积报告文件、时序分析报告文件如图 7-9 和图 7-10 所示。

```
******************************************
Report : area
Design : paobiao
Version: V-2004.06-SP2
Date   : Sun Jun 27 17:13:37 2010
******************************************

Library(s) Used:

    slow (File: /paobiao/lib/slow.db)

Number of ports:              27
Number of nets:              207
Number of cells:             182
Number of references:         27

Combinational area:       3382.949707
Noncombinational area:    2065.694336
Net Interconnect area:   20766.769531

Total cell area:          5448.643066
Total area:              26215.414062
```

图 7-9　综合面积报告

```
******************************************
Report : timing
        -path full
        -delay max
        -max_paths 1
Design : paobiao
Version: V-2004.06-SP2
Date   : Sun Jun 27 17:13:37 2010
******************************************

Operating Conditions: slow    Library: slow
Wire Load Model Mode: top

Startpoint: MH_reg[1] (rising edge-triggered flip-flop clocked by my_clk)
Endpoint: MH[1] (output port clocked by my_clk)
Path Group: my_clk
Path Type: max

Des/Clust/Port      Wire Load Model      Library
----------------------------------------------------
paobiao             smic18_wl10          slow

Point                               Incr      Path
----------------------------------------------------
clock my_clk (rise edge)            0.00      0.00
clock network delay (ideal)         0.00      0.00
MH_reg[1]/CK (DFFRXL)               0.00      0.00 r
MH_reg[1]/Q (DFFRXL)                1.70      1.70 r
U254/Y (BUFX20)                     1.77      3.47 r
MH[1] (out)                         0.00      3.47 r
data arrival time                             3.47

clock my_clk (rise edge)           10.00     10.00
clock network delay (ideal)         0.00     10.00
clock uncertainty                  -0.10      9.90
output external delay              -5.00      4.90
data required time                            4.90
----------------------------------------------------
data required time                            4.90
data arrival time                            -3.47
----------------------------------------------------
slack (MET)                                   1.43
```

图 7-10　时序分析报告

综合后的时序报告文件为 paobiao. timing。

图 7-10 中 slack 值为正，说明时序路径没有时序冲突；如果 slack 值为负，则说明该路径存在时序问题，需要对 RTL 代码进行修改并重新综合，直至结果符合要求。

7.4 门级网表的验证

逻辑综合后产生用于版图设计的门级网表(Netlist),网表调用了特定的工艺库,即流片所用的工艺库,由于在 RTL 级仿真时没有考虑综合后所调用的库单元的延迟,而且如果综合时的时序和面积约束太严格,综合工具可能无法完全满足约束条件,这时就需要在门级网表层次进行独立的时序验证。门级网表的验证需要调用标准单元库进行门级仿真(Gate-level Simulation),门级仿真的过程和 RTL 仿真一样,区别在于是对门级网表进行仿真,并要加入综合时的库文件和生成的 sdf 文件。由于加入了库文件,其仿真结果和 RTL 仿真时对原代码的仿真结果会不同,主要还是由于时序问题造成的,所以要调节时钟或关键信号,并深入到电路内部,找到可能的问题所在,然后进行 RTL 代码的修改。

RTL 代码和综合后的网表可以使用相同的测试激励文件进行测试验证,而且可以比较输出结果,找出其中的不同之处。另外,由于门级网表是基于与门、或门等标准库单元的,Verilog 仿真器理解不了这些单元的意义,因此,为了对门级网表进行仿真,除了需要综合的标准单元库以外,还必须提供一个 Verilog 格式的仿真库,仿真库必须用 Verilog HDL 原语来描述与门、或门等。下面是 NOR 门的仿真库单元例子。

```
module NR02D2 (YN, A, B);
input A, B;
output YN;
//调用一个 Verilog HDL 原语
nor (YN, A, B);
//时序信息,上升/下降和 min:typ:max
specify
(A -=> YN) = (185.2:231.5 :277.8, 124.8:156:187.2);
(B -=> YN) = (169.92:212.4 :254.88, 99.76:124.7:149.64);
endspecify
endmodule
//所有库单元具有相应的基于 Verilog 原语的模块定义
```

因为进行门级仿真时 Testbench 需要调用综合产生的 SDF 文件,所以需要对 Testbench 进行修改,门级仿真时需要把 Verilog 库文件加到仿真文件列表中去。

下面以 7.3 节中的 ALU 和跑表例子综合后网表门级仿真为例说明门级仿真的过程。

7.4.1 ALU 网表的门级仿真

1. 文件准备

建立 runme.f 文件,格式如下。

```
./netlist/ALU_Gates.v          (综合生成的门级网表)
./rtl/ALU_tb.v                 (修改后的 Testbench 文件)
./rtl/csmc06core_un.v          (与综合库文件 csmc06core.db 对应的 Verilog 标准单元库)
```

ALU 的门级仿真用 Testbench 如下。

```verilog
`timescale 1ns/10ps
module ALU_tb;
reg [2:0] S;
reg [3:0] OPERAND_A,OPERAND_B;
reg CO;
reg [11:0] test;
wire [3:0] ALU_RESULT;
TOP   nout (.S(S),.A(OPERAND_A),.B(OPERAND_B),.ALU_RESULT(ALU_RESULT)
          ,.Co(CO));
initial
begin
    `ifdef vcd   //enable vcd dumping
    $display ("\nVCD + dumping is turned on\"");
     $vcdpluson;
    endif
end
initial
begin
    $sdf_annotate(@./report/ALU_Sdf.sdf@,Uout);
end
initial
begin
            for (test = 0; test <= 8'hfe; test = test + 1)
            begin
            CO = test[0];
            S[2:0] = test[3:1];
            OPERAND_A = test[7:4];
            OPERAND_B = test[11:8];
            #50;
        end
        $finish;
end
endmodule
```

2. 仿真运行（Verilog_XL 软件）

```
$verilog  -f  runme.f  + sdf_verbose  + gui&
```

7.4.2　跑表网表的门级仿真

1. 文件准备

建立 runme.f 文件，格式如下。

```
./netlist/paobiao_Gates.v      (综合生成的门级网表)
./rtl/paobiao_tb.v             (修改后的 Testbench 文件)
./rtl/smic18.v                 (与综合库文件 slow.db 对应的 Verilog 标准单元库)
```

跑表的门级仿真用 Testbench 如下。

```
`timescale 1ns/1ns
```

```
module paobiao_tb;
reg CLK,CLR;
reg PAUSE;
wire [3:0] MSH,MSL,SH,SL,MH,ML;
paobiao uOUT(.CLK(CLK),.CLR(CLR),.PAUSE(PAUSE),.MSH(MSH),.MSL(MSL)
            ,.SH(SH),.SL(SL),.MH(MH),.ML(ML));
always #10 CLK = ~CLK;
initial
begin
    #5      CLK = 0;CLR = 0;PAUSE = 0;
    #10     CLR = 1;
    #15     CLR = 0;
    #18999 PAUSE = 1;
    #19999 PAUSE = 0;
    #20000 CLR = 1;
    #20005 CLR = 0;
end
initial
begin
    $sdf_annotate("./codes/paobiao.sdf",uOUT,,"paobiao.log","MAXIMUM",,);
end
initial
begin
    $shm_open("paobiao.shm");
    $shm_probe("AC");
end
endmodule
```

2. 仿真运行（Verilog_XL 软件）

```
$verilog  -f  runme.f  + sdf_verbose  + gui&
```

7.5 形式验证

门级网表还可以通过形式验证来检查综合后的网表与 RTL 源代码是否一致。逻辑等效性检查是目前形式验证的主要形式，常用的逻辑等效性检查工具有 Synopsys Formality 和 Cadence Conformal LEC 等。相比仿真，形式验证具有以下特点。

- 利用分析的方法来验证 implementation 与 specification 是否一致。
- 比仿真速度快。
- 能找到一些在仿真验证中漏掉的缺陷（Bug）。
- 不需要测试向量，但需要约束条件。
- 用于比较两个电路逻辑功能的一致性，如加入扫描链之前与扫描链之后网表在正常工作模式下是否一致，对 ECO 之前的网表与 ECO 修正之后的网表进行比较等。

形式验证与动态仿真的关系如图 7-11 所示。

逻辑等效性检查流程如图 7-12 所示。

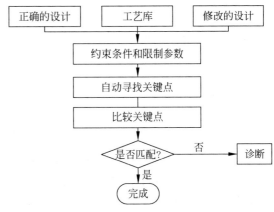

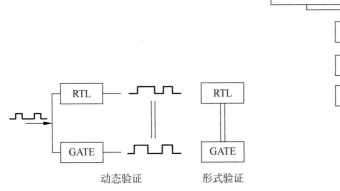

图 7-11　动态验证与形式验证关系图　　　　图 7-12　逻辑等效性检查流程

下面为 Synopsys Formality 做形式验证的例子。

1. 文件准备

文件 1：××_files.tcl(例如 top_files.tcl)

```
(verilog/VHDL 文件列表)
lappend search_path   /home/synthesis          (定义综合路径)
lappend search_path   /home/rtl                (定义 RTL 源代码路径)
lappend verilog_files  \
a.v \
b.v \
…
top.v ;
```

文件 2：××_run.tcl(例如 top_run.tcl)

```
source scripts/top_files.tcl
set verification_failing_point_limit 200       (错误超过 200 个就停止)
set hdlin_interface_only "DPSRAM *   SREG *   SRAM * "  (对 RAM 等,只比较接口信号)
set  hdlin_warn_on_mismatch_message [list FMR_ELAB-115 FMR_ELAB-116
FMR_ELAB-117 FMR_ELAB-149 FMR_ELAB-146]         (设置报错的信息)
set hdlin_ignore_full_case false
set hdlin_ignore_parallel_case false
set hdlin_ignore_synthesis false
set hdlin_ignore_translate false
read_db {SMIC18.db}                             (读综合用的工艺标准单元库)
set name_match_use_filter true
set name_match_filter_chars {~!@#$%^&*()_-=|\[]{}"':;<>?,./V}
read_verilog -r -libname lib_src $verilog_files;   (读 Verilog RTL 源文件)
set_top r:/LIB_SRC/top                          (设置 RTL 代码中顶层的 module 名)
read_verilog -i/home/synthesis/top_net.v        (读综合后的门级网表)
set_top i:/WORK/top                             (设置网表中顶层的 module 名)
match
report_unmatched_points
```

```
verify
report_failing_points
report_aborted_points
save_session – replace FSS/top
quit
```

2. 运行

```
$fm_shell – f script/top_run.tcl | tee report/top.rpt
```

top_run.tcl 存放于 script 目录,top.rpt 中为形式验证的报告结果。Synopsys Formality 运行的当前目录中必须包含设置环境变量的文件.synopsys_fm.setup,设置形式验证所需要用到的工艺库,内容与逻辑综合的环境变量文件.synopsys_dc.setup 类似。

7.6 物理综合

传统的逻辑综合方法依赖于连线的负载模型,线载模型只是对布线后延迟的估计,这可能与从版图提取出来的真实延迟有很大的差别。随着器件特征尺寸的不断缩小以及芯片复杂性的增加,整个电路的延时信息更多地取决于互连线的延时。特别是对于 $0.13\mu m$ 以下工艺的集成电路设计,部分路径上的延时主要是连线上的延时。为了解决这一问题,Synopsys 推出了一种不需要线载模型的新的综合方法——物理综合(Physical Compiler),其在基于布图规划信息进行综合的同时完成布局,综合与布局结合在一起,这样在综合时就有了实际互连延迟的准确模型。该方法可以把花费在逻辑综合和布局布线阶段上来回反复的时间减小到最小,达到快速时序收敛的结果。

物理综合包括以下两种模式。

(1) RTL 到布局后的门级模式。该模式物理综合的输入包括 RTL 代码、布图规划信息、I/O 时序约束和物理综合库文件等,输出为带有布局信息的结构化门级网表。

(2) 门到布局后的门级模式。该模式输入信息为逻辑综合后的门级网表,其余信息与模式(1)相同。

很显然,模式(1)耗费的时间要比模式(2)长很多,因为模式(1)需要把 RTL 代码转换为门级网表。为节省物理综合时间,可以对 RTL 代码先进行逻辑综合转换为门级网表,然后再通过物理综合对门级网表进行布局和优化。

7.7 静态时序分析

集成电路的验证包括动态验证与静态验证,动态验证依赖于测试向量的覆盖率,所需要的时间很长,不能达到比较高的功能验证覆盖率,因此对于越来越复杂的大规模集成电路,还需要采用其他的验证方法,如静态时序分析(STA)来验证电路的时序。

静态时序分析对门级网表进行时序检查,不需要施加测试向量,每个时序路径都能检测到,比动态验证方法快很多,但该方法不检查电路的逻辑功能。

RTL 综合后得到的网表必须进行时序分析,以检查时序是否违反约束条件,包括建立时间和保持时间的检查。由于静态时序分析比动态仿真快很多,而且可以验证门级网表的所有时序,并且静态时序分析与综合引擎的本质类似,因此静态时序分析非常适合用于验证综合后门级网表的时序验证。

通常,静态时序分析对门级网表中的以下 4 种路径进行分析检查。

- 从原始输入到电路中的所有触发器。
- 从触发器到触发器。
- 从触发器到电路中的原始输出。
- 从电路的原始输入到原始输出。

对以上 4 种分析,可以用以下 4 种命令来完成。

- pt_shell > report_timing -from [all_inputs] -to [all_registers -data_pins]
- pt_shell > report_timing -from [all_registers -clock_pins] -to \[all_registers -data _pins]
- pt_shell > report_timing-from [all_registers -clock_pins] \-to [all_outputs]
- pt_shell > report_timing -from [all_inputs]-to [all_outputs]

7.8 小结

本章介绍了逻辑综合的基本概念,以 Synopsys DC 为例介绍了逻辑综合的环境设置、常用语法,并且分别以组合电路和时序电路为例,详细描述了基本的综合过程,包括脚本的写法、综合结果分析、门级仿真等,最后简要介绍了形式验证、物理综合和静态时序分析的基本概念。

通过本章的学习,读者可以掌握逻辑综合的基本方法,并且可以调用库单元进行门级仿真和形式验证。

习题 7

1. 什么是综合?综合包括哪两个阶段?每个阶段的具体功能是什么?

2. 综合后的网表为什么要进行时序分析?可以用哪些工具进行时序分析?

3. 在启动 Dc Compiler(DC)之前需要一个启动文件.synopsys_dc.setup 来初始化综合的环境,该文件里一般要设定哪 3 个库?这 3 个库有什么作用?

4. 门级网表仿真与 RTL 代码仿真的测试代码有何不同?仿真结果相同吗?请解释原因?

第8章

Altera FPGA/CPLD器件及编程配置

数字集成电路的发展非常迅速,从电子管、晶体管、小规模集成电路(Small Scale Integration,SSI)、中规模集成电路(Medium Scale Integration,MSI)、大规模集成电路(Large Scale Integration,LSI)到超大规模集成电路(Very Large Scale Integration,VLSI)、甚大规模集成电路(Upper Large Scale Integration,ULSI),其密度和速度都有了前所未有的提升。集成电路的发展促进了EDA(Electrical Design Automation)的发展,先进的EDA工具已将IC设计从传统的bottom-up改变为top-down设计方法。由于可编程逻辑器件的出现,ASIC的设计与制造已不再完全由半导体厂商独自承担,系统设计师可以使用可编程逻辑器件进行ASIC设计前的原型设计,缩短了ASIC的设计周期,提高了设计流片成功概率。

CPLD和FPGA都是可编程逻辑器件,它们是当今数字系统设计的主要硬件平台,主要特点是完全由软件进行配置和编程,从而完成某种特定功能,而且可以反复擦写。在修改和升级时,不需要额外改变印制电路板(PCB),只在计算机上修改和更新程序,使硬件设计成为软件开发,缩短了设计周期,提高了实现的灵活性并降低成本,因此受到电子工程设计人员的广泛关注和普遍使用。

经过几十年的发展,许多公司都开发出了不同种类且日趋完善的CPLD/FPGA器件,同时还提供了相应的EDA工具,以便完成从器件到工具的整个设计过程。比较典型的可编程逻辑器件公司有Altera、Xilinx、Lattice、Atmel、Quicklogic、Cypress、Actel和Achronix等。Altera公司作为其中之一,曾发明了世界上第一个可编程逻辑器件,自20世纪90年代以来不断发展壮大,凭借雄厚的技术实力,独特的设计构思和功能齐全的芯片系列成为世界上最大的可编程逻辑器件供应商之一。

8.1 可编程器件的历史和发展趋势

可编程逻辑器件的发展历史大致可以划分为以下4个阶段。

从20世纪70年代初期到20世纪70年代中期为第一阶段。第一阶段的可编程器件只有简单的可编程只读存储器(Programmable Read-Only Memory,PROM)、紫外线可擦除可编程只读存储器(Erasable Programmable Read-Only Memory,EPROM)和电可擦除可编程只读存储器(Electrically Erasable Programmable Read-Only Memory,EEPROM)三种,由于结构限制,它们只能完成简单的数字逻辑功能。

从 20 世纪 70 年代中期到 80 年代中期为第二阶段。第二阶段出现了结构上稍微复杂的可编程阵列逻辑(Programmable Array Logic,PAL)和通用阵列逻辑(Generic Array Logic,GAL)器件,正式被称为 PLD。典型的 PLD 由"与""或"阵列组成,用"与或"表达式来实现任意组合逻辑运算功能。

从 20 世纪 80 年代到 90 年代末为第三阶段。第三阶段出现了与标准门阵列类似的 FPGA 和类似于 PAL 结构的扩展 CPLD,具有体系结构和逻辑单元灵活、逻辑运算速度快、集成度高以及适用范围广等特点。这个阶段的 CPLD/FPGA 在制造工艺和产品性能方面都获得了长足发展,达到了 0.18mm 的工艺和百万门级的规模,成为产品原型设计和中小规模产品生产的首选。

从 20 世纪 90 年代末到现在为第四阶段。第四阶段出现了 SOPC 和 SoC 技术,是 PLD 和 ASIC 技术融合的结果,涵盖了实时化数字信号处理技术、高速数据收发器、复杂计算以及嵌入式系统设计技术。这一阶段的可编程逻辑器件内嵌了硬核高速乘法器、Gb 差分串行接口、PowerPC 微处理器、Nios I 和 Nios II,工艺节点达到 28nm,系统门数也远超过百万门。某些高端 FPGA 的最高工作频率可达到 500MHz。高的工作频率配合高速 I/O,使 FPGA 不仅能适应传统的数字系统设计需求,也能适应高速数字系统设计。实现了软件和硬件的结合,高速与灵活性的结合,FPGA 逐渐超越传统意义上的 FPGA 概念,为其在高速领域中取代传统 ASIC 提供了技术支持。

随着技术的不断发展,未来可编程器件的发展趋势基本可概括为先进工艺、处理器内核、硬核与结构化 ASIC 和低成本器件。最先进的 ASIC 生产工艺将被更广泛地应用于以 FPGA 为代表的可编程逻辑器件。越来越多的高端 FPGA 产品将包含 DSP 或 CPU 等处理器内核,FPGA 将由传统的硬件设计手段逐步过渡为系统级设计平台。FPGA 将包含功能越来越丰富的硬核,并与传统 ASIC 进一步融合,通过结构化 ASIC 技术占领部分 ASIC 市场。随着工艺进步,低成本 FPGA 的密度越来越高,价格越来越合理,将成为可编程逻辑器件的中坚力量。

8.2 FPGA/CPLD 器件结构

8.2.1 CPLD 的基本结构

CPLD 由许多逻辑块和一个全局可编程互连组成,其结构如图 8-1 所示。每个逻辑块包含一个宏单元及一个 PLA/PAL 电路。一个 CPLD 中逻辑块的实际数目是可变的,可用的逻辑块越多,可配置出的设计就越大。一个逻辑块的大小是其能力的度量,即可以在其中实现多少逻辑,一般根据宏单元数目来表示,宏单元数目超过 16 个时,允许 16 位的函数在一个逻辑块内实现。设计的中心是全局可编程互连,它将逻辑块宏单元和 I/O 单元阵列相连接。

8.2.2 FPGA 的基本结构

FPGA 与 CPLD 类似,但是技术上却有一些差异。FPGA 可以说是将 CPLD 的电路规

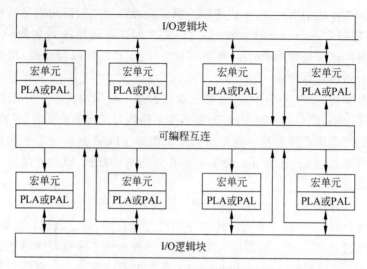

图 8-1　CPLD 的基本结构

模、功能和性能等方面强化之后的产物。FPGA 的结构是基于可编程逻辑单元(LC)的规则阵列和一个包围逻辑单元的可编程互连矩阵,如图 8-2 所示。基本可编程逻辑单元阵列和可编程互连矩阵形成了 FPGA 的核心,它们被可编程的 I/O 单元所包围。可编程互连被置于布线通道上。

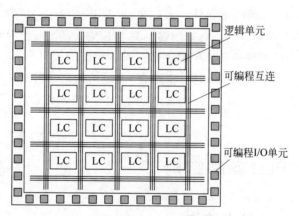

图 8-2　FPGA 的基本结构

　　FPGA 采用了逻辑单元阵列(Logic Cell Array,LCA)这样一个新概念,内部包括可配置逻辑模块(Configurable Logic Block,CLB)、输入/输出模块(Input Output Block,IOB)和内部连线(Interconnect)三个部分。通过改变 CLB 和 IOB 的触发器状态实现 FPGA 的多次重复编程。由于 FPGA 需要反复烧写,因此它实现组合逻辑的基本结构不可能像 ASIC 那样通过固定的与非门来完成,只能采用一种易于反复配置的结构——查找表。目前的主流 FPGA 都是采用了基于 SRAM 工艺的查找表结构,通过改变查找表内容而实现对 FPGA 的重复配置。

　　对于一个 n 输入的逻辑运算,不管是与或非运算还是异或运算,最多只可能有 2^n 种结果。所以事先将相应的结果存放于一个存储单元,就相当于实现了与非门电路的功能。

FPGA 的原理就是如此,它通过烧写文件去配置查找表的内容,从而在相同的电路情况下实现不同的逻辑功能。

查找表(Look Up Table,LUT)本质上就是一个 RAM。目前的 FPGA 多使用 4 输入的 LUT,所以每一个 LUT 可以看成一个有 4 位地址线的 RAM。当用户通过原理图或 HDL 描述了一个逻辑电路以后,FPGA 开发软件会自动计算逻辑电路的所有可能结果,并把真值表(即结果)事先写入 RAM。这样,每输入一个信号进行逻辑运算就等于输入一个地址进行查表,找出地址对应的内容,然后输出即可。LUT 在 FPGA 的使用中具有和逻辑电路相同的功能,但是 LUT 具有更快的执行速度和更大的规模。基于 LUT 的 FPGA 具有很高的集成度,密度从数万门到数千万门不等,可以完成极其复杂的时序和逻辑功能,所以适用于高速、高密度的高端数字逻辑电路设计领域。

8.2.3　FPGA/CPLD 的器件选型

由第 1 章的介绍可以知道,尽管 CPLD 和 FPGA 都是可编程 ASIC 器件,但是它们有各自的不同特点。CPLD 可以实现的功能比较单一,适合纯组合逻辑系统的设计,而包含复杂的协议处理的设计或使用大量时序元件的设计一般采用 FPGA。

不同的 CPLD/FPGA 器件在性能、价格、逻辑规模和封装以及提供的 EDA 工具软件平台等方面都有所不同,在具体设计中应该根据设计需求选择不同的 CPLD/FPGA 器件。不合理的选型会导致一系列的后续设计问题,有时会使设计失败。合理的选型不仅可以避免设计问题,而且可以提高系统的性价比,延长产品的生命周期。CPLD/FPGA 的选型主要参照以下几个原则。

1. 器件的硬件资源

进行设计开发,首先要考虑所选器件硬件资源是否能满足需求。硬件资源包括逻辑资源、I/O 资源、布线资源、DSP 资源、存储器资源、锁相环资源、串行收发器资源和硬核微处理器资源。目前主流的 FPGA 器件中,逻辑资源都比较丰富,一般都会满足应用需要,但是有可能会出现过度的 I/O 资源消耗,因此要根据设计需要选择不同种类的器件。

2. 器件的速度选择

目前,器件的工作速度有了飞速提高,pin-pin 延时达到 ns 级。因此一般的设计中,器件速度是可以满足设计需要的。但在系统设计中,芯片的工作速度并不是越高越好。首先,器件的速度越高,对外界微小毛刺信号的敏感度越高,也就更容易引入干扰,这会给电路板设计带来挑战。另外,速度等级高的器件价格也是成倍增加的,而且订货周期也长。因此在速度选择上,基本的原则是在满足应用需求的情况下,尽可能选用速度等级低的器件。

3. 器件温度等级

多数 CPLD 的工作电压为 5V,FPGA 的工作电压一般为 3.3V 和 2.5V,因此从低功耗的设计角度来看,选择 FPGA 比较有优势。

4. 器件的封装选择

FPGA/CPLD 的封装形式多种多样,有 QFP、BGA 和 FBGA。BGA 和 FBGA 封装的管脚密度很高,对设计中 PCB 布线要求很高,设计成本也高,器件焊接的成本也高,一般只在两种情况下使用:一是用在设计密度非常高,集成度非常高和对 PCB 面积要求非常高的场合;二是用在电路速度非常高的场合。

8.3　Altera 系列 FPGA/CPLD 器件

Altera 作为世界上最大的 CPLD/FPGA 可编程逻辑器件供应商之一,提供满足各种不同需求的 CPLD/FPGA 器件,如图 8-3 所示为 Altera 主要的器件系列。主流的 CPLD 器件主要是非易失性的 MAX 系列,目前业界密度最大的 CPLD 是 MAX Ⅴ 系列。主流 FPGA 器件包括三大类:低端 FPGA,如 Cyclone 各系列,侧重于低成本应用,容量中等,性能可以满足一般的逻辑设计要求;中端 FPGA,如 Arria 各系列,它在性能、功耗和成本上达到了完美的均衡;高端 FPGA,如 Startix 各系列,侧重于高性能应用,容量大,性能可满足各类高端应用。随着工艺节点不断减小,Altera FPGA 也不断增加。

图 8-3　Altera 的 CPLD/FPGA 系列

早期的 Altera FPGA 器件仅仅是应用于辅助功能以及胶合逻辑的简单器件。随着设计水平的提高和工艺节点的降低,器件的速度、功耗、性能和带宽方面都有了飞速进步,已经发展为众多产品的核心器件,被广泛地应用在通信基站、大型路由器等高端网络设备、显示器(电视)和投影仪等日常家用电器里。如图 8-4 所示为 Altera FPGA 器件的应用范围。

目前业界前沿的 Altera FPGA 器件是工艺节点为 28nm 的 Cyclone Ⅴ、Arria Ⅴ 和 Stratix Ⅴ 等系列,在速度、功耗、性能和带宽等方面都有了更高标准的发展。28nm 工艺的 FPGA 采用了创新技术,这些创新技术大大超越了摩尔定律本身带来的益处,极大地提高了新一代 FPGA 的密度和 I/O 性能。创新点之一:部分重新配置功能。设计人员可以在不中断正常工作的情况下,重新配置部分 FPGA,即在部分 FPGA 装入新的功能。这对要求连续运行的系统,特别是远程升级系统来讲非常必要。部分重新配置功能不但降低了功耗和成本,而且在 FPGA 中优化了那些不同时工作的功能,因此还提供了有效的逻辑密度。将这些功能放在外部存储器中,需要时再装入。这样,单片 FPGA 可以支持多种应用,从而

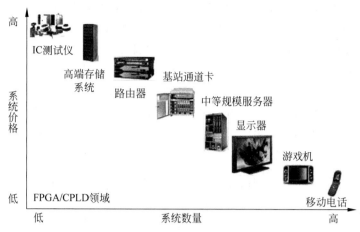

图 8-4　Altera CPLD/FPGA 的使用范围

减小了 FPGA 的体积,节省了电路板空间,降低了功耗。创新点之二:开发了 28Gb/s 内嵌收发器。这一高速收发器将帮助用户实现单片 400Gb/s 系统等下一代设计,并可直接和光模块对接,而不需要采用昂贵的外部元件,可将整体功耗减少 60%,成本降低 30%。创新点之三:集成新的嵌入式 HardCopy 模块。嵌入式 HardCopy 模块是可定制硬核知识产权(IP)模块,这是利用 HardCopy ASIC 技术实现标准定义或需要大量逻辑的功能模块。例如,接口协议、专用功能和专业定制 IP 等。嵌入式 HardCopy 模块可大幅度提高 FPGA 性能,帮助用户缩短了设计面市时间,同时降低了成本和功耗。

8.3.1　MAX 各系列器件

MAX 是新一代 PLD 器件,基于 EEPROM 工艺,采用多阵列矩阵体系结构,逻辑单元数(Logic Element,LE)最高达 2210 个,最高工作频率可达 304MHz,I/O 兼容 PCI 总线标准,适合于接口桥接、电平转换、I/O 扩展和模拟 I/O 管理应用。目前较常使用的 MAX 器件主要是 MAX 3000A,MAX Ⅱ 和 MAX Ⅴ,如表 8-1 所示是常用 MAX 各系列 CPLD 器件的基本特点比较。

表 8-1　MAX 各系列 CPLD 基本特点比较

MAX 各系列	最大逻辑单元数	工艺节点	最大宏单元数
MAX Ⅴ	2210	$0.18\mu m$	1700
MAX Ⅱ	2210	$0.18\mu m$	1700
MAX 3000A	640	$0.30\mu m$	512

最早推出的 MAX 3000A 系列采用 0.30um CMOS 工艺,密度范围为 32～512 个宏单元,3.3V 逻辑内核电压,支持在系统可编程能力(ISP)。MAX 3000A 基于 Altera MAX 架构设计,成本大幅优化,可实现大批量应用。

MAX Ⅱ 于 2004 年年底推出,采用 $0.18\mu m$ Flash 工艺,2.5V/3.3V 内核供电,采用 FPGA 结构,配置芯片集成在内部,内部集成了一片 8KB 串行 EEPROM,容量翻了两番,性能是上一代 MAX CPLD 的两倍多。

　　MAX Ⅴ系列于 2011 年推出,与市场同类 CPLD 相比总功耗降低了一半,同时保持了最初 MAX 系列独特的瞬时接通、单芯片和非易失性。MAX Ⅴ逻辑单元数为 40～2210 不等,I/O 达到了 271 个,实现了低成本、低功耗和高性能特性。

　　MAX Ⅴ系列是基于高性能逻辑阵列模块连接的体系结构,如图 8-5 所示。每个 LAB 由 10 个 LE 组成,还包括 LE 进位链、LAB 控制信号、内部互连、LUT 链和寄存器链连接线。每个 LE 有 26 个原始输入和 10 个反馈输入。内部互联实现了一个 LAB 模块内 LE 之间的信号传递。MultiTrack 提供了 LAB 之间的连接。I/O 单元(IOE)布置在 LAB 的四周,每个 IOE 都有一个高性能的双向 I/O Buffer。

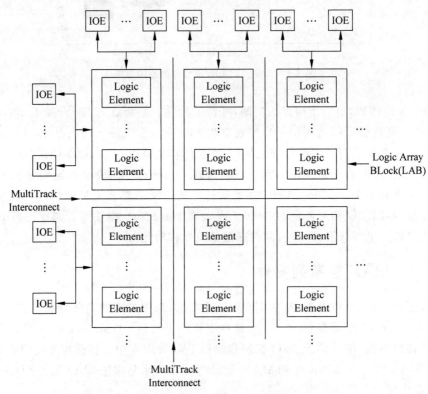

图 8-5　MAX Ⅴ系列 CPLD 体系结构

　　MAX Ⅴ系列针对不同应用提供了灵活的解决方案,如 I/O 扩展、总线扩展、电源监测控制和模拟 IC 接口等。与相竞争的同类 CPLD 相比,MAX Ⅴ系列降低了 50% 的芯片功耗,有助于满足低功耗的设计需求。器件使用低成本绿色封装技术,封装后最大只有 $484mm^2$,非常适合各类市场领域中的通用和便携式设计,包括固网、无线、消费类、计算机/存储、汽车电子和广播等。如表 8-2 所示是 MAX Ⅴ系列下各型号芯片的主要特性。

表 8-2　MAX Ⅴ系列下各型号芯片的主要特性

特　　性	5M40Z	5M80Z	5M160Z	5M240Z	5M570Z	5M1270Z	5M2210Z
逻辑单元	40	80	160	240	570	1270	2210
宏单元	32	64	128	192	440	980	1700
Flash Memory/位	8192	8192	8192	8192	8192	8192	8192

续表

特　　　性	5M40Z	5M80Z	5M160Z	5M240Z	5M570Z	5M1270Z	5M2210Z
全局时钟	4	4	4	4	4	4	4
内部晶振	1	1	1	1	1	1	1
最大 I/O 引脚数	54	79	79	114	159	271	271
t_{pd}/ns	7.5	7.5	7.5	7.5	9.0	6.2	7.0
f_{CNT}/MHz	152	152	152	152	152	304	304
t_{su}/ns	2.3	2.3	2.3	2.3	2.2	1.2	1.2
t_{co}/ns	6.5	6.5	6.5	6.5	6.7	4.6	4.6

8.3.2　Cyclone 各系列器件

Cyclone 各系列属于中等 FPGA 器件,从 Cyclone Ⅰ、Cyclon Ⅱ、Cyclone Ⅲ、Cyclone Ⅳ到 Cyclone Ⅴ,工艺节点不断缩小,性能有了不断的提高。如表 8-3 所示是 Cyclone 各系列 FPGA 器件的基本特点比较。

表 8-3　Cyclone 各系列 FPGA 的基本特点比较

Cyclone 各系列	LE	ALM（高性能自适应逻辑模块）	工艺节点
Cyclone Ⅴ	300 000	113 208	28nm
Cyclone Ⅳ	149 760	0	60nm
Cyclone Ⅲ	198 464	0	65nm
Cyclone Ⅱ	68 416	0	90nm
Cyclone Ⅰ	20 060	0	130nm

Cyclone Ⅰ于 2003 年推出,基于成本优化的全铜 1.5V SRAM 工艺,130nm 工艺节点,1.5V 内核供电,逻辑单元为 2910～20 060 个,最多达 294 912 位嵌入 RAM。Cyclone Ⅰ器件支持多种单端点 I/O 标准,并且在最多 129 个通道上提供了单一的 LVDS 支持,每个都能支持 311Mb/s 的高速数据操作。采用了分级时钟结构,为复杂设计提供了广泛的时钟管理电路。这些特点都使 Cyclone Ⅰ成为一种应用灵活、成本低廉的 FPGA。

Cyclone Ⅱ和低功耗的 Cyclone Ⅲ系列在 Cyclone Ⅰ之后推出,能够在大批量应用中进一步降低成本,提高密度和功能。Cyclone Ⅱ是 2005 年推出的低成本 FPGA,采用 90nm 工艺,1.2V 内核供电,并提供了硬件乘法器单元。Cyclone Ⅲ于 2007 年推出,采用 TSMC 的 65nm 低功耗(LP)工艺技术,含有 5～120000 个逻辑单元,288 个数字信号处理(DSP)乘法器,存储器达到 4MB。Cyclone Ⅲ系列比之前产品每逻辑单元成本降低 20%,实现了更低功耗、更低成本和更高性能。

基于 60nm 低功耗工艺的 Cyclone Ⅳ是在现有 Cyclone 系列基础上的扩展。Cyclone Ⅳ提供了高达 149 760 个逻辑单元,总功耗比之前的系列降低了 25%,适合对成本敏感的大批量应用。该系列由两个子系列组成,一个是 Cyclone Ⅳ GX,有 150000 个逻辑单元,内置了 6.5MB RAM 及 360 个乘法器,同时集成了 3.125Gb/s 收发器并支持多个主流协议

(PCIe、千兆以太网、SDI 和 XAUI 等),它是低成本、低功耗 FPGA;另一款是内核电压
1.0V 的 Cyclone Ⅳ E,有 114000 个逻辑单元,3.9MB RAM 以及 266 个乘法器,不含收发
器,但具有更低成本和功耗。

Cyclone Ⅴ 于 2011 年推出,是 Altera 的低成本系列,采用 28nm 低功耗(LP)工艺,总
功耗比 Cyclone Ⅳ 低 40%左右,静态功耗降低了 30%。Cyclone Ⅴ 芯片功能强大,有
300000 个逻辑单元,12MB 模块存储器,390 个精度可调 DSP 模块,增强 PCIe Gen2×1 模
块,12 个 5.0Gb/s 收发器通道,以及支持 LPDDR2、移动 DDR 和 DDR3 外部存储器的
硬核存储器控制器。对于电机控制、显示和软件无线电等对低功耗和电路板空间要求
较高的应用,Cyclone Ⅴ 是理想选择。如表 8-4 所示是 Cyclone Ⅴ 系列下各型号芯片的
应用特点。

表 8-4　Cyclone Ⅴ 系列下各型号芯片的应用特点

Cyclone Ⅴ 系列	应 用 特 点
Cyclone Ⅴ E	系统成本和功耗最低,适用于各种通用逻辑和 DSP 应用
Cyclone Ⅴ GX	3G 收发器,适用于成本和功耗最低的 614Mb/s～3.125Gb/s 收发器应用
Cyclone Ⅴ GT	FPGA 业界中,在 5.0Gb/s 收发器应用上成本和功耗最低

在 Cyclone Ⅴ 中,5.0Gb/s 收发器在每个通道上的最大功耗为 88mW。所设计的收
发器与一系列的协议和数据速率相兼容。收发器位于器件左手,芯片布局如图 8-6
所示。

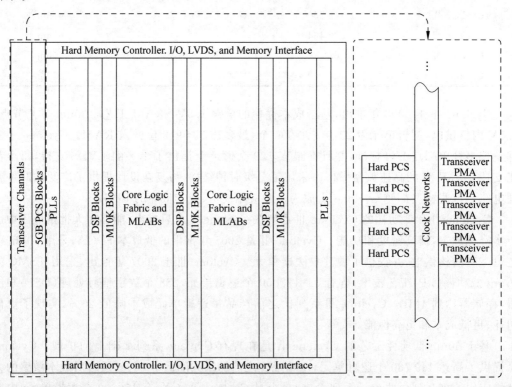

图 8-6　Cyclone Ⅴ 芯片布局

如表 8-5～表 8-7 所示是 Cyclone V 系列各器件的特性。

表 8-5 Cyclone V E 器件特性

器 件	5CEA2	5CEA5	5CEA8	5CEB5	5CEB9
逻辑单元	25 000	48 000	75 000	150 000	300 000
自适应逻辑模块	9434	18 113	28 302	56 604	113 208
M10K Memory 模块	152	305	451	602	1246
M10K Memory 容量/KB	1520	3050	4510	6020	12460
18 位×19 位乘法器	78	156	264	440	812
精度可调 DSP 模块	39	78	132	220	406
PLL	4	4	4	4	4
用户 I/O 最大数量	300	300	360	488	488
存储器控制器	1	1	2	2	2

表 8-6 Cyclone V GX 器件特性

器 件	5CGXC3	5CGXC4	5CGXC5	5CGXC7	5CGXC9
逻辑单元	25 000	50 000	75 000	150 000	300 000
自适应逻辑模块	9434	18 868	28 302	56 604	113 208
M10K Memory 模块	117	285	451	602	1246
M10K Memory 容量/KB	1170	2850	4510	6020	12 460
18 位×18 位乘法器	80	140	264	440	812
精度可调 DSP 模块	40	70	132	220	406
PCI Express 硬核 IP 模块	1	1	1	1	1
PLL	5	6	6	7	8
用户 I/O 最大数量	194	360	360	488	688
存储器控制器	1	2	2	2	2

表 8-7 Cyclone V GT 器件特性

器 件	5CGTD3	5CGTD5	5CGTD8
逻辑单元	75 000	150 000	300 000
自适应逻辑模块	28 302	56 604	113 208
M10K Memory 模块	451	602	1246
M10K Memory 容量/KB	4510	6020	12460
18 位×19 位乘法器	264	440	812
精度可调 DSP 模块	132	220	406
PCI Express 硬核 IP 模块	2	2	2
PLL	6	7	8
用户 I/O 最大数量	360	488	688
存储器控制器	2	2	2

8.3.3 Arria 各系列器件

Arria 各系列是 Altera 带有收发器的中端 FPGA 系列,提供了丰富的特性(存储器、逻辑和 DSP)。结合 3GB 收发器优异的信号完整性,能够集成更多的功能,提供系统带宽。片内收发器支持 FPGA 串行数据在高频下的输入/输出,应用于对成本和功耗敏感的收发器设计。如表 8-8 所示是 Arria 各系列 FPGA 器件的基本特点比较。

表 8-8　Arria 各系列 FPGA 基本特点比较

Arria 各系列	逻辑单元数	自适应逻辑模块	工艺节点
Arria V	503 500	190 000	28nm
Arria II	348 500	139 400	40nm
Arria GX	90 220	36 088	90nm

Arria GX 于 2007 年推出,采用 90nm 工艺,其收发器速率达到 3.125Gb/s,可以利用它来连接支持 PCI Express、千兆以太网和 Serial RapidIO 协议的现有模块和器件。Arria GX FPGA 采用了高端 Stratix II GX 系列上已经获得成功的收发器技术,并针对三种协议进行了优化,使用倒装焊封装实现优异的信号完整性,同时提供软件工具以及经过验证的知识产权(IP)内核,适合端点和桥接两类应用。

Arria II 系列于 2010 年量产,基于低功耗 40nm 工艺,含有低成本的 6.375Gb/s 收发器、自适应逻辑模块、8 输入 LUT、嵌入式 RAM 和硬核 PCIe IP 内核、频率可达 550MHz 的高性能数字信号处理(DSP)模块。

Arria V 于 2011 年推出,基于 TSMC 的 28nm 低功耗(LP)工艺开发。6Gb/s 时每个收发器通道小于 100mW,10Gb/s 时小于 140mW,功耗比前一代低 40%。具有 36×6Gb/s 支持背板的低功耗收发器,8×10Gb/s 芯片至芯片收发器,硬核 IP 用于多端口存储器控制器、PCIe Gen2$\times$4 和针对 FIR 滤波器进行了优化的精度可调 DSP 模块。散热改进型倒装焊(Thermal Compensate Flip-Chip)BGA 封装实现了更好的散热特性。对于实现总功耗最低的远程射频单元、10Gb/s/40Gb/s 线路卡以及广播演播室设备等中端应用,Arria V 在成本和性能上达到了均衡。Arria V 提供两种型号:带有 6Gb/s 收发器的 Arria V GX 和带有 10Gb/s 收发器的 Arria V GT。

在 Arria V 中,10Gb/s 收发器在每个通道上的最大功耗为 140mW,6Gb/s 收发器在每个通道上的最大功耗为 100mW。所设计的收发器与一系列协议和数据速率标准兼容。收发器位于器件左右两侧,芯片布局如图 8-7 所示。

如表 8-9 和表 8-10 所示是 Arria V GX 和 Arria V GT 系列的器件特性。

表 8-9　Arria V GT 器件特性

器　件	5AGTD3	5AGTD5
逻辑单元	362 730	503 500
自适应逻辑模块	136 879	190 000
M10K Memory 模块	1726	2378
M10K Memory 容量/KB	17 260	23 780
存储器逻辑阵列块(MLAB)/KB	1961	2943
18 位×19 位乘法器	2090	2278
精度可调 DSP 模块	1045	1139
收发器最大数量(6G/10G)	12/4	12/8
PCI Express 硬核 IP 模块	1	1
用户 I/O 最大数量	704	688

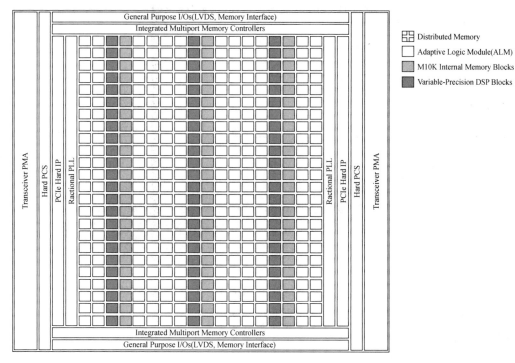

图 8-7　Arria V 芯片布局

表 8-10　Arria V GX 器件特性

器件	5AGXA1	5AGXA3	5AGXA5	5AGXA7	5AGXB1	5AGXB3	5AGXB5	5AGXB7
逻辑单元	75 000	149 430	190 000	242 950	300 000	362 730	420 000	503 500
自适应逻辑模块	28 302	56 389	71 698	91 679	113 208	136 879	158 491	190 000
M10K Memory 模块	800	1039	1180	1366	1510	1726	2054	2378
M10K Memory 容量/KB	8000	10 390	11 800	13 660	15 100	17 260	20 540	23 780
MLAB/KB	463	892	1173	1448	1852	1961	2532	2943
18 位×19 位乘法器	480	792	1200	1600	1840	2090	2184	2278
精度可调 DSP 模块	240	396	600	800	920	1045	1092	1139
收发器最大数量(6G/10G)	12/0	12/0	24/0	24/0	24/0	24/0	36/0	36/0
PCI Express 硬核 IP 模块	1	1	2	2	2	2	2	2
用户 I/O 最大数量	480	480	544	544	704	704	668	668

8.3.4　Stratix 各系列器件

Stratix 按照工艺节点不同,从 I、II、III、IV 到 V 系列,属于大容量高性能的 FPGA,适合高端使用。如表 8-11 所示是 Stratix 各系列 FPGA 器件的基本特点比较。

Stratix 和 Stratix GX 于 2002 年推出,是 Stratix FPGA 系列中型号最早的产品。它基于 0.13μm 工艺,1.5V 内核供电,集成硬件乘加器,芯片内部引入了 DSP 硬核 IP 模块以及 Altera 应用广泛的 Tri Matrix 片内存储器和灵活的 I/O 结构。

表 8-11　Stratix 各系列 FPGA 基本特点比较

Stratix 各系列	LE	ALM	工艺节点/nm
Stratix V	1 052 000	397 000	28
Stratix IV	813 050	325 220	40
Stratix III	338 000	135 200	65
Stratix II	132 540	53 016	90
Stratix	79 040	0	130

Stratix II 和 Stratix II GX 于 2004 年中期推出,90nm 工艺,1.2V 内核供电,引入了高性能自适应逻辑模块,采用了高性能 8 输入分段式查找表(LUT)来替代 4 输入 LUT。

Stratix III 于 2006 年推出,基于 65nm 工艺,面向大量应用的高端内核系统处理设计。可借助逻辑型(L)、存储器增强型(E)和数字信号处理型(DSP)来综合考虑设计资源要求,而不会采用资源比实际需求大得多的器件进行设计,从而节省了电路板,缩短了编译时间,降低了成本。

Stratix IV 于 2008 年推出,是第四代 Stratix FPGA 系列产品,在所有的 40nm FPGA 中具有更大密度、更好性能和更低功耗。带有 11.3Gb/s 收发器,满足了无线和固网通信、军事、广播等众多市场和应用的需求。

最新一代 Stratix V FPGA 于 2011 年发售,采用了 TSMC 高性能 28nm HKMG 工艺进行开发,具有 66 个 14.1Gb/s 的全双工收发器通道,带有最高带宽达 28Gb/s 的收发器器件,6×72 位的 1066MHz DDR3 接口,数据速率高达 28Gb/s,实现了强大的系统带宽。支持 PCI Express Gen3 的嵌入式 HardCopy 模块,具有精度可调的 DSP 模块,逻辑架构有所增强,1M LE、52MB RAM 和 3926 个 18×18 的乘法器。Stratix V 兼容多种协议,具有多种收发器信号完整性特性,支持背板、光模块和芯片间应用。系统可靠性高,发送和接收高级均衡功能,以最低的 BER 全面支持 10GBASE-KR 背板。特别是目前业界唯一带有 28Gb/s 收发器的 Stratix V GT 芯片能够为前沿通信系统实现最复杂的功能,支持最佳性能和数据吞吐量,适用于下一代 100Gb/s 以上系统。如表 8-12 所示是 Stratix V 系列下各型号芯片的应用特点。

表 8-12　Stratix V 系列下各型号芯片的应用特点

Stratix V 各型号	应 用 特 点
Stratix V GT	提供 28Gb/s 收发器。适用于需要超宽带和高性能的应用,例如 40Gb/s、100Gb/s、400Gb/s 应用
Stratix V GX	集成 14.1Gb/s 收发器,支持背板,芯片至芯片和芯片至模块。适用于高性能、宽带应用
Stratix V GS	提供 14.1Gb/s 收发器,支持背板,芯片至芯片和芯片至模块。适用于高性能精度可调 DSP 应用
Stratix V E	在高性能逻辑架构上提供一百多万个逻辑单元,适用于 ASIC 原型开发

在 Stratix V 中,收发器位于器件两边,保护了收发器不受内核以及 I/O 噪声的影响,保证了最佳信号完整性。收发器通道包括 PMA(Physical Medium Attachment)、PCS 和高速时钟网络。对于空闲的收发器 PMA 通道也可以作为收发器传输 PLL。如图 8-8 所示是 Stratix V GT/GX/GS 器件的芯片布局。

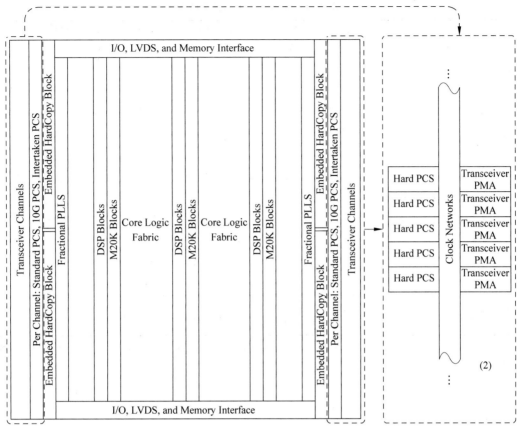

图 8-8 Stratix Ⅴ GT/GX/GS 芯片布局

如表 8-13～表 8-16 所示是 Stratix Ⅴ 各器件系列的特性。

表 8-13 Stratix Ⅴ GT 器件特性

特　　性	5SGTC5	5SGTC7
逻辑单元/k	425	622
寄存器/k	642	939
28/12.5Gb/s 收发器	4/32	4/32
PCIe 硬核模块数	1	1
Fractional PLLs	24	24
M20K Memory 模块数	2304	2560
M20K Memory 容量/MB	45	50
可变精度乘法器 18×18	512	512
可变精度乘法器 27×27	256	256
DDR3 SDRAM×72 DIMM 接口	4	4
40G/100G PCS 硬核 IP	有	有

表 8-14　Stratix Ⅴ GX 器件特性

特　　性	5SGX A3	5SGX A4	5SGX A5	5SGX A7	5SGX A9	5SGX AB	5SGX B5	5SGX B6
逻辑单元/k	200	300	425	622	840	950	490	597
寄存器/k	302	452	642	939	1268	1434	740	901
14.1Gb/s 收发器	24/36	24/36	24/36/48	24/36/48	36/48	36/48	66	66
PCIe 硬核模块数	1/2	1/2	1/4	1/4	1/4	1/4	1/4	1/4
Fractional PLLs	24	24	28	28	28	28	24	24
M20K Memory 模块数	800	1316	2304	2560	2640	2640	2100	2660
M20K Memory 容量/MB	16	26	45	50	52	52	41	52
可变精度乘法器 18×18	376	376	512	512	704	704	798	798
可变精度乘法器 27×27	188	188	256	256	352	352	399	399
DDR3 SDRAM×72 DIMM 接口	4	4	6	6	6	6	4	4
40G/100G PCS 硬核 IP	无	无	有	有	无	无	无	无

表 8-15　Stratix Ⅴ GS 器件特性

特　　性	5SGSD2	5SGSD3	5SGSD4	5SGSD5	5SGSD6	5SGSD8
逻辑单元/k	130	236	332	462	583	703
寄存器/k	196	356	500	696	880	1060
14.1Gb/s 收发器	12	18	24	36	48	48
PCIe 硬核模块数	1	1	1	1	1/2	1/2
Fractional PLLs	10	12	16	24	28	28
M20K Memory 模块数	450	688	1062	1950	2320	2688
M20K Memory 容量/MB	9	14	22	40	48	55
可变精度乘法器 18×18	650	1260	1892	2996	3550	4096
可变精度乘法器 27×27	325	630	946	1498	1775	2048
DDR3 SDRAM×72 DIMM 接口	2	2	4	4	7	7

表 8-16　Straitx Ⅴ E 器件特性

特　　性	5SEE9	5SEEB
逻辑单元/k	840	950
寄存器/k	1268	1434
Fractional PLLs	28	28
M20K Memory 模块数	2640	2640
M20K Memory 容量/MB	52	52
可变精度乘法器 18×18	704	704
可变精度乘法器 27×27	352	352
DDR3 SDRAM×72 DIMM 接口	7	7

8.4 编程配置

设计人员在进行硬件设计时，一般都是基于 Quartus II 平台的 Verilog 硬件代码设计。Quartus II 是基于 Altera 器件进行逻辑电路设计的完整集成环境，它功能完善，支持从仿真到配置下载过程中的绝大部分功能。经过代码设计、功能仿真和时序仿真、综合与引脚配置之后，就可以将设计文件编程配置到包含 FPGA 芯片的系统板上进行验证。对于 MAX 和 EEPROM 器件，称下载为编程；而对于基于 SRAM 工艺的 FPGA，称下载为配置。对可编程逻辑器件进行编程配置，实际上就是用既定的时序将规定格式的数据流写入 FPGA 芯片，使其具有所需要的功能。

8.4.1 编程硬件

针对 FPGA 器件不同的内部结构，Altera 提供了多种编程硬件实现了多种编程方式。编程硬件包括编程器、下载电缆和配置器件等。编程器用于传统器件编程，下载电缆对 CPLD 和配置芯片进行在系统编程(In-system Programming, ISP)，对 FPGA 进行在电路重构(In-circuit Reconfiguration)。

1. 编程器

编程器包括基本单元(MPU 和 APU)和多种适配器，主要用于传统的器件编程。用 MPU 或 APU 可对 Altera 的 Classic、MAX5000、MAX7000、MAX7000A、MAX7000B、MAX7000S、MAX7000AE 和 MAX9000 器件进行编程。

2. 编程下载电缆

下载电缆可对 CPLD 和配置器件进行在系统可编程，对 FPGA 进行在电路重构。下载电缆包括以下几类。

(1) BitBlaster 串行下载电缆。

BitBlaster 串行下载电缆连接在 PC 的 RS232 串口，与 PC 的 RS232 串口相连的是 25 针插座，与 FPGA 系统板相接的是 10 针阴性插头。使用 Quartus II 软件就可以将编程数据或配置数据通过这根电缆下载到器件中。BitBlaster 电缆可配置数据到 FLEX10K、FLEX8000 和 FLEX6000 系列器件，也可编程 MAX9000、MAX7000S、MAX7000A 和 MAX3000A 系列器件。BitBlaster 串行下载电缆提供 PS 模式和 JTAG 模式两种数据下载模式，可编程配置一个器件或多个器件链。

(2) ByteBlaster 并行下载电缆。

ByteBlaster 并行下载电缆通过 25 针插头与 PC 上打印机端口相连，另一端 10 针阴性插头连接在 FPGA 系统板上。允许 PC 用户进行在系统编程或配置器件。工作电压为 5V。可对 FLEX10K、FLEX8000 和 FLEX6000 进行配置，也可以对 MAX9000、MAX7000S、MAX7000A 和 MAX3000A 进行编程。ByteBlaster 并行下载电缆提供两种下载模式：PS 模式，用于配置 FLEX10K、FLEX8000 和 FLEX6000 系列器件；JTAG 模式，用于配置

FLEX10K、MAX9000、MAX7000S 和 MAX7000A 系列器件。

（3）ByteBlaster MV 并行下载电缆。

ByteBlaster MV 并行下载电缆仍使用 25 针插头与 PC 上打印机端口相连，另一端为 10 针阴性插头。工作电压为 3.3V 或 5.0V。允许用户从 Quartus Ⅱ 开发软件中下载数据，可在线编程 MAX 系列器件，可配置 APEX Ⅱ、APEX20K、ACEX1K、Mercury、FLEX10K 系列器件和 Excalibur 器件。ByteBlaster MV 下载电缆提供了 PS 和 JTAG 两种下载模式。

（4）MasterBlaster 串行/USB 通信电缆。

MasterBlaster 下载电缆允许 PC 用户进行在系统编程或配置器件。它一端与 PC 的 RS232 串口或者 USB 端口相连，另一端的 10 针阴性插头接在 FPGA 系统板上。它为 APEX20K、EPC2 和 EPC16 提供多器件的 JTAG 链配置和编程支持，为 APEX20K 器件提供多器件的被动串行配置文件。工作电压为 5V、3.3V 和 2.5V。设计项目可直接下载到器件，对 APEX 系列器件，MasterBlaster 电缆可通过 SignalTap 嵌入式逻辑分析器进行在线调试。MasterBlaster 电缆提供 PS 和 JTAG 两种下载模式。

3. 配置芯片

Altera 的 FPGA 在工作期间，配置数据存储在 SRAM 单元中。由于 SRAM 掉电后数据丢失，因此每次上电时都需要把配置数据加载进 SRAM。虽然实验调试中通过 PC 对 FPGA 进行配置比较方便，但是在实际的应用场合，不可能在每次 FPGA 上电时都去手动对 FPGA 进行配置，因此自动加载对 FPGA 芯片非常重要。Altera 公司提供的基于 Flash 工艺的配置芯片可存储数据，在掉电重启后对 FPGA 器件进行配置。

Altera 的配置芯片包括增强型、普通型、串行配置型和四倍串行配置型。

普通配置器件为 ACEX1K、APEX20K、APEX Ⅱ、Arria GX、Cyclone、Cyclone Ⅱ、FLEX 10K、Mercury、Stratix、Stratix Ⅱ 和 Stratix Ⅱ GX 系列器件提供配置支持。由于普通配置器件容量较小，一般可以通过级联来支持一些大容量的 FPGA 单片配置。另外，EPC2 具有 JTAG 接口，支持 ISP。增强型的配置器件可为高密度 FPGA（ACEX1K、APEX20K、APEX Ⅱ、Arria GX、Cyclone、Cyclone Ⅱ、FLEX10K、Mercury、Stratix Ⅱ 和 Stratix Ⅱ GX 系列）器件提供单芯片配置解决方案。串行配置器件为 Arria 系列、Cyclone 系列和 Stratix 系列提供串行配置，也可为所有使用 AS 模式配置的 FPGA 芯片串行配置。四倍串行配置器件可在四倍速度下串行配置处于 AS 模式配置的 FPGA 芯片。对于大容量的 FPGA 配置，很多配置芯片也支持 JTAG 接口的在线系统编程。如表 8-17 所示为各种配置器件的特性对比表。

表 8-17　各种配置器件特性表

	器件型号	工作电压/V	器件容量/位	重复编程支持	级联支持	ISP 支持
普通型	EPC1	5/3.3	1 046 496	否	是	否
	EPC2	5/3.3	1 695 680	是	是	是
	EPC1064	5	65 536	否	否	否
	EPC1064V	3.3	65 536	否	否	否
	EPC1213	5	212 942	否	是	否
	EPC1441	5/3.3	440 800	否	否	否

续表

	器件型号	工作电压/V	器件容量/位	重复编程支持	级联支持	ISP 支持
增强型	EPC4	3.3	4 194 304	是	否	是
	EPC8	3.3	8 388 608	是	否	是
	EPC16	3.3	16 777 216	是	否	是
串行	EPCS1	3.3	1 048 576	是	否	是
	EPCS4	3.3	4 194 304	是	否	是
	EPCS16	3.3	16 777 216	是	否	是
	EPCS64	3.3	67 108 864	是	否	是
	EPCS128	3.3	134 217 728	是	否	是
四倍串行	EPCQ128	3.3	134 271 728	是	否	是
	EPCQ256	3.3	268 435 456	是	否	是

在普通配置器件中,EPC1、EPC1411、EPC1213、EPC1064 和 EPC1064V 芯片有 8 引脚 PDIP(Plastic Dual In-Line Package)封装,也有 20 引脚 PLCC(Plastic J-Lead Chip Carrier)封装,对 EPC1411、EPC1064 和 EPC1064V 芯片还有 32 引脚的 TQFP(Thin Quad Flat Pack)封装。封装形式如图 8-9 所示。对于 EPC2 配置芯片的封装有两种形式:20 引脚的 PLCC 封装和 32 引脚的 TQFP 封装,封装如图 8-10 所示。

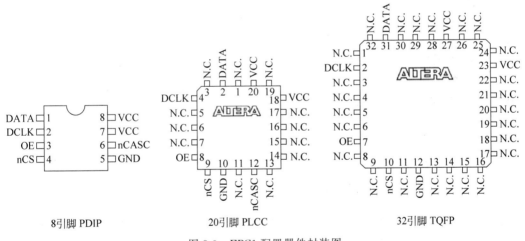

图 8-9　EPC1 配置器件封装图

8.4.2　编程配置策略

基于 SRAM 工艺的 FPGA 在每次上电后,将外部 PROM 中的配置数据写入到 FPGA 中,对 FPGA 内部的寄存器和 I/O 引脚进行初始化,然后 FPGA 进入用户模式,开始按照所设计的逻辑来工作。

根据 FPGA 器件在配置电路中的作用,将配置策略分为以下三类。

(1) 主动配置策略。主动配置是指由 FPGA 器件引导配置器件进行配置操作, FPGA 器件居于主动地位。主动配置策略主要与 Altera 所提供的主动串行配置芯片

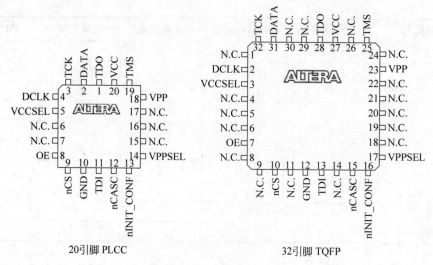

图 8-10　EPC2 的封装形式

（EPCS 系列）配合使用，因此这种配置策略又称为主动串行（Active Serial, AS）配置。AS 配置时，配置速率为 1 位/时钟周期。另有主动并行（Active Parallel, AP）配置，配置时时钟周期达到 40MHz，配置速率达到 16 位/时钟周期。AP 配置策略仅应用于 Cyclone Ⅲ 系列中。

　　（2）被动配置模式。被动配置是指由外部计算机或控制器对 FPGA 器件进行配置，控制器可以是微处理器，也可以是配置芯片或者下载线。在这种配置过程中，FPGA 完全处于被动地位，只输出一些状态信号配合配置过程。在实验室条件下可采用被动配置模式，但在实用的系统中，多数配置操作过程都是主动模式的。被动配置模式又分为 PS、PPS、FPP、PPA 和 PSA 等几种模式，如表 8-18 所示为各种被动模式的典型应用。

表 8-18　被动配置模式的典型应用

被动配置模式	典型应用
被动串行（PS）	使用增强型配置器件、普通型配置器件、串行同步处理器接口和下载电缆来配置。每个时钟周期传输 1 位配置数据
被动并行同步（PPS）	使用并行同步微处理器接口配置，只在较旧的器件中受支持配置速率低，不推荐使用
快速被动并行（FPP）	使用增强型的配置器件或并行微处理器接口，速度是 PPS 的 8 倍。在 Stratix 和 APEX Ⅱ 中受支持
被动并行异步（PPA）	使用并行异步微处理器接口配置。配置时，微处理器把 FPGA 芯片视为异步存储器
被动串行异步（PSA）	只在 FLEX6000 系列中受支持，使用串行异步微处理器接口完成异步配置

　　（3）JTAG 模式。JTAG 是指工业标准联合测试行动组，它制定了 IEEE 1149.1 边界扫描测试的标准接口。JTAG 模式是指具有电路边界测试功能的配置方式。使用下载线或微处理器，通过 JTAG 引脚对 FPGA 芯片进行配置。绝大多数 FPGA 器件都支持由 JTAG 接口进行配置。

Altera 器件支持许多配置策略,但不是说所有的器件支持所有的配置策略,表 8-19 列出了各种 FPGA 器件所能使用的配置策略。一旦决定在目标器件上使用何种适当的配置策略,就要将 FPGA 芯片上的模式选择引脚 MSEL 置为相应的值。

表 8-19 各系列芯片配置模式一览

器 件 系 列	配 置 模 式							
	AS	AP	PS	PPS	FPP	PPA	PSA	JTAG
Stratix Ⅳ	✓	—	✓	—	✓	—	—	✓
Stratix Ⅲ	✓	—	✓	—	✓	—	—	✓
Stratix Ⅳ、Stratix Ⅱ GX	✓	—	✓	—	✓	✓	—	✓
Stratix、Stratix GX	—	—	✓	—	✓	✓	—	✓
Arria GX	✓	—	✓	—	✓	✓	—	✓
Cyclone Ⅲ	✓	✓	✓	—	✓	—	—	✓
Cyclone Ⅱ	✓	—	✓	—	—	—	—	✓
Cyclone	✓	—	✓	—	—	—	—	✓
APEX Ⅱ	—	—	✓	—	✓	✓	—	✓
APEX 20K	—	—	✓	✓	—	✓	—	✓
Mercury	—	—	✓	—	—	✓	—	✓
ACEX 1K	—	—	✓	✓	—	✓	—	✓
FLEX 10K	—	—	✓	✓	—	✓	—	✓
FLEX 6000	—	—	✓	—	—	—	✓	—

下面以目前使用较广泛的 Cyclone Ⅱ FPGA 芯片为例介绍几种常见的配置策略下的典型电路连接方式。

Cyclon Ⅱ 器件可使用三种配置策略:AS、PS 和 JTAG。一般来说,AS 配置时钟为 20MHz,但是使用增强配置器件 EPCS16 和 EPCS64 时,配置时钟频率可达到 40MHz。不同的配置策略下需要设置不同的 MSEL 值,但是 JTAG 策略具有优先权,也就是说,可忽略 MSEL 的值,但是要注意不要使 MSEL 悬空,应连接至 V_{CCIO} 或地。

1. AS 配置策略

在 AS 配置策略下,使用串行配置器件对 Cyclone Ⅱ 芯片实现低功耗配置。通过设置 MSEL[1:0]为 00 或 10 可处于 20MHz 或 40MHz 配置模式。

(1) 单个器件的 AS 配置。

在 AS 配置策略下,串行配置器件与 Cyclone Ⅱ 芯片有 4 个引脚相连接,这 4 个引脚是串行时钟输入(DCLK)、串行数据输出(DATA)、AS 数据输入(ASDI)和低电平有效芯片选择引脚(nCS)。如图 8-11 所示为配置芯片与 Cyclone Ⅱ FPGA 的连接方式。图中 V_{CC} 接 3.3V 电源,Cyclone Ⅱ 器件主要通过 ASDO 引脚来主动控制串行配置芯片。整个配置过程包括重启、配置和初始化三个阶段。详细的配置过程可参见 Altera 的配置手册。

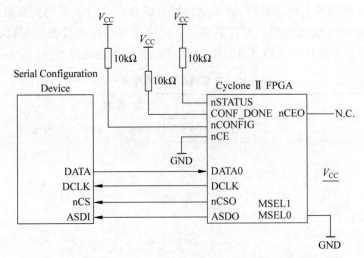

图 8-11　单个器件的 AS 配置

（2）多个器件的 AS 配置。

Cyclone Ⅱ也支持使用单个串行配置器件对多个 Cyclone 器件进行配置。通过使用
nCE(Chip-Enable)和 nCEO(Chip-Enable Out)引脚将 Cyclone 器件级联起来。第一个级联
的 Cyclone Ⅱ 器件称为主设备（Master Device），后面的级联器件称为从设备（Slave
Device），主设备控制整个链路上 FPGA 芯片的配置工作，它使用 AS 模式为自己配置数据，
使用 PS 模式为从设备配置数据。任何一个支持 PS 配置策略的 FPGA 芯片都可以成为从
设备。如图 8-12 所示是多个 Cyclone Ⅱ器件的配置电路连接图。需要注意的是，Cyclone Ⅱ
器件可以被级联，但是串行配置芯片不可以级联。

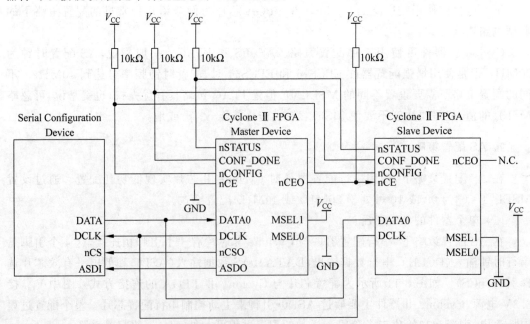

图 8-12　多个器件的 AS 配置

（3）串行配置器件的在系统编程。

串行配置器件是一种非易失性的、基于 Flash 存储器的元件，对它的配置一般使用下载线来完成。如图 8-13 所示是使用 Byte Blaster/USB Blaster 对它进行配置的电路连接图。当对串行配置芯片进行配置时，FPGA 的 nCE 信号为高电平，用来禁止 FPGA 访问配置芯片；nCONFIG 信号为低电平，用来使 FPGA 处于复位状态。

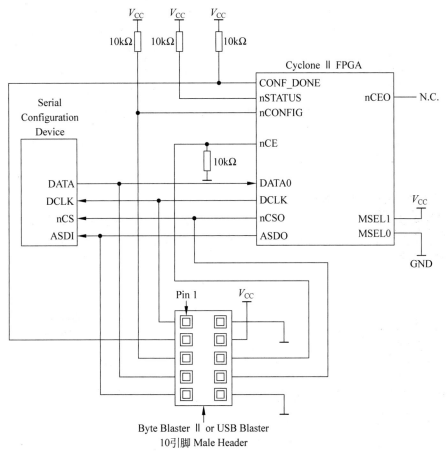

图 8-13 AS 策略下串行配置芯片的 ISP

2. PS 配置策略

当 Cyclone Ⅱ 的 MSEL[1:0]为 01 时，表示处于被动配置策略。可以使用配置芯片、下载线或微处理器进行被动配置。在 DCLK 的上升沿时，配置数据通过 FPGA 的 DATA0 引脚输入。

（1）Max Ⅱ 芯片作为内部微处理器的 PS 配置。

在被动配置策略中，MAX Ⅱ 器件可以作为微处理器来控制配置数据从存储设备（如 Flash Memory）送到 FPGA 中。配置数据在存储设备中的存储格式有多种，如 RBF、HEX 或 TTF 格式。如图 8-14 所示是使用微处理器的单个 Cyclone 芯片的 PS 配置电路连接。当然，也可以使用 MAX Ⅱ 芯片对 Cyclone 芯片级联式 PS 配置，这里不再详细讨论。

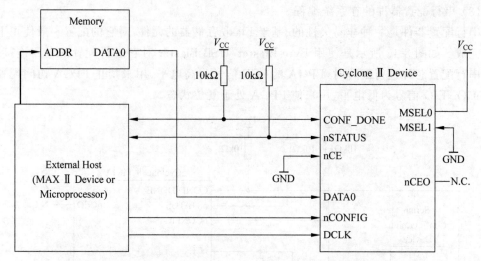

图 8-14　MAX Ⅱ器件对 Cyclone Ⅱ器件的 PS 配置

（2）使用配置器件的 PS 配置。

在 PS 模式下，可以使用 EPC1、EPC2 或增强型配置器件对 Cyclone Ⅱ进行配置。使用增强型配置器件的 PS 配置电路图如图 8-15 所示。同样，也可以使用配置器件对 Cyclone Ⅱ器件进行级联配置。

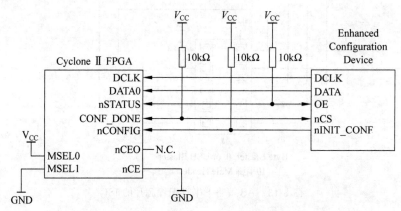

图 8-15　增强型配置器件对 Cyclone Ⅱ器件的 PS 配置

（3）使用下载线的 PS 配置。

在 PS 配置下，可以使用 USB Blaster、Master Blaster、Byte Blaster Ⅱ或者 ByteBlasterMV 作为下载线对 Cyclone Ⅱ芯片进行配置。具体的电路连接如图 8-16 所示。同样，也支持多片 FPGA 级联的下载线 PS 配置。

要注意，当 Cyclone Ⅱ FPGA 系统板上有配置芯片配置电路连接情况下进行下载线配置时，需要将隔断配置器件与 FPGA 芯片的所有电气连接。一般的做法是在配置器件和 FPGA 芯片之间的连线上增加多路器逻辑，以便在配置器件和下载线之间做选择。

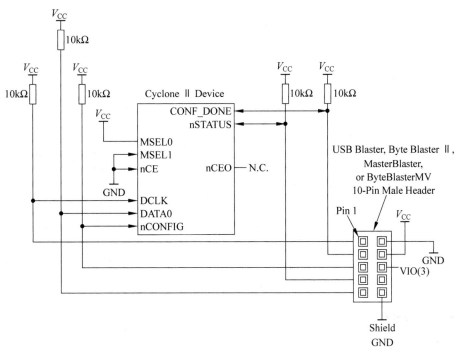

图 8-16 使用下载线的 PS 配置

3. JTAG 配置策略

JTAG 组织开发了边界扫描测试(Boundary-Scan Testing,BST)的规范。这种 BST 结构可以在不使用物理探针,也不捕获器件运行数据的情况下对引脚连接进行测试,同时也能用来将配置数据配置到 FPGA 器件中。Quartus Ⅱ 软件在对设计进行编译后生成 . sof 文件,. sof 文件可以使用下载线通过 JTAG 策略方式编程配置到 FPGA 器件。对于 Cyclone Ⅱ器件,JTAG 策略是优先于其他所有配置策略的。例如,在 PS 配置策略下,可以随时对其进行中断而进行 JTAG 配置。

在 JTAG 模式,FPGA 芯片主要使用 4 个引脚:TDI(Test Data In)、TDO(Test Data Output)、TMS(Test Mode Select)和 TCK(Test Clock Input)。配置策略下,当 TCK 信号上升沿时,串行配置数据经过 TDI 进入 FPGA。

(1) 使用下载线的单片 JTAG 配置。

JTAG 配置策略下,可以使用 USB Blaster、Master Blaster、Byte Blaster 或 ByteBlasterMV 下载线来下载数据至 FPGA 芯片。如图 8-17 所示为对 Cyclone Ⅱ 器件的 JTAG 配置电路图。

(2) 使用下载线的多片 JTAG 配置。

使用下载线进行多片 JTAG 配置的电路结构图如图 8-18 所示。具体可以级联几个 FPGA 芯片主要由下载线的驱动能力来决定。当有 4 个以上的 FPGA 芯片被级联时,建议对 TCK、TMS 和 TDI 增加板上 Buffer。

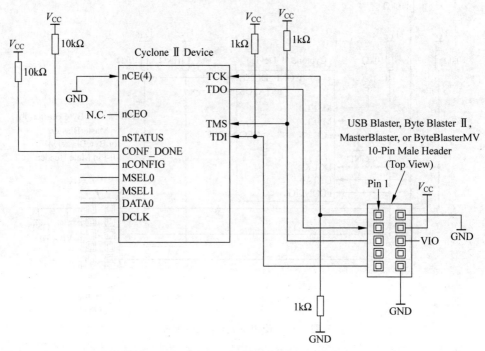

图 8-17　使用下载线的单片 JTAG 配置

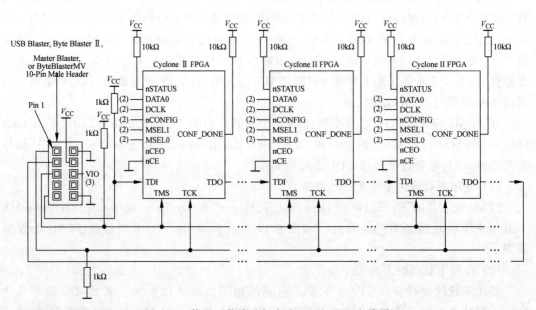

图 8-18　使用下载线进行多片 JTAG 配置电路图

8.4.3　下载电缆驱动程序安装指导

本节以 USB-Blaster 下载电缆为例介绍驱动程序的安装过程。

当 USB-Blaster 一端与 FPGA 系统板相连,另一端接入 PC 的 USB 端口时,弹出"找到新的硬件向导"对话框。如图 8-19 所示。在对话框中选中"从列表或指定位置安装(高级)"单选按钮,然后单击"下一步"按钮。

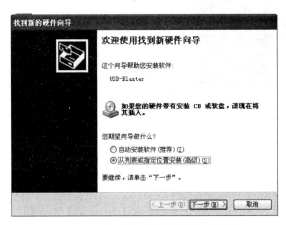

图 8-19　"找到新的硬件向导"对话框

在打开的图 8-20 中选中"在搜索中包括这个位置"复选框,单击"浏览"按钮,指定路径为 C:\altera\90\quartus\drivers\usb-blaster,然后单击"下一步"按钮。

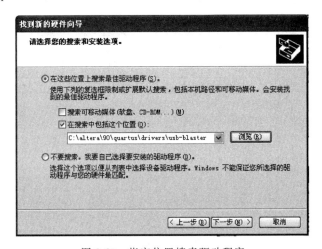

图 8-20　指定位置搜索驱动程序

硬件向导会从指定位置找到驱动程序,然后安装完成,弹出如图 8-21 所示对话框,单击"完成"按钮即安装好驱动程序。

8.4.4　Quartus Ⅱ 9.0 下的编程下载

由于下载方式有多种,因此在进行下载之前,首先要确定自己的下载电缆类型,另外要

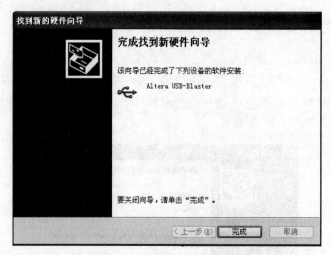

图 8-21　驱动程序安装完成

看 FPGA 系统板上是否有专用配置器件,是否决定向配置芯片中编程下载,这些都决定了进行编程配置过程中的选择和设置。

这里以 Quartus Ⅱ 9.0 软件平台下,使用 USB-Blaster 下载线的 JTAG 配置策略对 FPGA 系统开发板的下载为例,说明下载过程。

在 Quartus Ⅱ 9.0 软件下,先对设计好的 project 指定 FPGA 器件类型(这里以 Cyclone ⅡEP2C35F672C6N 为例),然后进行 full compilation。当编译成功后,选择 Tools → Programmer 命令,弹出如图 8-22 所示对话框。

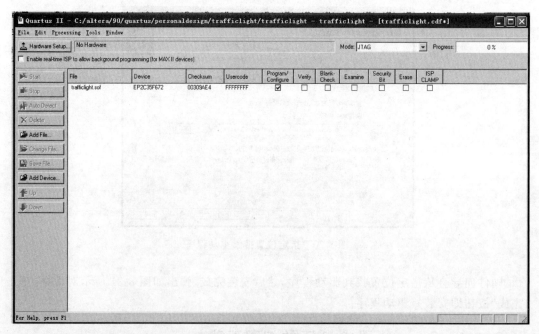

图 8-22　Programmer 页面

单击 Hardware Setup 按钮,弹出如图 8-23 所示对话框,在 Currently selected hardware 下拉列表中选择 USB-Blaster[USB-0],然后单击 Close 按钮。

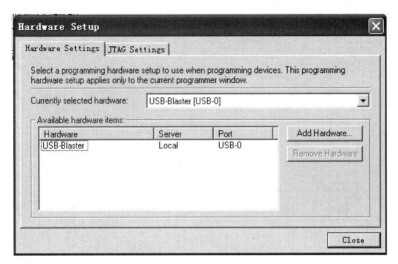

图 8-23 Hardware Setup 对话框

当 FPGA 系统板上电时,配置模式选为 JTAG,在图 8-24 中单击 Start 按钮,即开始编程下载。当编程结束时,可看到图中右上方的 progress 进程为 100%。此时即完成了 FPGA 器件的配置,FPGA 器件已具备了所设计的逻辑功能。

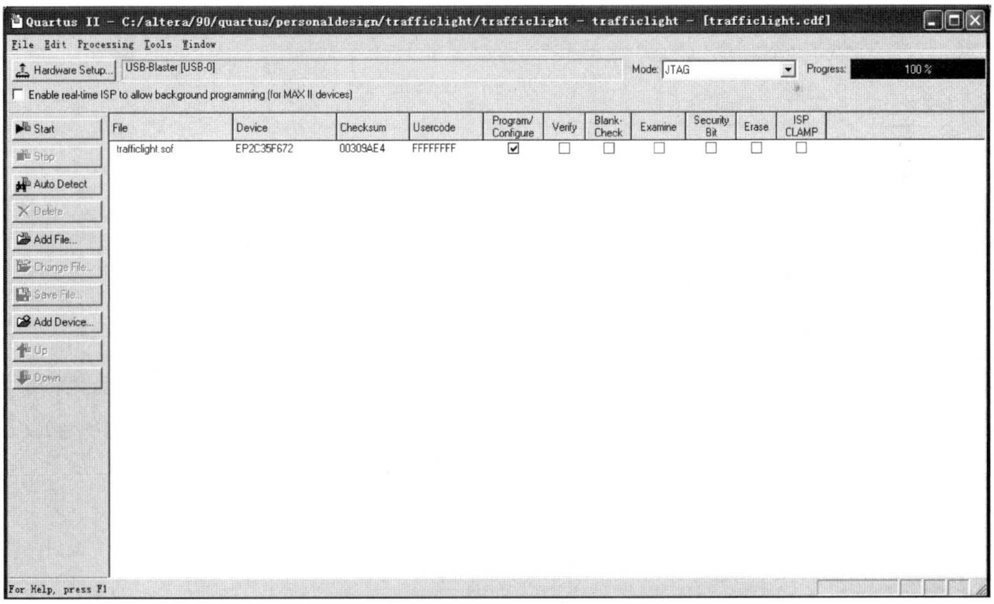

图 8-24 将 Mode 选择为 JTAG

另外,在 JTAG 模式下载前,可以测试 FPGA 芯片的 JTAG 链是否功能正确。在图 8-24 中选择 Processing→JTAG Chain Debugger 命令,弹出如图 8-25 所示对话框。单击 Test JTAG Chain 按钮,即可得到测试结果。

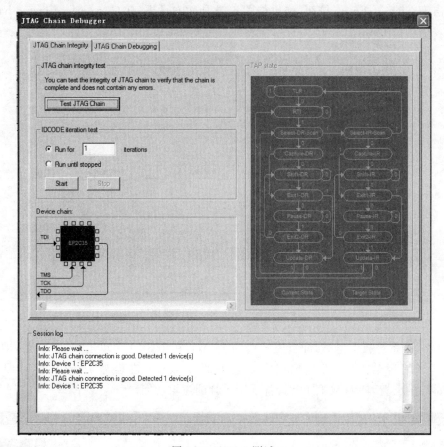

图 8-25　JTAG 测试

8.5　小结

本章回顾了可编程逻辑器件的发展历程,展望了发展趋势,对 CPLD 和 FPGA 器件的基本机构做了简单分析。针对 Altera 公司的 CPLD/FPGA 器件,给出了较为详细的系列产品特点、结构和应用范围。在实际的系统开发和使用中,应该根据系统设计需求,针对不同型号的结构特点进行器件选择,使用适合系统需求的芯片进行开发,从而更好地实现设计目的。一般来说,在器件选择上,在性能可以满足的情况下优先选择低成本器件。

习题 8

1. Altera 第五代 28nm 系列产品的特点和优势是什么?

2. 列出 Altera 的 Cyclone、Arria 和 Stratix 各系列产品的不同特点和应用范围。

3. 编程配置策略有哪些? 实际中如何选择不同的配置策略?

第 **9** 章

数字电路与系统的设计实例

本章通过 5 个综合设计实例展示了使用 Verilog HDL 硬件描述语言设计数字电路系统的方法,每个实例都采用模块化设计方法,详细地介绍了各模块的功能和逻辑设计程序,以启迪读者的思维。通过本章的学习和实践,读者就能自己设计出比较复杂的数字逻辑电路。

9.1 三层电梯控制器设计

三层电梯控制器的基本功能是根据用户在电梯内外所按下的命令按键,发出电梯上升、下降或停止的动作指示。电梯内的命令按键主要是前往 1、2 和 3 楼的按键;电梯外的命令按键则分布在三个楼层的电梯入口处,分别是 1 楼的上行、2 楼的上行和下行以及 3 楼的下行。

9.1.1 模块划分

本设计主要由一个电梯控制模块、两个显示转换模块和一个分频模块组成。

1. 电梯控制模块

电梯控制模块是整个程序的核心,设计思想是将电梯的状态分为两个状态:上升状态和下降状态。当电梯分别处于 1 楼、2 楼和 3 楼时,根据电梯外部或内部发出的指令进行上升或下降操作。输入信号主要是电梯内外的命令按键,输出信号则是与命令相对应的指示灯、楼层号、上升下降信号和开关门信号。

2. 显示转换模块

显示转换模块共包含楼层显示和开、关门信号显示两个转换模块。楼层显示模块的主要功能是将 4 位二进制的楼层信号转换为 7 段 LED 码显示;开、关门信号显示模块的主要功能为当接收到开门或关门信号时,通过模块转换,使 8 个指示灯模拟一个开门或关门的动画效果。

3. 分频模块

分频模块是负责将系统板上的 50MHz 时钟信号分频为 1Hz 左右的时钟信号,分频后的时钟信号为上述两个模块提供所需时钟。

9.1.2　电梯控制模块

电梯控制模块的编程思想是设计一个由 23 个状态组成的状态机,这 23 个状态包括上升、下降、停止、开门、关门和电梯运行时的各种延迟。

电梯控制模块的电路符号如图 9-1 所示,该模块共由 9 个输入信号和 7 个输出信号组成,各端口含义如下。

输入端口:

up1,up2,down2,down3 分别是电梯外部 1 楼上行、2 楼上行和下行、3 楼下行信号。

stop1,stop2,stop3 是电梯内部所要到达的楼层请求信号。

clk 为时钟信号。

reset 为复位信号。

输出端口:

uplight [2..1]为 up2 和 up1 命令对应的指示灯。

downlight [3..2]为 down3 和 down2 命令对应的指示灯。

stoplight [3..1]为 stop3、stop2 和 stop1 命令对应的指示灯。

udsig 为电梯上升和下降信号显示。

cdisplay 为电梯所在楼层显示。

tdisplay 为运行倒计时信号显示。

doorlight 为开、关门信号显示。

Parameter...	Value...
stopon1	B"00000"

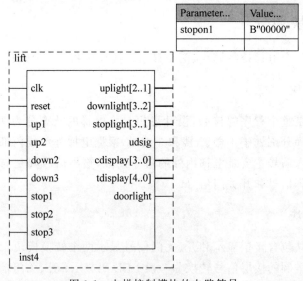

图 9-1　电梯控制模块的电路符号

程序代码如下。

```
module lift (clk, reset, up1, up2, down2, down3, stop1, stop2, stop3, uplight,
             downlight, stoplight, udsig, cdisplay, tdisplay, doorlight);
input clk, reset;
input up1, up2, down2, down3, stop1, stop2, stop3;
```

```
output [2:1] uplight;
output [3:2] downlight;
output [3:1] stoplight;
output  udsig, doorlight;
output [3:0] cdisplay;
output [4:0] tdisplay;
reg [2:1] uplight;
reg [3:2] downlight;
reg [3:1] stoplight;
reg   udsig,doorlight;
reg [3:0] cdisplay;
reg [4:0] tdisplay;
reg [4:0] state;
reg  clearup;
reg  cleardn;
reg [1:0] position;
parameter [4:0]
stopon1 = 0, dooropen = 1, doorclose = 2,
wait1 = 3, wait2 = 4, wait3 = 5,
wait4 = 6, wait5 = 7, wait6 = 8,
wait7 = 9, wait8 = 10, wait9 = 11,
up = 12, down = 13, stop = 14,
swup2 = 15, swup3 = 16, swup4 = 17,
swup5 = 18, swdn2 = 19, swdn3 = 20,
swdn4 = 21, swdn5 = 22;      //状态机的 23 种状态
initial
begin
    state <= stopon1;
end
always @ (posedge clk or posedge reset)
begin : fsm
    reg[1:0] pos;
    position <= pos ;
    if (reset)
    begin
        state <= stopon1 ;
        clearup <= 1'b0 ;
        cleardn <= 1'b0 ;
    end
    else
    begin
      case (state)
            //电梯的初始状态,停在 1 楼
            stopon1 :begin
                        doorlight <= 1'b1 ;
                        pos = 1;
                        state <= wait1 ;
                        udsig <= 1'b0 ;
```

```verilog
                cdisplay <= 4'b0001 ;
                tdisplay <= 5'b00000 ;
            end
    wait1 :   state <= wait2 ;
    wait2 :   begin
                clearup <= 1'b0 ;
                cleardn <= 1'b0 ;
                state <= wait3 ;
            end
    wait3 :   state <= wait4 ;
    wait4 :   state <= wait5 ;
    wait5 :   state <= doorclose ;
    //电梯关门
    doorclose : begin
                doorlight <= 1'b0 ;
                state <= wait6 ;
            end
    wait6 :   state <= wait7 ;
    wait7 :   state <= wait8 ;
    wait8 :   begin
                state <= wait9 ;
                if (!udsig)              //电梯处于上升方向
                begin
    //判断电梯所在的位置,以及外部的命令信号,从而进行升、降操作
                    if (pos == 3)         //当前电梯位置在 3 楼
                    begin
                      if ((stoplight | uplight |downlight) == 3'b000)   //外部没有命令
                        begin     udsig <= 1'b0 ; state <= doorclose ; end
                      else if (stoplight[3] | downlight[3])
                      //由于外部命令是 stop3 和 down3,因此电梯无须动作
                      state <= stop ;
                      else
                      //其他外部命令,电梯都是下降
                        begin     udsig <= 1'b1 ; state <= down ; end
                    end
                    else if (pos == 2)
                    begin
                      if ((stoplight | uplight |downlight) == 3'b000)
                        begin   udsig <= 1'b0 ; state <= doorclose ;   end
                      else if (downlight[3] | stoplight[3])
                        begin     udsig <= 1'b0 ; state <= up ;    end
                      else if (stoplight[2] | downlight[2] | uplight[2])
                        state <= stop ;
                      else
                        begin     udsig <= 1'b1 ;state <= down ;    end
                    end
                    else if (pos == 1)
                    begin
```

```
            if ((stoplight | uplight |downlight) == 3'b000)
              begin  udsig <= 1'b0 ; state <= doorclose ;   end
            else if (stoplight[1] | uplight[1])
              state <= stop ;
            else
              begin  udsig <= 1'b0 ;  state <= up ;  end
        end
    end
    else if (udsig)            //电梯处于下降方向
      if (pos == 1)
      begin
        if ((stoplight | uplight |downlight) == 3'b000)
          begin   udsig <= 1'b0 ; state <= doorclose ;  end
        else if (stoplight[1] | uplight[1])
          state <= stop ;
        else
          begin   udsig <= 1'b0 ; state <= up ;  end
      end
      else if (pos == 2)
      begin
        if ((stoplight | uplight |downlight) == 3'b000)
          begin   udsig <= 1'b1 ; state <= doorclose ;  end
        else if (stoplight[1] | uplight[1])
          begin   udsig <= 1'b1 ;state <= down ;   end
          else if (stoplight[2] | downlight[2] | uplight[2])
            state <= stop ;
          else
            begin   udsig <= 1'b0 ; state <= up ;  end
      end
      else if (pos == 3)
      begin
        if ((stoplight | uplight |downlight) == 3'b000)
          begin   udsig <= 1'b1 ; state <= doorclose ;   end
        else if (stoplight[2] | downlight[2] | uplight[2] | stoplight[1] |
                             uplight[1])
        begin   udsig <= 1'b1 ; state <= down ;   end
          else if (stoplight[3] | downlight[3])
            state <= stop ;
      end
    end
//电梯上升
up :      begin   state <= swup5 ; tdisplay <= 5'b10000 ;   end
swup5 :   begin    state <= swup4 ; tdisplay <= 5'b01000 ;   end
swup4 :   begin    state <= swup3 ; tdisplay <= 5'b00100 ;   end
swup3 :   begin    state <= swup2 ; tdisplay <= 5'b00010 ;   end
swup2 :   begin
            tdisplay <= 5'b00001 ;
            pos = pos + 1;
```

```verilog
           if (pos == 1)          cdisplay <= 4'b0001 ;
           else if (pos == 2)     cdisplay <= 4'b0010 ;
           else if (pos == 3)     cdisplay <= 4'b0011 ;
           else                   cdisplay <= 4'b0000 ;
           if (pos == 2 & (stoplight[3] | downlight[3]))
              state <= up ;
           else
           begin
              state <= stop ;
              tdisplay <= 5'b00000 ;
           end
        end
//电梯下降
down :   begin   state <= swdn5 ; tdisplay <= 5'b10000 ;   end
swdn5 :  begin   state <= swdn4 ; tdisplay <= 5'b01000 ;   end
swdn4 :  begin   state <= swdn3 ; tdisplay <= 5'b00100 ;   end
swdn3 :  begin   state <= swdn2 ; tdisplay <= 5'b00010 ;   end
swdn2 :   begin
              tdisplay <= 5'b00001 ;
              pos = pos - 1;
              if (pos == 1)          cdisplay <= 4'b0001 ;
              else if (pos == 2)     cdisplay <= 4'b0010 ;
              else if (pos == 3)     cdisplay <= 4'b0011 ;
              else                   cdisplay <= 4'b1111 ;
           if (pos == 3 & (stoplight[2] | downlight[2] | stoplight[1] | uplight[1]))
              state <= down ;
           else if (pos == 2 & (stoplight[1]| uplight[1]))
              state <= down ;
           else if (pos == 2 & uplight[2] & (stoplight[1]| uplight[1]))
              state <= down ;
           else
           begin
              state <= stop ;
              tdisplay <= 5'b00000 ;
           end
        end
//电梯停下
stop :   begin
              state <= dooropen ;
              tdisplay <= 5'b00000 ;
        end
//电梯开门
dooropen :begin
              doorlight <= 1'b1 ;
              clearup <= 1'b1 ;
              cleardn <= 1'b1 ;
              state <= wait1 ;
        end
```

```
                default : state <= stopon1 ;
            endcase
        end
    end
    always @(posedge clk)
    begin : shu_ru
        if (reset)
        begin
            stoplight <= 3'b000 ;
            uplight <= 3'b000 ;
            downlight <= 3'b000 ;
        end
        else
        begin
            if (clearup)
            begin
                //清除指示灯
                stoplight[position] <= 1'b0 ;
                uplight[position] <= 1'b0 ;
            end
            else
            begin
                //设置指示灯
                if (up1)    uplight[1] <= 1'b1 ;
                if (up2)    uplight[2] <= 1'b1 ;
            end
            if (cleardn)
            begin
                stoplight[position] <= 1'b0 ;
                downlight[position] <= 1'b0 ;
            end
            else
            begin
                if (down2)  downlight[2] <= 1'b1 ;
                if (down3)  downlight[3] <= 1'b1 ;
            end
            if (stop1)    stoplight[1] <= 1'b1 ;
            if (stop2)    stoplight[2] <= 1'b1 ;
            if (stop3)    stoplight[3] <= 1'b1 ;
        end
    end
endmodule
```

9.1.3 显示转换模块

1. 楼层显示模块

在上述电梯控制模块的主程序中,楼层号是通过二进制码输出,为了使设计更人性化,更接近生活,楼层显示模块将 4 位二进制码转变为 7 段 LED 码,最终通过开发板上的 7 段数码管显示。

楼层显示模块的电路符号如图 9-2 所示。输入端口 a 是电梯楼层号,输出端口 y 是输出数码管显示信号。

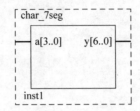

图 9-2　楼层显示模块的电路符号

程序代码如下。

```
module char_7seg (a, y);
input[3:0] a;
output[6:0] y;
wire[6:0] y;
assign y = (a == 4'b0000) ? 7'b1000000 :
           (a == 4'b0001) ? 7'b1111001 :
           (a == 4'b0010) ? 7'b0100100 :
           (a == 4'b0011) ? 7'b0110000 :
           (a == 4'b0100) ? 7'b0011001 :
           (a == 4'b0101) ? 7'b0010010 :
                            7'b1111111 ;
endmodule
```

2. 开、关门信号显示模块

开、关门信号显示模块把原本单一的一个指示灯亮起转变为一个连续的动画效果。具体为整个电梯门由 8 个指示灯组成,当开门时指示灯将分成 4 个步骤从中间开始两个一组熄灭,直至最后 8 个全灭。而关门时则从两边开始两个一组亮起,直至全部亮起。

开、关门信号显示模块的电路符号如图 9-3 所示。输入端口 a 是开门输入信号,输入端口 clk 是时钟信号,输出端口 y 是 8 个 LED 灯。

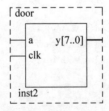

图 9-3　开、关门信号显示模块的电路符号

程序代码如下。

```
module dooropen (a, clk, y);
input a;
input clk;
output[7:0] y;
```

```
wire[7:0] y;
reg[2:0] q;
assign y = (q == 0) ? 8'b11111111 :
            (q == 1) ? 8'b11100111 :
            (q == 2) ? 8'b11000011 :
            (q == 3) ? 8'b10000001 :
                       8'b00000000 ;
always @(posedge clk)
if (a == 1'b1)
        if (q < 4)
            q <= q + 1 ;
    else
        if (q > 0)
            q <= q - 1 ;
endmodule
```

9.1.4 分频模块

分频模块的主要功能是对电路板提供的时钟信号进行分频,分频值可根据 n 进行设置。其电路符号如图 9-4 所示。输入端口 clk_in 是输入时钟信号,输出端口 clk_out 是分频后的输出时钟信号。

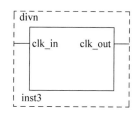

图 9-4 时钟信号分频模块的电路符号

程序代码如下。

```
module divn (clk_in, clk_out);
input clk_in;
output clk_out;
wire clk_out;
reg[25:0] q;
parameter n  = 50000000;
assign clk_out = (q < n/ 2) ? 1'b1 : 1'b0 ;
always @(posedge clk_in)
    if (q == n - 1)
        q <= 0 ;
    else
        q <= q + 1 ;
endmodule
```

9.1.5 系统电路图

系统电路图如图 9-5 所示。

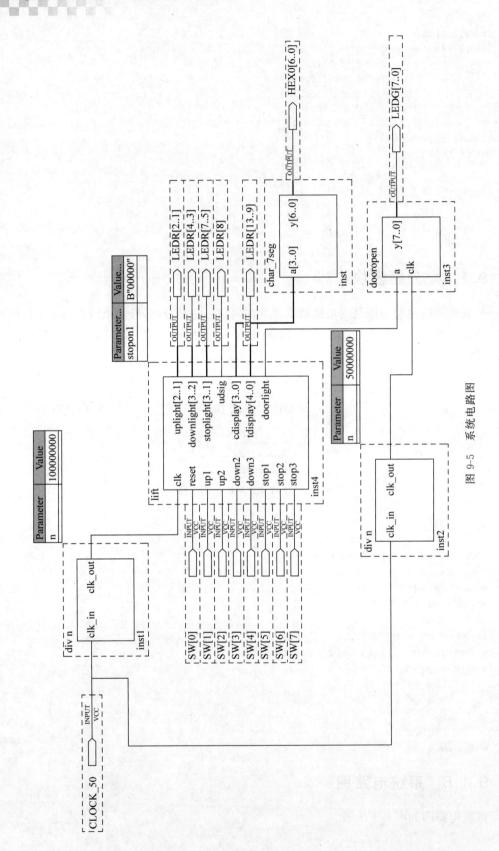

图 9-5　系统电路图

9.2 出租车计价器设计

出租车计价器的设计要求是模拟两档车速进行出租车计价,3km 内车费为 7 元,超出 3km,每千米加收 2 元。里程显示使用 3 位 7 段码,路费显示使用 4 位 7 段码,显示时使用动态扫描模式。按可综合风格编写设计代码,使最终的硬件电路占有较少的逻辑资源,具备较快的运算速度。

9.2.1 系统分析和模块划分

出租车计价器系统引脚图如图 9-6 所示,有 4 个输入引脚和 4 个输出引脚。各引脚的含义如下。

输入引脚如下。

clk:系统时钟。

start:计费开始和暂停,用按键表示。

stop:计费停止。

speed:速度档位调节,用拨码开关表示。

输出引脚如下。

dis_pianxuan:里程显示的动态扫描片选信号。

dis_seven_seg:里程显示 7 段码。

mon_pianxuan:金额显示的动态扫描片选信号。

mon_seven_seg:金额显示 7 段码。

系统采用分模块设计方法,共分为三个子模块,分别为速度调节模块、里程显示模块和金额显示模块。系统结构如图 9-7 所示。

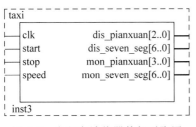

图 9-6 出租车计价器外部引脚图

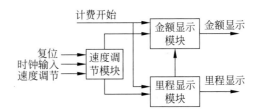

图 9-7 出租车计价器系统框图

1. 速度调节模块

本设计采用模拟车速,车速不同计费也不同。速度调节模块给出了两种速度选择。设计的里程显示和金额显示都为动态扫描显示,因此速度调节模块也给出了扫描时钟。

2. 里程显示模块

里程显示模块根据速度调节模块给出的时钟信号工作。里程显示使用 3 位 7 段码。设计中充分考虑了溢出的情况。动态扫描显示也设计在其中。

3. 金额显示模块

金额显示模块根据速度调节模块给出的时钟信号工作,与里程显示模块保持时钟同步。计费开始时,金额显示模块和里程显示模块同时工作。计费金额显示 4 位数,同样给出了动态扫描显示设计。

9.2.2　速度调节模块

速度调节模块的电路符号如图 9-8 所示,该模块共由 3 个输入信号和两个输出信号组成,各端口含义如下。

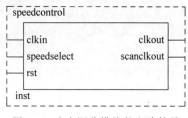

图 9-8　速度调节模块的电路符号

输入端口如下。

clkin:晶振时钟输入端。

speedselect:模拟车速输入。

rst:系统复位信号。

输出端口如下。

clkout:分频后的时钟,可分为两个频率,表示两种车速。

scanclkout:产生的扫描时钟。

程序代码如下。

```verilog
module speedcontrol (clkin,speedselect,rst,clkout,scanclkout);
input clkin,rst;
input speedselect;
output wire clkout,scanclkout;
reg [0:31] scancounter,counter;
reg clk,scanclk;
assign clkout = clk;
assign scanclkout = scanclk;
always @(posedge clkin)
    if(rst)
        begin
            clk < = 0;
            counter < = 0;
        end
    else if (speedselect)
        begin                          //分频为 1Hz
            if (counter > = 'd24999999)
                begin
                counter < = 0;
                clk < = !clk;
                end
            else
            counter < = counter + 'd1;
        end
    else
```

```
        begin                              //分频为 2Hz
            if (counter > = 'd12499999)
                begin
                    counter < = 8'd0;
                    clk < = !clk;
                end
            else
                counter < = counter + 'd1;
        end
always @ (posedge clkin)                   //扫描时钟频率为 10Hz
    if(rst)
        begin
            scancounter < = 'd0;
            scanclk < = 0;
        end
    else if(scancounter > = 'd2499999)
            begin
                scancounter < = 0;
                scanclk < = !scanclk;
            end
    else
        scancounter < = scancounter + 'd1;
endmodule
```

使用 modelsim 工具进行仿真时的 Testbench 如下。

```
module speedcontrol_tb;
reg clkin, rst, speedselect;
wire clkout, scanclkout;
initial
    begin
        clkin = 0;
        rst = 0;
        speedselect = 0;
        #5 rst = 1;
        #10 rst = 0;
        #30 speedselect = 1;
    end
always #4 clkin = !clkin;
speedcontrol spedcon(clkin, speedselect, rst, clkout, scanclkout);
endmodule
```

9.2.3 里程显示模块

里程显示模块的电路符号如图 9-9 所示。输入/输出端口含义如下。

输入端口如下。

clkout：时钟输入端，来自速度调节模块。有两挡，表示两种速度模式。

scanclkout：扫描时钟输入。

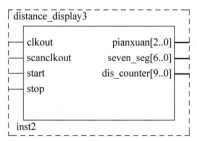

图 9-9 里程显示模块的电路符号

start：里程计算开始和暂停。

stop：系统复位。

输出端口如下。

pianxuan [2..0]：动态扫描片选。

seven_seg [6..0]：7 段码里程显示。

dis_counter [9..0]：把里程数送给金额显示模块，以便金额显示模块给出正确的计费。

程序代码如下。

```verilog
module distance_display(clkout, scanclkout, start, stop, pianxuan, seven_seg, dis_counter);
input clkout, scanclkout;
input start, stop;                    //开始,暂停,复位
output reg [2:0] pianxuan;
output reg [6:0] seven_seg;
output reg [9:0] dis_counter;         //送给金额显示模块
reg [3:0] dis0, dis1, dis2;           //个位,十位,百位
reg [3:0] segout;
wire over0, over1;
reg [1:0] scan_counter;
assign over0 = (dis1 == 'd9) &&( dis0 == 'd9);
assign over1 = over0 && (dis2 == 'd9);
always @(posedge clkout)
begin
        if (stop)                     //code 1
            dis_counter <= 0;
        else if(start)
                if(dis_counter >= 'd999)
                    dis_counter <= 0;
                else
                    dis_counter <= dis_counter + 1;
        if(stop)                      //code 2
            dis0 <= 0;
        else if(start)
                if(dis0 == 'd9)
                    dis0 <= 0;
                else
                    dis0 <= dis0 + 1;
        if(stop)                      //code 3
                dis1 <= 0;
        else if (start)
                if(over0)
                    dis1 <= 0;
                else if(dis0 == 'd9)
                    dis1 <= dis1 + 1;
        if (stop)                     //code 4
                dis2 <= 0;
        else if (start)
                if(over1)
                    dis2 <= 0;
                else if(over0)
```

```
                dis2 < = dis2 + 1;
end
always @ (posedge scanclkout )
begin
        if (stop)                       //code 1
            scan_counter < = 0;
        else if(start)
                if(scan_counter > = 2'b10)
                    scan_counter < = 0;
                else
                    scan_counter < = scan_counter + 1;
        if(stop)                        //code 2
            begin
                segout < = 0;
                pianxuan < = 0;
            end
        else if (start)
            case(scan_counter)
                2'b00: begin segout < = dis0;pianxuan < = 3'b001; end
                2'b01: begin segout < = dis1;pianxuan < = 3'b010; end
                2'b10: begin segout < = dis2;pianxuan < = 3'b100; end
                default:begin segout < = 'bx; pianxuan < = 'bx; end
            endcase
        if (stop)                       //code 3
            seven_seg < = 0;
        else if(start)
            case(segout)
                4'b0000:    seven_seg < = 7'b0000001;//0
                4'b0001:    seven_seg < = 7'b1001111;//1
                4'b0010:    seven_seg < = 7'b0010010;//2
                4'b0011:    seven_seg < = 7'b0000110;//3
                4'b0100:    seven_seg < = 7'b1001100;//4
                4'b0101:    seven_seg < = 7'b0100100;//5
                4'b0110:    seven_seg < = 7'b0100000;//6
                4'b0111:    seven_seg < = 7'b0001111;//7
                4'b1000:    seven_seg < = 7'b0000000;//8
                4'b1001:    seven_seg < = 7'b0000100;//9
                default:    seven_seg < = 7'b1111111;
            endcase
end
endmodule
```

9.2.4　金额显示模块

金额显示模块根据里程显示模块给出的里程数计算应付的路费。其电路符号如图 9-10
所示。输入/输出端口含义如下。

输入端口如下。

clkout：时钟输入端，来自速度调节模块。有两挡，表示两种速度模式。

scanclkout：扫描时钟输入。

start：计费开始和暂停。

stop：系统复位。

dis_counter[9..0]：来自里程显示模块的里程数，作为计费的重要参考。

输出端口如下。

pianxuan[3..0]：动态扫描片选。

seven_seg[6..0]：7段码金额显示。

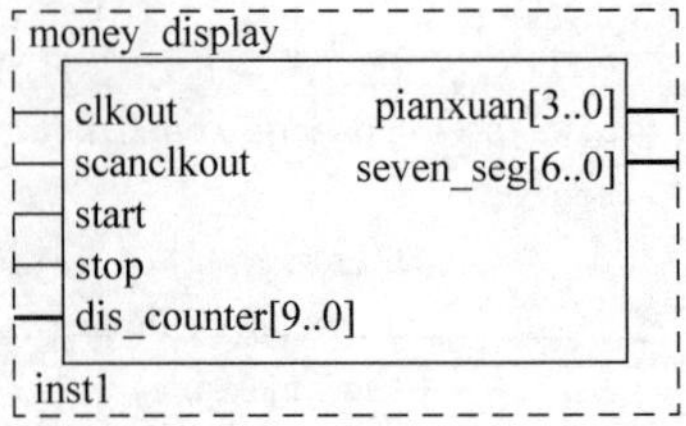

程序代码如下。

图9-10 金额显示模块的电路符号

```verilog
module money_display(clkout,scanclkout,start,stop,dis_counter,pianxuan,seven_seg);
input clkout,scanclkout;
input start,stop;
input[9:0] dis_counter;
output reg [3:0] pianxuan;
output reg [6:0] seven_seg;
reg [1:0] scan_counter;
reg [3:0] mon0,mon1,mon2,mon3;
reg [3:0] segout;
wire over3,over2,over1;
assign over1 = (mon1 > = 'd8 ‖ (mon1 == 'd7 && mon0 > = 'd8));
assign over2 = over1 &&(mon2 == 'd9);
assign over3 = over2 &&(mon3 == 'd9);
always@(posedge clkout)
begin
        if(stop)                        //code 1
            mon0 < = 0;
        else if(start)
                if(dis_counter <'d30)
                      mon0 < = 0;
                else if(mon0 > = 'd8 ‖ over3)
                      mon0 < = 0;
                else   mon0 < = mon0 + 'd2;
        if(stop)                        //code 2
            mon1 < = 0;
        else if(start)
                if(dis_counter <'d30)
                mon1 < = 0;
                else
                begin
                  if(mon0 == 'd8)
                      begin
                          if(mon1 == 'd7)    mon1 < = 'd0;
                          else if(mon1 == 'd8) mon1 < = 'd1;
                          else if(mon1 == 'd9)   mon1 < = 'd2;
                          else mon1 < = mon1 + 'd3;
                      end
                  else
                      begin
                          if(mon1 == 'd8)       mon1 < = 'd0;
```

```
                        else if( mon1 == 'd9)      mon1 < = 'd1;
                            else mon1 < = mon1 + 'd2;
                end
            end
        if(stop)                        //code 3
            mon2 < = 0;
        else if (start)
                if(dis_counter <'d30)
                    mon2 < = 'd7;
                else if(over1 )        //good
                    if(mon2 == 'd9)
                        mon2 < = 0;
                    else
                        mon2 < = mon2 + 1;
        if(stop)                        //code 3
            mon3 < = 0;
        else if (start)
                if(dis_counter <'d30)
                    mon3 < = 0;
                    //else if(mon2 == 'd9)
                    //if(mon1 == 'd8&&mon0 == 'd4)
                    //mon3 < = 0;
                    //else if(mon78)
                    //mon3 < = mon3 + 1;
                else if(over2)
                        if(mon3 == 'd9)
                            mon3 < = 'd0;
                        else mon3 < = mon3 + 'd1;
end
always @ (posedge scanclkout)
begin
    if (stop)                        //code 1
        scan_counter < = 0;
    else if(start)
        if (scan_counter > = 2'b11)
            scan_counter < = 0;
        else
            scan_counter < = scan_counter + 1;
    if (stop)                        //code 2
        begin
            pianxuan < = 0;
            segout < = 0;
        end
    else if (start)
        case(scan_counter)
            2'b00: begin segout < = mon0;pianxuan < = 4'b0001; end
            2'b01: begin segout < = mon1;pianxuan < = 4'b0010; end
            2'b10: begin segout < = mon2;pianxuan < = 4'b0100; end
            2'b11: begin segout < = mon3;pianxuan < = 4'b1000; end
        endcase
    if (stop)                        //code 3
```

```
                    seven_seg < = 0;
              else if(start)
                 case(segout)
                    4'b0000:    seven_seg < = 7'b0000001;        //0
                    4'b0001:    seven_seg < = 7'b1001111;        //1
                    4'b0010:    seven_seg < = 7'b0010010;        //2
                    4'b0011:    seven_seg < = 7'b0000110;        //3
                    4'b0100:    seven_seg < = 7'b1001100;        //4
                    4'b0101:    seven_seg < = 7'b0100100;        //5
                    4'b0110:    seven_seg < = 7'b0100000;        //6
                    4'b0111:    seven_seg < = 7'b0001111;        //7
                    4'b1000:    seven_seg < = 7'b0000000;        //8
                    4'b1001:    seven_seg < = 7'b0000100;        //9
                    default:    seven_seg < = 7'b1111111;
                 endcase
       end
       endmodule
```

使用 modelsim 进行里程显示模块和金额显示模块的联合仿真 Testbench 如下。

```
module taxi_dis3_mon_tb;
reg clkout, scanclkout, start, stop;
wire [2:0] dis_pianxuan;
wire [3:0] mon_pianxuan;
wire [6:0] dis_seven_seg;
wire [6:0] mon_seven_seg;
wire [9:0] dis_counter;
initial
    begin
        clkout = 0;
        scanclkout = 0;
        start = 0;
        stop = 1;
        #85   stop = 0;
        #5    start = 1;
    end
always #20 clkout = !clkout;
always #2 scanclkout = !scanclkout;
money_display mon_dis (clkout, scanclkout, start, stop, dis_counter, mon_pianxuan, mon_seven_
                seg);
distance_display dis_dis (clkout, scanclkout, start, stop, dis_pianxuan, dis_seven_seg, dis_
                    counter);
endmodule
```

9.2.5　系统电路图

出租车计价器的系统电路如图 9-11 所示。

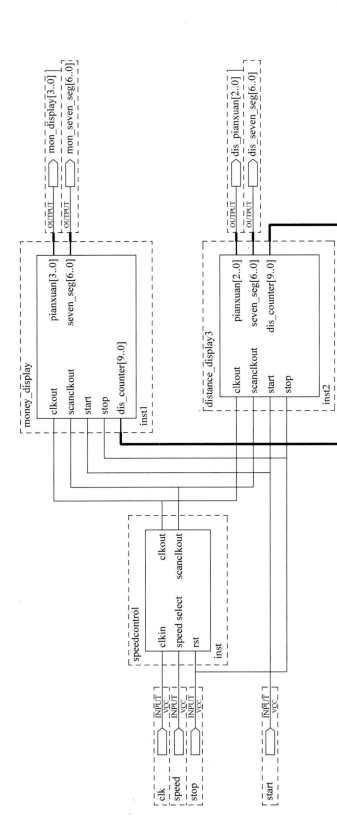

图 9-11　出租车计价器系统电路图

使用 modelsim 进行仿真时顶层 Testbench 如下。

```
module taxi_tb;
reg clk, start, stop, speed;
wire [2:0] dis_pianxuan;
wire [3:0] mon_pianxuan;
wire [6:0] dis_seven_seg;
wire [6:0] mon_seven_seg;
initial
begin
    clk = 0;
    start = 0;
    stop = 1;
    speed = 1;
    #5000000 start = 1;
    #80000000 stop = 0;
end
always #1 clk = !clk;
taxi taxi_t(clk, start, stop, speed, dis_pianxuan, dis_seven_seg, mon_pianxuan, mon_seven_seg);
endmodule
```

9.3 基于 FPGA 的电子点菜系统设计

设计要求：首先编写好菜单，使每道菜都有一个相应的编号，顾客只要输入一个编号，即可将所对应菜的信息(包括编号、名字、单价和口味)显示在 LCD 显示器上，按"确认"键后，将在 LED 上显示所选中的全部菜的总价。此外，如果选错了，可以按"清除"键清除，并可重新点菜。

9.3.1 系统分析和模块划分

根据设计要求，电子点菜系统可以划分为以下几个模块：输入控制模块、LCD 显示模块、菜单信息存储模块、总价计算模块和 LED 总价显示模块。各模块之间的关系如图 9-12 所示。

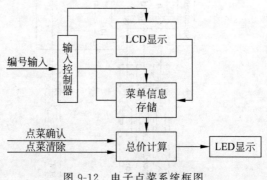

图 9-12 电子点菜系统框图

1．输入控制器模块

当顾客按菜名编号键时，通过该模块可以选择相应的菜名在存储单元中的地址增量以及控制 LCD 模块显示选中的菜名信息。此模块的输入信号为菜名编号，输出信号为所选菜名的地址增量以及 LCD 的复位信号。

2．LCD 显示模块

将选中菜的信息（编号、名字、单价和口味）从菜单信息存储模块中取出来并显示到 LCD 上。其输入信号为 50MHz 时钟信号、复位信号以及待输出字符的信号，输出为对 LCD 控制的 RS、RW、EN、DATA、LCD_ON 信号以及下一个要显示的字符在存储单元中的地址信号。

3．菜单信息存储单元

输入控制器产生的地址增量以及 LCD 显示模块中的地址信号拼接，产生即将要显示的字符的地址，其输入信号是 LCD 的地址信号以及输入控制器的地址增量信号，输出信号为下一个要显示字符的 ASCII 值以及该菜名的单价，以 BCD 码的形式输出，用于点菜总价的计算。

4．总价计算模块

计算已选中菜的总价，其输入有点菜确认信号以及点菜清除信号，当点菜确认信号有效时，会加上由菜单信息存储单元产生的当前菜的单价（BCD 码），输出即是当前已点菜的总价（BCD 码）。

5．LED 显示模块

在 4 个 7 段数码管上显示由总价计算模块产生的总价。

下面详细阐述各个模块的具体原理以及实现方法。

9.3.2 输入控制模块

输入控制模块根据输入的菜名编号 num[3..0]计算出 char_ram 模块中数组的基地址 P，当编号发生变化时，LCD 复位，重新读取数据，显示选中编号所对应的菜名信息。输入控制模块的电路符号如图 9-13 所示，其中，输入信号 num[3..0]为菜名的编号，输出 p 为在 char_ram 模块中取数据时的基地址，outclk 用于控制 LCD 模块的复位端。

代码描述如下。

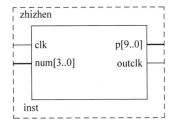

```
module zhizhen(clk,num,p,outclk);
input clk;
input[3..0]num;      //菜的编号
output[9..0] p;      //char_ram 数组中基地址输出
output[9..0] outclk; //给 LCD 模块的复位信号
```

图 9-13 输入控制模块的电路符号

```
reg outclk;
reg[9..0] p;
reg[3..0] rnum;          //信号 rnum 用于存储现在显示的编号
parameter DELAY_CNT_MAX = 2 * * 11 − 1;
always@(posedge clk)
    begin
            reg[10..0] DELAY_ CNT;
            if (rnum! = num)          //两次编号不一样,表示编号发生变化
            begin
                outclk <= 1'b0;   //LCD 模块复位信号低电平有效
                if (DELAY_CNT == DELAY_CNT_MAX)
                begin
                    DELAY_CNT = 0;
                    rnum <= num;   //延时结束,将变化后的编号存入 rnum
                end
                else
                DELAY_CNT = DELAY_CNT + 1;
            end
            else
            outclk <= 1'b1;          //若编号没有变化,则输出高电平
    end
//每个编号对应一个菜的信息,每种菜的信息(显示到 LCD 上的字符)占 32 个字符,
//如当编号为"0000"时表示第一个菜,P = 0,则从 P = 0 开始的 32 个字符取出来显示在 LCD 上
    always @ (num)
    begin
        case (num)
            4'b0000: p = 0;
            4'b0001: p = 32 * 1;
            4'b0010: p = 32 * 2;
            4'b0011: p = 32 * 3;
            4'b0100: p = 32 * 4;
            4'b0101: p = 32 * 5;
            4'b0110: p = 32 * 6;
            4'b0111: p = 32 * 7;
            4'b1000: p = 32 * 8;
            4'b1001: p = 32 * 9;
            4'b1010: p = 32 * 10;
            4'b1011: p = 32 * 11;
            4'b1100: p = 32 * 12;
            4'b1101: p = 32 * 13;
            4'b1110: p = 32 * 14;
            4'b1111: p = 32 * 15;
            default: p = 0;
        endcase
    end
    endmodule
```

9.3.3　LCD 显示模块

LCD 显示屏是 16×2 规格的,即 2 行 16 列,总共 32 个显示格。该模块设计中,在 LCD

显示屏的第一行显示菜的编号和菜名,在第二行显示菜的价格和口味。液晶模块内部的字符发生存储器(CGROM)已经存储了 160 个不同的点阵字符图形,如表 9-1 所示。

表 9-1　CGROM 和 CGRAM 中字符代码与字符图形对应关系

低位	高　位												
	0000	0010	0011	0100	0101	0110	0111	1010	1011	1100	1101	1110	1111
xxxx0000	CGRAM(1)		0	@	P	`	p		一	タ	ミ	α	p
xxxx0001	(2)	!	1	A	Q	a	q	。	ア	チ	ム	ä	q
xxxx0010	(3)	"	2	B	R	b	r	「	イ	ツ	メ	β	θ
xxxx0011	(4)	♯	3	C	S	c	s	」	ウ	テ	モ	ε	∞
xxxx0100	(5)	$	4	D	T	d	t	、	エ	ト	ャ	μ	Ω
xxxx0101	(6)	%	5	E	U	e	u	・	オ	ナ	ユ	σ	ü
xxxx0110	(7)	&	6	F	V	f	v	ヲ	カ	ニ	ヨ	ρ	Σ
xxxx0111	(8)	'	7	G	W	g	w	ア	キ	ヌ	ラ	g	π
xxxx1000	(1)	(	8	H	X	h	x	ィ	ク	ネ	リ	√	一
xxxx1001	(2)	)	9	I	Y	i	y	ゥ	ケ	ノ	ル	ｖ	y
xxxx1010	(3)	*	:	J	Z	j	z	ェ	コ	ハ	レ	j	千
xxxx1011	(4)	+	;	K	[	k	{	ォ	サ	ヒ	ロ		万
xxxx1100	(5)	,	<	L	¥	l			ャ	シ	フ	ワ	Φ	円
xxxx1101	(6)	—	=	M	]	m	}	ュ	ス	ヘ	ン	キ	÷
xxxx1110	(7)	.	>	N	^	n	→	ョ	セ	ホ	゛	ñ	
xxxx1111	(8)	/	?	O	_	o	←	ッ	ソ	マ	゜	ö	■

这些字符包括阿拉伯数字、英文字母的大小写、常用的符号和日文假名等,每一个字符都有一个固定的代码,如大写的英文字母 A 的代码是 01000001B(41H),显示时模块把地址 41H 中的点阵字符图形显示出来,就能看到字母 A。

1602 液晶模块内部的控制器共有 11 条控制指令,如表 9-2 所示。它的读写操作、屏幕和光标的操作都是通过指令编程来实现的。

表 9-2　控制指令

指　令	指　令　编　码									
	RS	R/W	DB7	DB6	DB5	DB4	DB3	DB2	DB1	DB0
清屏	0	0	0	0	0	0	0	0	0	1
光标返回	0	0	0	0	0	0	0	0	1	X
进入模式设置	0	0	0	0	0	0	0	1	I/D	S
显示开关控制	0	0	0	0	0	0	1	D	C	B
光标或字符移位	0	0	0	0	0	1	S/C	R/L	X	X
功能设定	0	0	0	0	1	DL	N	F	X	X

续表

指　　令	指 令 编 码									
	RS	R/W	DB7	DB6	DB5	DB4	DB3	DB2	DB1	DB0
置字符发生存储器地址	0	0	0	1	CGRAM 的地址(6 位)					
置数据存储器地址	0	0	1	CGRAM 的地址(7 位)						
读忙信号或 AC 地址	0	1	BF	计数器地址(AC)(7 位)						
数据写入到 DDRAM 或 CGRAM	1	0	要写入的数据 D7～D0							
从 DDRAM 或 CGRAM 读出数据	1	1	要读出的数据 D7～D0							

显示字符时要先输入显示字符地址，也就是告诉模块在哪里显示字符，例如，要在 LCD1602 屏幕的第一行第一列显示一个"A"字，在 DDRAM 的 00H 地址写入"A"字的代码就可以了。表 9-3 是 DDRAM 地址和屏幕对应关系。

表 9-3　DDRAM 地址和屏幕对应关系

1	2	3	4	5	6	7	8	9	10	11	12	13	14	15	16
00	01	02	03	04	05	06	07	08	09	0A	0B	0C	0D	0E	0F
40	41	42	43	44	45	46	47	48	49	4A	4B	4C	4D	4E	4F

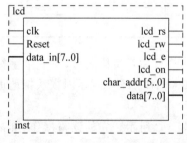

图 9-14　LCD 显示模块的电路符号

LCD 显示模块的设计思路其实就是将这几幅图中的内容以及各个命令的意义通过 Verilog HDL 描述出来，整个 LCD 显示的过程可以视为一个状态机，从 CLEAR 状态依次转换，完成对 LCD 初始化的设置，以及将输入的数据在 LCD 上显示出来。状态与状态之间的转换由状态时钟来决定，该时钟由系统 50MHz 分频得到。模块的符号如图 9-14 所示。其中，Reset 为复位端，lcd_rs 输出连至 LCD 的 RS 引脚，代表寄存器选择，'1'时选择数据寄存器，'0'时为指令寄存器；lcd_rw 输出连至 LCD 的 RW 引脚，代表读写信号线，'1'时为读操作，'0'时为写操作；lcd_e 输出连至 LCD 的 EN 引脚，当该引脚出现下降沿时，液晶执行命令；lcd_on 输出连至 LCD 的 ON 引脚，1 时表示 LCD 工作，0 时不工作；char_addr 为下一个待显示字符的地址，data_in 为待显示的字符；data 输出连至 LCD 的 D7～D0 引脚，用于写入待显示字符或指令。

代码描述如下。

```verilog
module lcd (clk, Reset, lcd_rs, lcd_rw, lcd_e, lcd_on,char_addr,data_in,data);
input clk, Reset;
input[7:0] data_in;
output lcd_rs, lcd_rw,lcd_e,lcd_on;
output[5:0] char_addr;
output[7:0]data;
wire lcd_rs, lcd_rw,lcd_on;
```

```
reg lcd_e;
wire[5:0] char_addr;
wire[7:0]data;
parameter[10:0] IDLE = 11'b00000000000;
parameter[10:0] CLEAR = 11'b00000000001;                 //清显示
parameter[10:0] RETURNCURSOR = 11'b00000000010;          //光标返回
parameter[10:0] SETMODE = 11'b00000000100;               //置输入模式
parameter[10:0] SWITCHMODE = 11'b00000001000;            //显示开/关控制
parameter[10:0] SHIFT = 11'b00000010000;                 //光标或字符移位
parameter[10:0] SETFUNCTION = 11'b00000100000;           //置功能
parameter[10:0] SETCGRAM = 11'b00001000000;              //置字符发生存储器(CGRAM)地址
parameter[10:0] SETDDRAM = 11'b00010000000;              //置数据存储器地址
parameter[10:0] READFLAG = 11'b00100000000;              //用于读忙标志
parameter[10:0] WRITERAM = 11'b01000000000;              //写数据到 CGRAM 或者 DDRAM
parameter[10:0] READRAM = 11'b10000000000;               //从 CGRAM 或者 DDRAM 中读取数据
//下列常量是 LCD 的 11 条控制指令的基指令后带的指令参数
parameter cur_inc = 1'b1;
parameter cur_dec = 1'b0;
parameter cur_shift = 1'b1;
parameter cur_noshift = 1'b0;
parameter open_display = 1'b1;
parameter open_cur = 1'b0;
parameter blank_cur = 1'b0;
parameter shift_display = 1'b1;
parameter shift_cur = 1'b0;
parameter right_shift = 1'b1;
parameter left_shift = 1'b0;
parameter datawidth8 = 1'b1;
parameter datawidth4 = 1'b0;
parameter twoline = 1'b1;
parameter oneline = 1'b0;
parameter font5x10 = 1'b1;
parameter font5x7 = 1'b0;
reg[10:0] state;
reg[6:0] counter;
reg[3:0] div_counter;
reg flag;
parameter DIVSS = 15;
reg clk_int;
reg[20:0] clkcnt;
parameter[20:0] divcnt = 21'b100001001110001000000;
reg clkdiv;
wire tc_clkcnt;
assign lcd_on = 1'b1;                                    //打开液晶
always @ (posedge clk or negedge Reset)   //clkcnt 每达到 divcnt 所需要的时间约为 20ms
begin
    if (Reset == 1'b0)
    clkcnt <= 21'b000000000000000000000;
    else if (clk == 1'b1)
    begin
        if (clkcnt == divcnt)
        clkcnt <= 21'b0000000000;
    else
        clkcnt <= clkcnt + 1;
```

```
            end
        end
    assign tc_clkcnt = (clkcnt == divcnt)? 1'b1:1'b0;      //tc_clkcnt 每隔 20ms 会有一个脉冲产生
    always @ (posedge tc_clkcnt or negedge Reset)          //clkdiv 的周期约为 40ms
    begin
        if (Reset == 1'b0)
        clkdiv <= 1'b0;
        else if (tc_clkcnt == 1'b1)
        clkdiv <= ~ clkdiv;
    end
    always @ (posedge clkdiv or negedge Reset)   /* clk_int 的周期约为 80ms,此为 LCD 每个状态之间
    的转换时间 */
    begin
        if (Reset == 1'b0)
            clk_int <= 1'b0;
        else if (clkdiv == 1'b1)
            clk_int <= ~ clk_int;
    end
    always @ (posedge clkdiv or negedge Reset) /* lcd_e 的周期约为 80ms(lcd 的 en 是在周期的下降
    沿执行指令) */
    begin
        if (Reset == 1'b0)
            lcd_e <= 1'b0;
        else if (clkdiv == 1'b0)
            lcd_e  <= ~ lcd_e;
    end
    assign lcd_rs = (state == WRITERAM ‖ state == READRAM) ? 1'b1 : 1'b0;
    assign lcd_rw = (state == CLEAR ‖ state == RETURNCURSOR ‖ state == SETMODE ‖
            state == SHIFT  ‖  state == SETFUNCTION  ‖  state == SETCGRAM  ‖
            state == SETDDRAM) ? 1'b0 : 1'b1;
    assign data = (state == CLEAR) ? 8'b00000001 : (state == RETURNCURSOR)? 8'b00000010 :(state
            == SETMODE)?{6'b000001,cur_inc,cur_noshift}:(state == SWITCHMODE)? {5'b00001,open_
            display, open_cur,blank_cur}:(state == SHIFT)?{4'b0001,shift_cur,left_shift,2'b00}:
            (state == SETFUNCTION)? {3'b001,datawidth8,twoline,font5x10 ,2'b00} : (state ==
            SETCGRAM )? 8'b01000000 : (state == SETDDRAM && counter == 0) ? 8'b10000000 : (state =
            = SETDDRAM && counter != 0 ) ? 8'b11000000 : (state == WRITERAM)? data_in :
            8'bZZZZZZZZ;
    //char_addr 为输出下一个要显示的字符的地址
    assign char_addr = (state == WRITERAM && counter < 20) ? counter : (state == WRITERAM &&
            counter > 20 && counter < 40 )? counter - 20 + 15 :6'b000000;
    /* 模块复位后的状态转换如下: IDLE -- SETFUNCTION -- SWITCHMODE -- CLEAR -- SETMODE—WRITERAM
    (写第一行数据) - SETDDRAM(LCD 第一行写满后执行) -- WRITERAM(开始写第二行) -- IDLE(全部写
    完,循环等待状态) */
    always @(posedge clk_int or negedge Reset)
    begin
        if (Reset == 1'b0)
        begin
            state <= IDLE;
            counter <= 0;
            flag <= 1'b0;
        end
        else if (clk_int == 1'b1)
        begin
            case(state)
```

```
                IDLE:   begin
                            if(flag == 1'b0)
                            begin
                                state = SETFUNCTION;
                                flag = 1'b1;
                                counter <= 0;
                            end
                            else
                                state = IDLE;
                        end
                CLEAR:   state = SETMODE;
                SETMODE: state = WRITERAM;
                RETURNCURSOR: state = WRITERAM;
                SWITCHMODE: state = CLEAR;
                SHIFT:     state = IDLE;
                SETFUNCTION: state = SWITCHMODE;
                SETCGRAM:  state = IDLE;
                SETDDRAM: state = WRITERAM;
                READFLAG: state = IDLE;
                WRITERAM: begin
                            if (counter == 20)
                            begin
                                state = SETDDRAM;
                                counter = counter + 1;
                            end
                            else if (counter != 20 && counter < 40)
                            begin
                                state = WRITERAM;
                                counter = counter + 1;
                            end
                            else state = IDLE;
                        end
                READRAM: state = IDLE;
                default: state = IDLE;
                endcase
        end
    end
endmodule
```

9.3.4 菜单存储模块

菜单存储单元以数组的形式保存了 16 种菜的信息,每种菜的信息占 32 个单元,当要显示某个菜的信息时,读取该菜种从基地址开始的 32 个字符,依次显示到 LCD 上。电路符号如图 9-15 所示,其中,输入 address[5..0]由 LCD 模块产生,从 000000 开始每隔一个状态周期加 1 直至加满 32 个位置至 011111,p 由输入控制模块产生,其值 0,32,64,96,…为要显示菜种信息的基地址;输出 per[15..0]把要显示菜种信息中的价格存到 per 端口并输出,data[7..0]为基地址加上 address 后产生的新地址处的字符数据(仅有一个字符),输出至 LCD 模块。

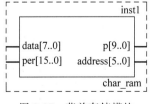

图 9-15 菜单存储模块
的电路符号

程序代码描述如下。

```
module char_ram (address,p,per,data);
input[5..0] address;
input[9..0] p;
output[15..0] per;
output[7..0] data;
integer i;
reg[15..0] per;
reg[7..0] data;
reg [7..0] ram[0:511];          //保存16种菜(每种菜要用两行LCD显示信息,故为16×2×16单元)
initial
begin
 $readmemh ("ram.txt", ram);     //给512存储单元赋予要显示的编号、菜名、单价、口味
end
always @ (p)                    //提取菜价
begin
   per[15..0] = "0000000000000000";
   per[7..0] =  ram[p + 20] − 8'b00110000;
   per[11..4] = ram[p + 19] − 8'b00110000;
   per[15..8] =  ram[p + 18] − 8'b00110000;
end
always @ (address)//提取要显示的字符
begin
i = address − 6'b000000;
data = ram[p + i];
end
endmodule
/* ram 初始化的内容为下面编号、菜名、单价、口味的 ASCII 码值保存在 ram.txt 文件中:
'0','0','1',' ',' ',' ','R','o','a','s','t',' ','D','u','c','k',  ----1.Roast Duck/明炉烧鸭
'$',':','0','1','9',' ',' ',' ',' ',' ',' ','S','w','e','e','t',
'0','0','2','C','r','i','s','p','y',' ','C','e','l','e','r','y', ----2.Crispy Celery/爽口西芹
'$',':','0','1','8',' ',' ',' ',' ',' ',' ','T','a','s','t','y',
'0','0','3','A','b','a','l','o','n','e',' ','S','a','l','a','d', ----3.Abalone Salad/鲍鱼沙拉
'$',':','0','1','0',' ',' ',' ',' ',' ',' ','S','w','e','e','t',
'0','0','4',' ',' ',' ',' ',' ',' ',' ','K','i','m','c','h','i', ----4.Kimchi/泡菜
'$',':','0','1','7',' ',' ',' ',' ',' ',' ',' ','A','c','i','d',
'0','0','5',' ',' ','B','e','e','f',' ','T','e','n','d','o','n', ----5.Beef Tendon/美味牛筋
'$',':','0','1','7',' ',' ',' ',' ',' ',' ','T','a','s','t','y',
'0','0','6','F','r','i','e','d',' ','P','e','a','n','u','t','s', ----6.Fried Peanuts/炸花生米
'$',':','0','2','4',' ',' ',' ',' ',' ',' ','F','r','i','e','d',
'0','0','7','S','m','o','k','e','s',' ','S','a','l','m','o','n', ----7.Smokes Salmon/熏马哈鱼
'$',':','0','1','7',' ',' ',' ',' ',' ',' ','S','w','e','e','t',
'0','0','8',' ','S','w','e','e','t',' ','G','a','r','l','i','c', ----8.Sweet Garlic/糖蒜
'$',':','0','1','8',' ',' ',' ',' ',' ',' ','S','w','e','e','t',
'0','0','9',' ',' ',' ','F','i','s','h',' ','A','s','p','i','c', ----9.Fish Aspic/水晶鱼冻
'$',':','0','2','3',' ',' ',' ',' ',' ',' ','T','a','s','t','y',
'0','1','0','M','i','x','e','d',' ','S','e','a','w','e','e','d', ----10.Mixed Seaweed/巧拌海藻
'$',':','0','2','5',' ',' ',' ',' ',' ',' ','T','a','s','t','y',
'0','1','1',' ',' ',' ','R','u','m','p',' ','S','t','e','a','k', ----11.Rump Steak/牛排
'$',':','0','2','4',' ',' ',' ',' ',' ',' ','s','p','i','c','y',
'0','1','2',' ',' ',' ',' ',' ',' ','A','b','a','l','o','n','e', ----12.Abalone/鲍鱼
'$',':','0','3','0',' ',' ',' ',' ',' ',' ','S','w','e','e','t',
'0','1','3','0',' ',' ',' ','B','e','a','n',' ','C','u','r','d', ----13.Bean Curd/豆腐
'$',':','0','2','0',' ',' ',' ',' ',' ',' ','S','m','o','o','t','h',
'0','1','4',' ',' ','D','r','i','e','d',' ','T','u','r','n','i','p', ----14.Dried Turnip/萝卜干
```

```
'$',':','0','1','6','','','','','','','','T','a','s','t','y',
'0','1','5','','','','','','','','','S','a','u','s','a','g','e', ---- 15.Sausage/香肠
'$',':','0','5','5','','','','','','','','S','a','v','o','r','y',
'0','1','6','','','','C','r','i','s','p','y','','','R','i','c','e', ---- 16.Crispy Rice/锅巴
'$',':','0','1','0','','','','','','','','T','a','s','t','y'            */
```

9.3.5 总价计算模块

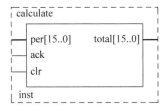

图 9-16 总价计算模块的电路符号

此模块用于计算已选菜名的总价,电路符号如图 9-16 所示,输入信号有点菜确认按键 (ack)、点菜清除按键(clr)以及输入信号 per[15..0]。per[15..0]为当前显示菜名的单价,以 BCD 码的形式存储,即 per 代表一个 4 位十进制数。输出信号 total[15..0] 为已选菜的总价格,以 BCD 码的形式存储,即 total 代表一个 4 位十进制数。当 ack 按下时,total 加上当前显示菜名的单价 per;clr 按下时,total 清 0。

程序代码描述如下。

```verilog
module calculate(per,ack,clr,total);
input[15..0] per;
input ack,clr;
output[15..0] total;
reg[15..0] total;
reg[4..0] e04,e48,e812,e1216,f04,f48,f812,f1216;
always@(posedge ack or negedge clr)
begin
  if(clr == 1'b0)
    total <= 16'b0000000000000000;
    //else if(total >= 16'b1001100110011001)
        //total <= 16'b0000000000000000;
  else if(ack == 1'b1)
  begin
    if(e1216[4] == 1'b1||f1216[4] == 1'b1)
      total[15..12]<= f1216[3..0];
    else
      total[15..12]<= e1216[3..0] + f812[4];
    if(e812[4] == 1'b1||f812[4] == 1'b1)
      total[11..8]<= f812[3..0];
    else
      total[11..8]<= e812[3..0] + f48[4];
    if(e48[4] == 1'b1||f48[4] == 1'b1)
      total[7..4]<= f48[3..0];
    else
      total[7..4]<= e48[3..0] + f04[4];
    if(e04[4] == 1'b1||f04[4] == 1'b1)
      total[3..0]<= f04[3..0];
    else
      total[3..0]<= e04[3..0];
  end
end
always@(negedge ack)
begin
```

```
        e04 = per[3..0] + total[3..0];
        e48 = per[7..4] + total[7..4] + e04[4];
        e812 = per[11..8] + total[11..8] + e48[4];
        e1216 = per[15..12] + total[15..12] + e812[4];
        f04 = e04[3..0] + 4'b0110;
        f48 = e48[3..0] + 4'b0110 + f04[4];
        f812 = e812[3..0] + 4'b0110 + f48[4];
        f1216 = e1216[3..0] + 4'b0110 + f812[4];
    end
endmodule
```

9.3.6　LED 显示模块

在 4 个七段数码管上显示由总价计算模块产生的总价,即将 16 位的总价 total[15..0] 转换为 4 个 4 位 BCD 码,分别由数码管显示。

将 16 位的总价转换为 4 个 4 位 BCD 码:

```
module trans (data,outdate0,outdate1,outdate2,outdate3);
input[15..0]data;
output[3..0] outdate0,outdate1,outdate2,outdate3;
wire[3..0] outdate0,outdate1,outdate2,outdate3;
assign outdate0 = data[3..0];
assign outdate1 = data[7..4];
assign outdate2 = data[11..8];
assign outdate3 = data[15..12];
endmodule
```

4 位 BCD 码转至七段数码管输出:

```
module num_7seg(c,hex);
input[3..0] c;
output[6..0]hex;
reg[6..0] hex;
always @ ( c )
begin
    case (c)
        4'b0000: hex = 7'b1000000;
        4'b0001: hex = 7'b1111001;
        4'b0010: hex = 7'b0100100;
        4'b0011: hex = 7'b0110000;
        4'b0100: hex = 7'b0011001;
        4'b0101: hex = 7'b0010010;
        4'b0110: hex = 7'b0000010;
        4'b0111: hex = 7'b1111000;
        4'b1000: hex = 7'b0000000;
        4'b1001: hex = 7'b0010000;
        default: hex = 7'b0000110;
    endcase
end
endmodule
```

9.3.7　系统电路图

总体搭建系统如图 9-17 所示。

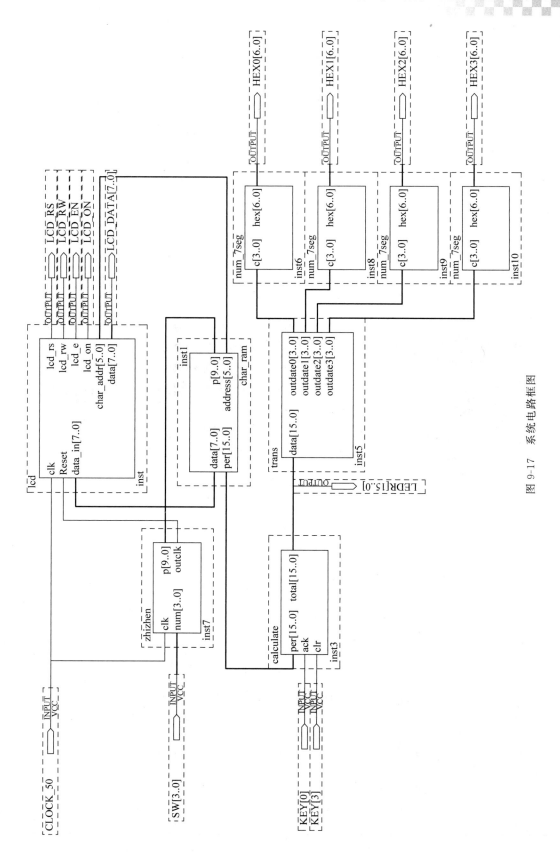

图 9-17　系统电路框图

9.4　基于 TRDB_LCM 的液晶显示模块的应用

设计要求：将 Altera DE2 开发板外接 TRDB_LCM 显示屏，在 Quartus Ⅱ 开发环境下，使用 Verilog HDL 对 LCM 显示屏进行应用开发。设计中要求显示的效果是 4 张不同的彩色图像，分别是四大彩色图形块、竖彩条、横彩条和 16×16 棋盘格。

9.4.1　TRDB_LCM 显示屏简介

LCM 显示屏采用的是 Toppoly 公司的 TFTLCD 模 TD036THEA1，可以接受 RGB 格式或 YUV 格式的 8 位并行数据；支持 NTSC 时序或 PAL 时序；显示点阵为 320×240，有效显示面积为 72.96mm×54.72mm；通过 3 线串行接口与 LCM 内部寄存器交换数据来实现显示控制和功能选择。如图 9-18 所示为 TRDB_LCM 彩色液晶显示开发板和一根连接线缆。

TRDB_LCM 通过 40 脚线缆与 DE2 相连，如图 9-19 所示。

图 9-18　TRDB_LCM 液晶显示屏和一根 40 脚线缆

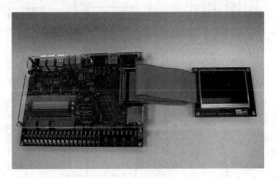

图 9-19　TRDB_LCM 显示屏与 DE2 板的连接图

TRDB_LCM 的引脚定义如表 9-4 所示。

表 9-4　TRDB_LCM 引脚定义

引脚号	名称	方向	定　义
1~10	NC	N/A	无连接
11	VCC5	N/A	5V 电源
12	GND	N/A	接地
13~20	NC	N/A	无连接
21	DIN6	Input	LCD 数据位 6
22	DIN7	Input	LCD 数据位 7
23	DIN4	Input	LCD 数据位 4
24	DIN5	Input	LCD 数据位 5
25	DIN2	Input	LCD 数据位 2
26	DIN3	Input	LCD 数据位 3
27	DIN0	Input	LCD 数据位 0
28	DIN1	Input	LCD 数据位 1

续表

引脚号	名称	方向	定　义
29	VCC33	N/A	3.3V 电源
30	NC	N/A	无连接
31	VSYNC	Input	垂直同步信号
32	NC	N/A	无连接
33	SCL	Input	3 线串行时钟信号
34	DCLK	Input	LCD 数据时钟
35	GRESTB	Input	全局复位,低电平有效
36	SHDB	Input	关机控制,低电平有效
37	CPW	N/A	保留
38	SCEN	Input	3 线串行使能信号
39	SDA	I/O	3 线串行数据信号
40	HSYNC	Input	水平同步信号

9.4.2 TRDB_LCM 显示屏的主要参数

TRDB_LCM 相关参数主要有水平方向参数、垂直方向参数和面板设置命令参数。TRDB_LCM 的水平方向时序图如图 9-20 所示,图中的参数可参考如表 9-5 所示的参数列表。

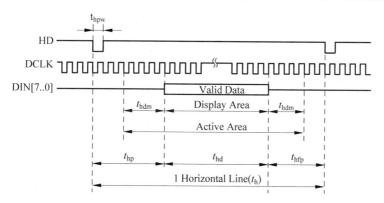

图 9-20　水平方向时序

表 9-5　水平方向的参数

参　　数		符号	不同液晶屏分辨率下的参数					单位
DCLK Frequency		F_{DCLK}	10.36	11.63	12.90	14.18	18.42	MHz
Horizontal valid data		t_{hd}	492	558	640	720	960	DCLK
1Horizontal Line		t_h	659	739	820	901	1171	DCLK
HSYNC Plus Width	Min.	t_{hpw}	1					DCLK
	Typ.		1					
	Max.		—					
Hsync blanking		t_{hp}	102	113	117	122	152	DCLK
Hsync front porch		t_{hfp}	65	68	63	59	59	DCLK
Horizontal dummy time		t_{hdm}	6	9	4	0	0	DCLK

表 9-5 中列出了几种不同分辨率下的参数值,设计中所采用的时钟频率是 18.42MHz,所以其水平有效数据值是 960。

垂直方向时序图如图 9-21 所示,图中的相关参数如表 9-6 中的参数列表。

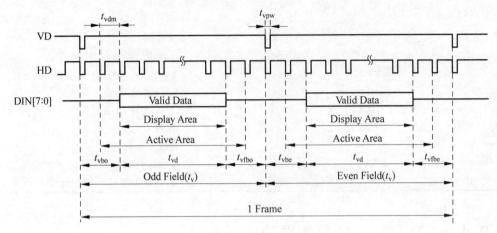

图 9-21　垂直方向时序

表 9-6 列出了隔行扫描和逐行扫描两种不同扫描方式下的相关参数,设计中所采用的是逐行扫描,所以其垂直有效数据值为 240。

表 9-6　垂直方向的参数

参　　数		符号	隔行扫描	逐行扫描	单位
Vertical valid data		t_{vd}	240	240	H
1 Vertical field		t_v	262.5	262	H
Vsync pulse width	Min.	t_{vpw}	1	1	DCLK
	Typ.		1	1	DCLK
	Max.		—	—	H
Vsync blanking	Odd field	t_{vbo}	14	14	H
	Even field	t_{vbe}	14.5	14	H
Vsync front porch	Odd field	t_{vfpo}	8.5	8	H
	Even field	t_{vfpe}	8	8	H
Vertical dummy time		t_{vdm}	0	0	H

显示屏同时包含多个控制寄存器,可用于设置显示屏的显示模式、亮度和对比度等参数。表 9-7 列出了 LCM 所有控制寄存器的地址、默认值、读写方式和具体每一位所代表的含义。

9.4.3　模块划分

根据设计要求,整个系统可划分为以下 4 个模块:彩条显示模块、LCM 控制器模块、LCM 配置模块和 LCM 锁相环。

表 9-7　控制寄存器列表

地址	默认值	读/写	含　义
0x02	0x09	R/W	[1:0]:Input data format　输入数据格式 [2]:Format standard　标准格式 [3]:Valid data for RGBDm or YUV mode　针对 RGB 或 YUV 模式的有效数据 [4]:Input clock latch data edge　输入时钟锁存数据边沿 [5]:HD polarity　HD 信号极性 [6]:VD polarity　VD 信号极性
0x03	0x30	R/W	[0]:Select of interlace mode　隔行模式选择 [1]:Select of field mix　组合模式选择 [3:2]:YCbCr sequence　YCbCr 信号顺序 [4]:YUV input transfer matrix　YUV 输入传输矩阵 [5]:UV offset for matrix A　矩阵的 UV 数据偏移
0x04	0x0F	R/W	[0]:Power management　电源管理 [1]:CP_CLK output on/off　CP_CLK 信号输出开关 [2]:PWM output on/off　PWM 信号输出开关 [3]:Pre_charge on/off　预充电开关 [5:4]:Output driver capability　输出驱动能力
0x05	0x13	R/W	[0]:Horizontal reverse mode　水平翻转模式 [1]:Vertical reverse mode　垂直翻转模式 [2]:Color filter selection for 960 * 240　针对 960×240 格式的颜色过滤器选择 [5:3]:Sample and hold phase　采样和保持阶段
0x06	0x18	R/W	[5:0]:Horizontal start position for through mode　直通模式的水平起始位置
0x07	0x08	R/W	[3:0]:Vertical start position for through mode　直通模式的垂直起始位置
0x08	0x00	R/W	[5:0]:ENB negative position　ENB 负位
0x09	0x20	R/W	[5:0]:Gain of contrast　对比度增益
0x0A	0x20	R/W	[5:0]:R gain of sub-contrast　R 通道增益
0x0B	0x20	R/W	[5:0]:B gain of sub-contrast　B 通道增益
0x0C	0x10	R/W	[5:0]:Offset of brightness　亮度偏移
0x10	0x3A	R/W	[5:0]:Vcom high level　高电平参考电压
0x11	0x3A	R/W	[5:0]:Vcom low level　低电平参考电压
0x12	0x1D	R/W	[5:0]:PCD high level　PCD 高电平
0x13	0x17	R/W	[5:0]:PCD low level　PCD 低电平
0x14	0x98	R/W	[3:0]:GAMMA0 of gamma correction　伽马校正 GAMMA0 域设置 [7:4]:GAMMA28 of gamma correction　伽马校正 GAMMA28 域设置
0x15	0x9A	R/W	[3:0]:GAMMA60 of gamma correction　伽马校正 GAMMA60 域设置 [7:4]:GAMMA93 of gamma correction　伽马校正 GAMMA93 域设置
0x16	0xA9	R/W	[3:0]:GAMMA125 of gamma correction　伽马校正 GAMMA125 域设置 [7:4]:GAMMA157 of gamma correction　伽马校正 GAMMA157 域设置
0x17	0x99	R/W	[3:0]:GAMMA190 of gamma correction　伽马校正 GAMMA190 域设置 [7:4]:GAMMA222 of gamma correction　伽马校正 GAMMA222 域设置
0x18	0x08	R/W	[3:0]:GAMMA255 of gamma correction　伽马校正 GAMMA255 域设置

1．彩条显示模块

该模块根据外部输入的按键信号,从而决定将不同的 RGB 数据输出到 LCM 显示屏。由于设计中要求在 LCM 上显示彩色条,因此在该模块中可通过判断行、列参数输出不同的颜色。例如,蓝、红、绿三色横彩条显示的设计中,将屏幕从 1～240 行进行三等分,即 1～80 行区域显示蓝色、81～160 行区域显示红色、161～240 行区域显示绿色。其他图像显示同理。

2．LCM 配置模块

该模块是在 LCM 启动时对其进行配置。通过 3 线总线接口对表 9-7 中 LCM 的各个控制寄存器进行设置,从而正确显示图像。例如,程序中分别将三个地址为 0x02、0x03 和 0x04 的控制寄存器设置为 0x02、0x01 和 0x3F,意味着显示屏的格式标准为直通、逐行模式。

在该模块中,对 LCM 的控制寄存器进行设置的操作是通过调用 I2S 控制器模块完成的。

3．I2S 控制器模块

该模块实现了 FPGA 与 LCM 的 3 线总线通信,主要功能是生成总线时钟和实现并/串转换。

4．LCM 锁相环模块

该模块的作用是为上述 3 个模块生成稳定的工作时钟信号。

9.4.4　彩条显示模块

LCM 的每个像素由 RGB 三种颜色构成,每个颜色由 8 位二进制表示。在程序中,通过定义一个模 3 的变量 MOD_3 和 mSEL,取值范围都是 0～2。MOD_3 是有规律地进行重复计数,其值分别是每个像素的 BRG 三种颜色。

例如,在横彩条中,将屏幕分为三个横向区域,在不同的区域中分别定义 mSEL 为 0,1,2。则第一个区域内当 MOD_3 和 mSEL 同为 0,就能赋予一个值给颜色 B,而颜色 R 和 G 则为 0。因此,在第一个区域中显示的是蓝色条纹。第二个和第三个区域也是同样的道理,分别显示的是红色和绿色条纹。

竖彩条和彩色图形块的设计也是将图像进行分割,分别定义横向和列向的区域范围。棋盘格的设计,只需定义哪条线显示黑色,其余像素点显示蓝色背景即可。

4 种图像之间的切换,只要在程序中将图像依次编为 cnt0～3,并且加入一个控制键 KEY[2],就能起到切换图像的作用了。再加入一个复位键 KEY[0],用于复位。

该模块的输入信号是 50MHz 的时钟 CLOCK_50 和 4 个按键 KEY；输出信号是与 LCM 相关的所有引脚。

程序代码如下。

```
module DE2_LCM_Test
    (CLOCK_50,KEY,
     LCM_DATA,LCM_GRST,LCM_SHDB,LCM_DCLK,
     LCM_HSYNC,LCM_VSYNC,LCM_SCLK,LCM_SDAT,LCM_SCEN
    );
input CLOCK_50;                 //50 MHz 时钟
input [3..0]  KEY;             //4 个按键
output [7..0]    LCM_DATA;      //LCM 8 位数据
output  LCM_GRST;               //LCM 复位
output  LCM_SHDB;               //LCM 睡眠模式
output  LCM_DCLK;               //LCM 时钟
output  LCM_HSYNC;              //LCM 行同步
output  LCM_VSYNC;              //LCM 垂直同步
output  LCM_SCLK;               //LCM I2C 时钟
output  LCM_SDAT;               //LCM I2C 数据
output  LCM_SCEN;               //LCM I2C 使能
assign  LCM_GRST  =   KEY[0];
assign  LCM_DCLK  =   ～CLK_25;
assign  LCM_SHDB  =   1'b1;
wire  iCLK;
wir   iRST_N;
reg [10..0] H_Cont;
reg [10..0] V_Cont;
reg [7..0] Tmp_DATA;
reg oVGA_H_SYNC;
reg oVGA_V_SYNC;
reg [2..0]  cnt;
wire CLK_25;
reg [1..0] mSEL;
reg [1..0] MOD_3;
assign  iCLK          =   CLK_25;
assign  iRST_N        =   KEY[0];
assign  LCM_VSYNC     =   oVGA_V_SYNC;
assign  LCM_HSYNC     =   oVGA_H_SYNC;
assign  LCM_DATA = (MOD_3 == mSEL)?Tmp_DATA:8'h00;
//水平参数
parameterH_SYNC_CYC   =   1;
parameterH_SYNC_BACK  =   151;
parameterH_SYNC_ACT   =   960;  //320 * 3
parameterH_SYNC_FRONT =   59;
parameterH_SYNC_TOTAL =   1171;
//垂直参数
parameterV_SYNC_CYC   =   1;
parameterV_SYNC_BACK  =   13;
parameterV_SYNC_ACT   =   240;
parameterV_SYNC_FRONT =   8;
parameterV_SYNC_TOTAL =   262;
//调用 LCM 锁相环
LCM_PLL  u0  (  .inclk0(CLOCK_50),.c0(CLK_25));
always@(posedge iCLK or negedge iRST_N)
begin
```

```verilog
if(!iRST_N)
begin
    Tmp_DATA <= 8'h00;
end
else
begin
if(H_Cont > H_SYNC_BACK&&H_Cont <(H_SYNC_TOTAL - H_SYNC_FRONT) )
    begin
      case(cnt)
        0:begin                    //4 大彩色图形块
            if(H_Cont > 151&&H_Cont < 631&&V_Cont > 13&&V_Cont < 135)
              begin Tmp_DATA <= 8'HDD; mSEL <= 2'b00; end
            else
            if(H_Cont > 632&&H_Cont < 1112&&V_Cont > 13&&V_Cont < 135)
                begin Tmp_DATA <= 8'H99; mSEL <= 2'b01; end
            else
            if(H_Cont > 151&&H_Cont < 631&&V_Cont > 134&&V_Cont < 256)
                begin Tmp_DATA <= 8'H44; mSEL <= 2'b10; end
            else
            if(H_Cont > 632&&H_Cont < 1112&&V_Cont > 134&&V_Cont < 256)
                begin Tmp_DATA <= 8'H1A; mSEL <= 2'b00; end
            end
        1:begin                    //竖彩条
            if(H_Cont > 151&&H_Cont < 470)
                begin Tmp_DATA <= 8'H33; mSEL <= 2'b00; end
            else
            if(H_Cont > 471&&H_Cont < 790)
                begin Tmp_DATA <= 8'H99; mSEL <= 2'b01; end
            else
            if(H_Cont > 791&&H_Cont < 1112)
                begin Tmp_DATA <= 8'HDD; mSEL <= 2'b10; end
            end
        2:begin                    //横彩条
            if(V_Cont > 13&&V_Cont < 93)
                begin Tmp_DATA <= 8'H66; mSEL <= 2'b00; end
            else
            if(V_Cont > 94&&V_Cont < 174)
                begin Tmp_DATA <= 8'HAA; mSEL <= 2'b01; end
            else
            if(V_Cont > 175&&V_Cont < 254)
                begin Tmp_DATA <= 8'H99; mSEL <= 2'b10; end
            end
        3:begin                    //16×16 棋盘格
            if(H_Cont == 151 || H_Cont == 211 || H_Cont == 271 ||
                H_Cont == 331 || H_Cont == 391 || H_Cont == 451 ||
                H_Cont == 511 || H_Cont == 571 || H_Cont == 631 ||
                H_Cont == 691 || H_Cont == 751 || H_Cont == 811 ||
                H_Cont == 871 || H_Cont == 931 || H_Cont == 991 ||
                H_Cont == 1051 || H_Cont == 1111 || V_Cont == 13 ||
                V_Cont == 28 || V_Cont == 43 || V_Cont == 58 ||
                V_Cont == 73 || V_Cont == 88 || V_Cont == 103 ||
```

```
                            V_Cont == 118 || V_Cont == 133 || V_Cont == 148 ||
                            V_Cont == 163 || V_Cont == 178 || V_Cont == 193 ||
                            V_Cont == 208 || V_Cont == 223 || V_Cont == 238 || V_Cont == 253)
                                begin Tmp_DATA = 8'H00; mSEL <= 2'b00; end
                        else
                            Tmp_DATA = 8'HFF;
                        end
                endcase
        end
    end
end
end
//MOD_3 计数
always@(posedge iCLK or negedge iRST_N)
begin
    if(!iRST_N)
    begin
        MOD_3 <=   2'b00;
    end
    else
    begin
        if(H_Cont > H_SYNC_BACK && H_Cont <(H_SYNC_TOTAL – H_SYNC_FRONT) )
        begin
            if(MOD_3 < 2'b10)
            MOD_3 <=   MOD_3 + 1'b1;
            else
            MOD_3 <=   2'b00;
        end
        else
        begin
            MOD_3 <=   2'b00;
        end
    end
end
//cnt 计数,当 KEY[2]按下一次,cnt 加 1
always@(posedge KEY[2] or negedge iRST_N)
begin
    if(!iRST_N)
        cnt <=   0;
    else
    begin
        if (cnt < 3)
            cnt  <=   cnt + 1;
        else
            cnt  <=   0;
    end
end
//水平同步信号发生器, 参考时钟 25.175 MHz
always@(posedge iCLK or negedge iRST_N)
begin
    if(!iRST_N)
    begin
```

```verilog
                        H_Cont          <=    0;
                        oVGA_H_SYNC     <=    0;
               end
               else
               begin
                        //水平同步计数
                        if( H_Cont < H_SYNC_TOTAL )
                        H_Cont   <=    H_Cont + 1;
                        else
                        H_Cont   <=    0;
                        //产生水平同步信号
                        if( H_Cont < H_SYNC_CYC )
                        oVGA_H_SYNC  <=    0;
                        else
                        oVGA_H_SYNC  <=    1;
               end
      end
//垂直同步信号发生器
always@(posedge iCLK or negedge iRST_N)
begin
      if(!iRST_N)
      begin
               V_Cont        <=    0;
               oVGA_V_SYNC   <=    0;
      end
      else
      begin
               //当水平同步计数回0时
               if(H_Cont == 0)
               begin
                        //垂直同步计数
                        if( V_Cont < V_SYNC_TOTAL )
                        V_Cont   <=    V_Cont + 1;
                        else
                        V_Cont   <=    0;
                        //产生垂直同步信号
                        if(V_Cont < V_SYNC_CYC )
                        oVGA_V_SYNC  <=    0;
                        else
                        oVGA_V_SYNC  <=    1;
               end
      end
end
//调用 LCM 配置模块
I2S_LCM_Config  u4  (  //Host Side
                      .iCLK(CLOCK_50),
                      .iRST_N(KEY[0]),
                      //I2C Side
                      .I2S_SCLK(LCM_SCLK),
                      .I2S_SDAT(LCM_SDAT),
                      .I2S_SCEN(LCM_SCEN)   );
```

```
endmodule
```

9.4.5 LCM 配置模块

该模块的输入信号是时钟信号 iCLK 和复位信号 iRST_N,输出信号是 LCM 的 3 线串行接口。

程序代码如下。

```
module I2S_LCM_Config (    //主机端
                        iCLK,        //时钟
                        iRST_N,      //复位
                        //3 线串行接口端
                        I2S_SCLK,    //串行时钟
                        I2S_SDAT,    //串行数据
                        I2S_SCEN     //串行使能
                                );
input           iCLK;
input           iRST_N;
output          I2S_SCLK;
inout           I2S_SDAT;
output          I2S_SCEN;
reg             mI2S_STR;
wire            mI2S_RDY;
wire            mI2S_ACK;
wire            mI2S_CLK;
reg  [15..0]    mI2S_DATA;
reg  [15..0]    LUT_DATA;
reg  [5..0]LUT_INDEX;
reg  [3..0]mSetup_ST;
//LUT 数据位
parameter LUT_SIZE   =   8;
//调用 LCM 控制器模块
I2S_Controlleru0   (      .iCLK(iCLK),
                         .iRST(iRST_N),
                         .iDATA(mI2S_DATA),
                         .iSTR(mI2S_STR),
                         .oACK(mI2S_ACK),
                         .oRDY(mI2S_RDY),
                         .oCLK(mI2S_CLK),
                         .I2S_EN(I2S_SCEN),
                         .I2S_DATA(I2S_SDAT),
                         .I2S_CLK(I2S_SCLK) );
//配置控制
always@(posedge mI2S_CLK or negedge iRST_N)
begin
    if(!iRST_N)
    begin
        LUT_INDEX  <=   0;
        mSetup_ST  <=   0;
        mI2S_STR   <=   0;
```

```
            end
          else
          begin
              if(LUT_INDEX < LUT_SIZE)
              begin
                  case(mSetup_ST)
                  0:  begin
                          mI2S_DATA  <=   LUT_DATA;
                          mI2S_STR   =    1;
                          mSetup_ST  <=   1;
                      end
                  1:    begin
                          if(mI2S_RDY)
                          begin
                              if(mI2S_ACK)
                              mSetup_ST  <=   2;
                              else
                              mSetup_ST  <=   0;
                              mI2S_STR   <=   0;
                          end
                        end
                  2:  begin
                          LUT_INDEX  <=   LUT_INDEX + 1;
                          mSetup_ST  <=   0;
                      end
                  endcase
              end
          end
        end
//初始化配置数据表
always
begin
    case(LUT_INDEX)
    0       :   LUT_DATA  <=   {6'h02,2'b0,8'h02};
    1       :   LUT_DATA  <=   {6'h03,2'b0,8'h01};
    2       :   LUT_DATA  <=   {6'h04,2'b0,8'h3F};
    3       :   LUT_DATA  <=   {6'h09,2'b0,8'h20};
    4       :   LUT_DATA  <=   {6'h10,2'b0,8'h3F};
    5       :   LUT_DATA  <=   {6'h11,2'b0,8'h3F};
    6       :   LUT_DATA  <=   {6'h12,2'b0,8'h2F};
    7       :   LUT_DATA  <=   {6'h13,2'b0,8'h2F};
    default :   LUT_DATA  <=   16'h0000;
    endcase
end
endmodule
```

9.4.6 I2S 控制器模块

该模块的输入信号是 LCM 配置模块传送的时钟信号 iCLK、复位信号 iRST、16 位的配置数据 iDATA 和配置开始信号 iSTR；输出信号是向 LCM 配置模块反馈的应答信号

oACK、准备信号 oRDY 和时钟信号 oCLK，以及 3 线串行接口的使能信号 I2S_EN、数据 I2S_DATA 和时钟信号 I2S_CLK。

程序代码如下。

```
module I2S_Controller(        //主机端
                              iCLK,
                              iRST,
                              iDATA,
                              iSTR,
                              oACK,
                              oRDY,
                              oCLK,
                              //串行端
                              I2S_EN,
                              I2S_DATA,
                              I2S_CLK);
    input   iCLK;
    input   iRST;
    input   iSTR;
    input [15..0]    iDATA;
    output  oACK;
    output  oRDY;
    output  oCLK;
    output  I2S_EN;
    inout   I2S_DATA;
    output  I2S_CLK;
    reg       mI2S_CLK;
    reg  [15..0]  mI2S_CLK_DIV;
    reg       mSEN;
    reg       mSDATA;
    reg       mSCLK;
    reg       mACK;
    reg [4..0]    mST;
    parameterCLK_Freq   =  50000000;   //50MHz
    parameterI2S_Freq =   20000;       //20kHz
    //串行时钟生成器
    always@(posedge iCLK or negedge iRST)
    begin
        if(!iRST)
        begin
            mI2S_CLK  <=   0;
            mI2S_CLK_DIV  <=   0;
        end
        else
        begin
            if( mI2S_CLK_DIV    < (CLK_Freq/I2S_Freq) )
            mI2S_CLK_DIV  <=   mI2S_CLK_DIV + 1;
            else
            begin
                mI2S_CLK_DIV  <=   0;
```

```
                              mI2S_CLK      <=    ～mI2S_CLK;
                 end
           end
end
//并/串转换
always@(negedge mI2S_CLK or negedge iRST)
begin
    if(!iRST)
    begin
        mSEN  <=   1'b1;
        mSCLK <=   1'b0;
        mSDATA<=   1'bz;
        mACK  <=   1'b0;
        mST   <=   4'h00;
    end
    else
    begin
        if(iSTR)
        begin
            if(mST < 17)
            mST   <=   mST + 1'b1;
            if(mST == 0)
            begin
                mSEN  <=   1'b0;
                mSCLK <=   1'b1;
            end
            else if(mST == 8)
            mACK   <=   I2S_DATA;
            else if(mST == 16 && mSCLK)
            begin
                mSEN  <=   1'b1;
                mSCLK <=   1'b0;
            end
            if(mST < 16)
            mSDATA  <=   iDATA[15 - mST];
        end
        else
        begin
            mSEN  <=  1'b1;
            mSCLK <=  1'b0;
            mSDATA<=  1'bz;
            mACK  <=  1'b0;
            mST   <=  4'h00;
        end
    end
end
assign  oACK     =   mACK;
assign  oRDY     =   (mST == 17)  ?   1'b1 :    1'b0;
assign  I2S_EN   =   mSEN;
assign  I2S_CLK  =   mSCLK  &   mI2S_CLK;
assign  I2S_DATA =   (mST == 8)   ?    1'bz :
```

```
                        (mST == 17)    ?      1'bz :
                                                mSDATA ;
assign  oCLK        =      mI2S_CLK;
endmodule
```

9.4.7 LCM 锁相环

该模块是通过软件的宏定制功能生成。其输入时钟 inclk0 的频率为 $50\mathrm{MHz}$,输出时钟 c0 的频率为 LCM 所需的时钟 $18.42\mathrm{MHz}$。

程序代码如下。

```
module LCM_PLL (inclk0,c0);
input     inclk0;
output    c0;
wire [5..0]  sub_wire0;
wire [0..0]  sub_wire4 = 1'h0;
wire [0..0]  sub_wire1 = sub_wire0[0..0];
wire  c0 = sub_wire1;
wire  sub_wire2 = inclk0;
wire [1..0] sub_wire3 = {sub_wire4, sub_wire2};
altpll    altpll_component (
              .inclk (sub_wire3),
              .clk (sub_wire0)
              //synopsys translate_off
              ,
              .scanclk (),
              .pllena (),
              .sclkout1 (),
              .sclkout0 (),
              .fbin (),
              .scandone (),
              .clkloss (),
              .extclk (),
              .clkswitch (),
              .pfdena (),
              .scanaclr (),
              .clkena (),
              .clkbad (),
              .scandata (),
              .enable1 (),
              .scandataout (),
              .extclkena (),
              .enable0 (),
              .areset (),
              .scanwrite (),
              .locked (),
              .activeclock (),
              .scanread ()
              //synopsys translate_on
              );
```

```
    defparam
        altpll_component.clk0_divide_by = 2500,
        altpll_component.clk0_duty_cycle = 50,
        altpll_component.clk0_multiply_by = 921,
        altpll_component.clk0_phase_shift = "0",
        altpll_component.compensate_clock = "CLK0",
        altpll_component.inclk0_input_frequency = 20000,
        altpll_component.intended_device_family = "Cyclon II",
        altpll_component.lpm_type = "altpll",
        altpll_component.operation_mode = "NORMAL",
        altpll_component.pll_type = "FAST";
endmodule
```

9.5 维纳滤波器设计

9.5.1 维纳滤波算法原理

图像在形成、传输和扫描等过程中,常因外界噪声干扰导致质量下降,影响视觉效果,给进一步处理带来不便。为减轻噪声对图像的干扰,避免误判和漏判,必须去除或减轻噪声。常用的图像去噪算法有中值滤波、均值滤波和维纳滤波,其中,维纳滤波器是一种自适应滤波器,它比线性滤波器具有更好的选择性,可以更好地保存图像的边缘和高频细节信息。它通过估计图像中每个像素的局部均值和方差,从而实现图像的自适应去噪。局部均值与方差分别为:

$$\mu = \frac{1}{MN} \sum_{(x,y) \in s} a(x,y) \tag{9-1}$$

$$\sigma^2 = \frac{1}{MN} \sum_{(x,y) \in s} a^2(x,y) - M^2 \tag{9-2}$$

其中,s 为图像中每个像素的 $M \times N$ 邻域。维纳滤波估计式为:

$$b(x,y) = \mu + \frac{\sigma^2 - \delta^2}{\sigma^2} [a(x,y) - \mu] \tag{9-3}$$

式中,δ^2 是噪声方差,如果没有给出,则自动以所有局部估计方差的均值代替。

9.5.2 模块划分

采用 MATLAB 或 Modelsim 和 Quartus II 的联合测试平台,利用 MATLAB 产生加噪图像测试数据,以十六进制的形式保留在 txt 文件中。图像维纳滤波器包括三部分:数据存储模块、滤波窗口模块和滤波算法模块。数据存储模块用来保存图像测试数据或去噪后的图像数据,通过 txt 文件读入和读出图像数据,这个模块在 9.5.5 节中介绍;滤波窗口是给滤波算法模块提供运算数据的模块;而滤波算法是对数据进行滤波处理的模块。滤波器算法与测试框图如图 9-22 所示。

9.5.3 滤波窗口模块

本节以 3×3 的窗口为例介绍滤波窗口的设计,利用两个 FIFO 和 6 个寄存器对图像的

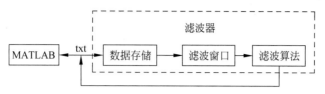

图 9-22　滤波器算法与测试框图

行、列数据进行存储,设计的窗口如图 9-23 所示。

图 9-23 中每个 FIFO 的地址长度为图像的宽度,即一个 FIFO 存储一行图像数据,用于图像行数据缓存,如图像为 128×256 时,FIFO 的地址长度为 256 个字节;6 个寄存器分为 3 组两两串接,实现每行数据上列像素的缓存,从而形成一个 3×3 的窗口。对于 128×256 大小的图像数据需要延时 256 个时钟周期来满足窗口的准确性,按照一列数据从上往下扫描前进,直至完成所有图像的像素点。从结构框图可以看出数据

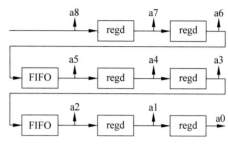

图 9-23　3×3 窗口结构框图

的大致排列,图 9-24 给出数据排列的结构。如图 9-25 所示为窗口在图像中的运动状态。

图 9-24　3×3 窗口

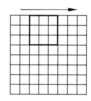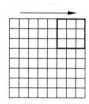

图 9-25　窗口运动示意图

在窗口设计中,FIFO 和寄存器的代码如下。
FIFO 代码:

```verilog
module fifo(clk,x,y);
input clk;
input [7..0] x;                    //像素灰度值
output [7..0] y;
reg y;
reg [7..0] ra;
reg [7..0] wa;
reg [7..0] ram[0:255];             //定义一个256单元的存储单元,存储图像的一列数据
initial
begin
    $readmemh("z.txt",ram);        //给256单元的存储单元赋初值,初值为0
    ra = 1;wa = 0; y = 0;
end
always @ (posedge clk)
begin
    ram[wa] <= x;
    y <= ram[ra];
```

```
        wa <= wa + 1;
        ra <= ra + 1;
    end
endmodule
```

z. txt 文件中的内容为 00 00…,共 256 个 00。

寄存器代码:

```
module regd (clk, x, y);
input clk;
input [7..0] x;
output [7..0] y;
reg  y;
reg r,w;
reg [7..0] z[0..1];          //定义一个 2 单元的存储单元
initial
begin
    $readmemh("z.txt",z);    //给 2 单元的存储单元赋初值,初值为 0
    r = 1;w = 1; y = 0;
end
always @ (posedge clk)
begin
    z[w] = x; yt = z[r];w = ～w; r = ～ r;
end
endmodule
```

z. txt 文件中的内容为 00 00。

9.5.4　维纳滤波算法模块

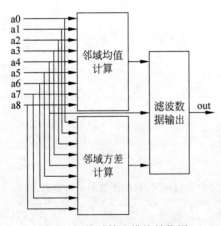

图 9-26　维纳算法模块结构图

维纳滤波算法中,根据公式(9-1)、(9-2)、(9-3)计算像素点 3×3 邻域的均值和方差,再由邻域方差、噪声方差和邻域均值计算出去噪后相应像素点的灰度值 out(即 a4 点的灰度值),算法结构图如图 9-26 所示。由于方差的计算是根据像素点的灰度值来确定,对于一些特殊情况,如当邻域像素点灰度值都接近于 0 时,邻域方差就会很低,而图像噪声 σ^2 为 400,如此一来,当邻域 σ^2 小于 100 时,公式(9-3)中后一项的值被放大,则公式(9-3)计算出的 $b(x,y)$ 的值发生很大的偏移,这种现象集中体现在灰度值接近于 0 的像素邻域里。所以算法中对几种特殊情况进行了去噪数据修正。

滤波算法代码如下。

```
module wiener(clk,a0,a1,a2,a3,a4,a5,a6,a7,a8,out);
input clk;
input [7:0] a0,a1,a2,a3,a4,a5,a6,a7,a8;
```

```
output [7..0]out;                          //去噪后的像素点灰度值,即公式(9-3)中的b(x,y)
reg [7..0]out;
integer aver,aver1;
integer daita,daita1,daita2;
initial
begin
    out = 0; daita2 = 400;daita = 0;daita1 = 0; aver = 0; aver1 = 0;
end
always @ (negedge clk)
begin
    aver = (a0 + a1 + a2 + a3 + a4 + a5 + a6 + a7 + a8)/9;   //计算邻域均值
    daita = (a0 * a0 + a1 * a1 + a2 * a2 + a3 * a3 + a4 * a4 + a5 * a5 + a6 * a6 + a7 * a7 + a8 * a8)/9
- aver * aver;                                     //计算邻域方差
    if (daita <= 350)                              //判断方差,进行修正
        daita = 350;
    if (daita >= daita2 && a4 >= aver)             //计算方式判断,并输出数据
        daita1 = aver + (daita - daita2) * (a4 - aver)/ daita; out = daita1;
    if (daita < daita2 && a4 >= aver)              //计算方式判断,并输出数据
        daita1 = aver - (daita2 - daita) * (a4 - aver)/daita; out = daita1;
    if (daita >= daita2 && a4 < aver)              //计算方式判断,并输出数据
        daita1 = aver - (daita - daita2) * (aver - a4)/ daita;out = daita1;
    if (daita < daita2 && a4 < aver)               //计算方式判断,并输出数据
        daita1 = aver + (daita2 - daita) * (aver - a4)/ daita; out = daita1;
end
endmodule
```

维纳滤波算法的功能仿真波形如图 9-27 所示。其中,a0~a8 为当前像素点的 8 个邻域像素值,out 为当前像素点维纳去噪后对应的灰度值。从仿真波形可以看出,算法的效果基本实现。

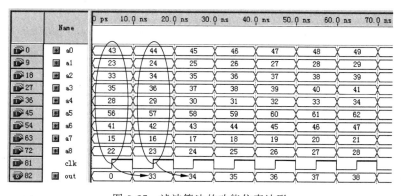

图 9-27 滤波算法的功能仿真波形

9.5.5 联合测试平台

Altera 公司提供的 Quarus Ⅱ软件平台除了具备强大的编译功能之外,在进行算法验证的时候,还提供了一定的波形仿真功能,其输入/输出都是以波形形式给出的,看起来如同逻辑分析仪,比较直观。但是,在波形文件中很难对复杂信号数据进行输入,特别是在数字

信号处理领域,大多数仿真输入数据都是叠加噪声的,采用波形输入方式是不现实的。例如,要验证一个图像处理算法如中值滤波去噪算法、边缘检测算法,这些仿真数据用波形输入的方法将难以胜任,而 MATLAB 自带的函数就能轻松产生这些仿真数据,这样做无疑会节约很多时间和精力。

1. 测试数据的产生

本节采用 MATLAB 和 Quarus Ⅱ或 ModelSim 软件进行联合仿真。验证 Verilog HDL 编写的图像维纳滤波算法,验证数据为如图 9-29 所示的对图 9-28 加入方差为 20 的高斯白噪声的 Cameraman 图像(128×256),希望通过 FPGA 设计的维纳滤波去除图像的噪声。为了获得测试数据,采用 MATLAB 脚本把图像数据转换成十六进制形式并写入 f. txt 文件中。

图 9-28　Cameraman 原始图像

图 9-29　Cameraman 加噪图像

下面是 MATLAB 的脚本文件内容,其用来将图像 cameraman. tif 以十六进制形式写入 f. txt 文件中。

```
Clear;
x = imread('cameraman.tif');
[j] = imnoise(x,'gaussian',0, 0.00615 ); %给原始图像加入噪声,见图 9-29
fid = fopen('f.txt','wt');
fprintf(fid,'% x\n',y);
fclose(fid);
```

在 Verilog 文件中定义一个 8 位×(128×256)数组 data_mem 用来保存测试图像(128×256),通过 $readmemh 命令将文件 f. txt 中的图像数据读入该数组中。数据存储模块电路符号如图 9-30 所示。
数据存储模块代码如下。

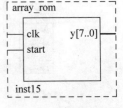

图 9-30　数据存储模块

```
module array_rom(clk,start,datao);
input clk,start;
output [7..0] datao;
reg [7..0]datao;
reg [14..0]adr2;             //定义一个 15 位的地址单元
reg [7..0]data_mem [0..32767];  //定义一个 32 768 个存储单元的存储空间
initial
begin
```

```
        $readmemh("f.txt", data_mem);           //将激励信号数据赋给存储单元
        datao = 0; adr2 = 0;                     //初始化输出和地址单元
    end
    always @(negedge clk)
    begin
        if (!start)                              //模块工作条件判断
        begin
            datao = data_mem[adr2];     adr2 = adr2 + 1; //将对应地址数据输出,地址加1
        end
    end
    endmodule
```

这样,data_mem 就可以作为维纳滤波算法的测试数据。完成数据的录入后,数据也要在时钟信号下一次读出,经过滤波窗口排序,构成滤波所需的窗口,提供给运算单元计算。

2. MATLAB 对 Quartus Ⅱ 或 ModelSim 仿真生成的数据进行分析

Quartus Ⅱ 和 ModelSim 仿真都是以方波的形式表示出来,当系统的输出数据比较复杂,难以直观地看出结果的对与错以及这些数据之间的关系,这就给验证工作带来了很大的障碍。如果把这些数据转换到 MATLAB 中显示,可以以波形或图像的形式直观地给出算法的处理结果。MATLAB 对 Quartus Ⅱ 或 ModelSim 仿真生成数据的处理也是通过文件读写实现的。即通过 Verilog 语句将仿真过程中的某个信号写入文件,然后在 MATLAB 中再把这个文件数据读出来,就可以在 MATLAB 中进行分析了。

下面 MATLAB 的脚本文件用来在 MATLAB 中显示滤波后的图像数据。

```
fid = fopen('data.txt','r');           % 读取 data.txt 文件给 fid
for i = 1..32768;                      % 将 fid 中的数据一一赋给 num
num(i) = fscanf(fid,'% x',1);
end
fclose(fid);
b = reshape(num,256,128);              % 将 num 的一维数组重塑为 256×128 的二维数组 b
imshow(b,[1 256]);                     % 将 b 显示为灰度图像,如图 9-31 所示
```

9.5.6 系统电路图

总体搭建系统如图 9-32 所示。

习题 9

1. 步进电机控制系统设计。
2. 直流电机 PWM 调速系统设计。
3. 电力谐波检测算法设计。
4. 基于 FPGA 电力设备故障信号采集与处理。
5. 远程电能抄袭系统电路设计。
6. 印刷字体自动识别系统设计。

图 9-31 去噪后图像

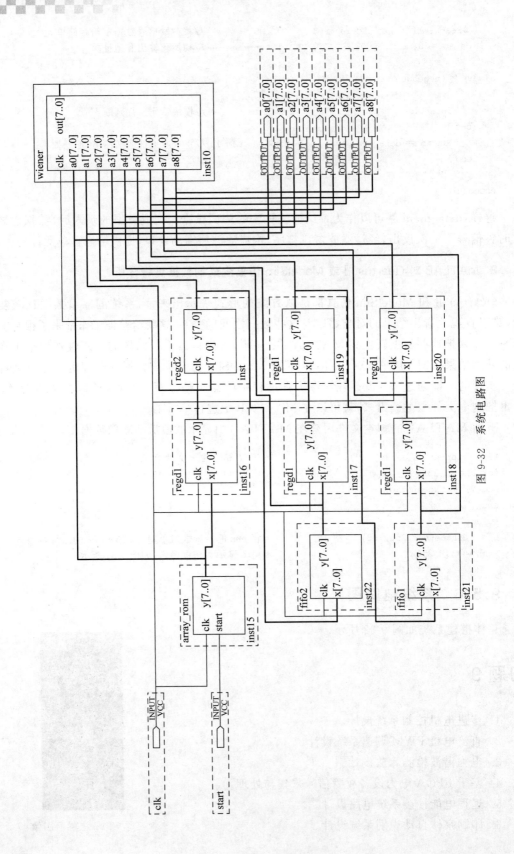

图 9-32 系统电路图

第 10 章 可编程片上系统

近年来,随着半导体技术的快速发展,高密度现场可编程逻辑器件 FPGA 的设计性能与性价比已完全能够与 ASIC 技术相抗衡。在这样的背景下,一种被称为可编程片上系统(System-on-a-Programmable-Chip,SOPC)的新技术出现了。SOPC 技术可以使设计人员充分利用 FPGA 的逻辑单元及嵌入在 FPGA 内部的存储模块和 DSP 模块,并使用 FPGA 制造厂商提供的软核处理器和模块开发包,设计出方便裁减、扩充和升级的嵌入式处理系统。

由于可编程逻辑器件已经得到广泛的应用,加上 FPGA 技术的飞速发展,为了缩短设计周期,降低设计难度和成本,PLD 开发商以其芯片的灵活性和功能的完备性等优势,在电子设计行业掀起了一场 SOPC 设计潮流。

10.1 SOPC 简介

SOPC 是用可编程逻辑技术把整个系统放到一块硅片上,用于嵌入式系统的研究和电子信息处理。可编程片上系统是一种特殊的嵌入式系统:首先,它是片上系统(SoC),即由单个芯片完成整个系统的主要逻辑功能;其次,它是可编程系统,具有灵活的设计方式,具备软硬件在系统可编程的功能。

SOPC 结合了 SoC 和 PLD、FPGA 各自的优点,具备以下基本特征。
- 至少包含一个嵌入式处理器内核(Nios Ⅱ)。
- 具有小容量片内高速 RAM 资源。
- 丰富的 IP Core 资源可供选择。
- 足够的片上可编程逻辑资源。
- Nios Ⅱ 外设接口和 FPGA 编程接口。
- 可能包含部分可编程模拟电路。
- 单芯片、低功耗、微封装。

10.1.1 SOPC 开发流程

在进行 SOPC 系统开发时,一般遵循如下的流程。
- 分析系统需求说明,包括功能需求和性能要求等。
- 建立 Quartus Ⅱ 工程,生成顶层实体,可以是图形文件或硬件描述语言(VHDL/

Verilog HDL)文本文件。

- 调用 SOPC Builder,生成一个用户定制的系统模块(包括 Nios Ⅱ、存储器及外设模块),所有设置都保存在一个以系统命名的 PTF 文件中,这也为后续的软件开发提供了硬件基础。
- 在 Quartus Ⅱ 环境下将 SOPC 系统模块集成到硬件工程中,并添加一些模块(Altera公司提供的 LPM 模块、第三方提供的或用户自己定制的模块)。
- 在顶层实体中,将 SOPC 系统模块和添加的模块连接起来。
- 分配引脚和编译工程,编译生成系统的硬件配置 SOF 和 POF 文件。
- 下载工程并验证,将配置文件下载到开发板上进行验证。
- 软件开发,打开 Nios Ⅱ IDE 开发环境,选择上述硬件系统文件.ptf,生成所需应用程序,编写相应的代码。
- 编译软件工程,生成可执行文件.elf。
- 调试程序,将可执行文件下载到程序存储器中调试。

在上面的流程中,用到的软件有 Quartus Ⅱ 、Nios Ⅱ IDE 和 ModelSim 等,如果进行DSP 的开发,还会用到 Matlab 和 DSPBuilder。Quartus Ⅱ 用来建立硬件的系统,其中包括SOPC Builder 工具。SOPC Builder 是 Altera 公司推出的一种在 PLD 内实现 Nios Ⅱ 嵌入式处理器及其相关接口的设计工具,可用来建立 SOPC 系统模块。Quartus Ⅱ 支持多种设计方式,如原理图、硬件描述语言等,硬件描述语言的方式支持 VHDL 和 Verilog HDL。Nios Ⅱ IDE 是 Nios Ⅱ 系列嵌入式处理器的基本软件开发工具,所有软件开发都在 Nios ⅡIDE 环境下完成,包括编辑、编译、调试和下载程序。

10.1.2　Nios Ⅱ处理器简介

Nios Ⅱ 系列软核处理器是 Altera 的第二代 FPGA 嵌入式处理器,其性能超过200DMIPS。Altera 的 Stratix、Stratix GX、Stratix Ⅱ 和 Cyclone 系列 FPGA 全面支持 NiosⅡ处理器。

Nios Ⅱ 系列包括以下三种产品。

- Nios Ⅱ/f(快速):最高的系统性能,中等 FPGA 使用量。
- Nios Ⅱ/s(标准):高性能,低 FPGA 使用量。
- Nios Ⅱ/e(经济):低性能,最低的 FPGA 使用量。

这三种产品具有 32 位处理器的基本结构单元:32 位指令、32 位数据和地址路径、32 位通用寄存器和 32 个外部中断源。三种产品使用同样的指令集架构(ISA),100%二进制代码兼容,用户可以根据系统需求的变化更改 CPU,选择满足性能和成本的最佳方案,而不会影响已有的软件投入。

重要的是,Nios Ⅱ 系列支持使用专用指令。专用指令是用户增加的硬件模块,它增加了算术逻辑单元(ALU)。用户能为系统中使用的每个 Nios Ⅱ 处理器创建多达 256 个专用指令,这使得用户能够细致地调整系统硬件以满足性能目标。专用指令逻辑和本身 Nios Ⅱ指令相同,能够从多达两个源寄存器取值,可选择将结果写回目标寄存器。同时,Nios Ⅱ 系列支持六十多个外设选项,用户能够选择合适的外设,获得最合适的处理器、外设和接口组合。

Nios Ⅱ处理器具有完善的软件开发套件,包括编译器、集成开发环境(IDE)、JTAG调试器、实时操作系统(RTOS)和 TCP/IP 协议栈。用户能够用 Quartus Ⅱ开发软件中的 SOPC Builder 系统开发工具很容易地创建专用的处理器系统,并能够根据系统的需求添加 Nios Ⅱ处理器核的数量。使用 Nios Ⅱ软件开发工具能够为 Nios Ⅱ系统构建软件。Nios Ⅱ集成开发环境提供了许多软件模板,简化了项目设置。

在 SOPC Builder 中添加 Nios Ⅱ的步骤如下。

(1) 在 SOPC Builder 元件列表 Processors 中选择 Nios Ⅱ Processor,双击打开如图 10-1 所示对话框。在 Core Nios Ⅱ选项卡中可以选择三种 Nios Ⅱ模式(Nios Ⅱ/e、Nios Ⅱ/s 和 Nios Ⅱ/f),同时每种 Nios 类型所包含的功能也在下方详细列出。Hardware Multiply 设置硬件乘法器,可以设置为 Embedded Multipliers(嵌入式乘法器)、Logic Elements(逻辑单元)和 None。Reset Vector(复位地址)和 Exception Vector(异常地址)分别设置 Nios Ⅱ的复位地址和异常地址。

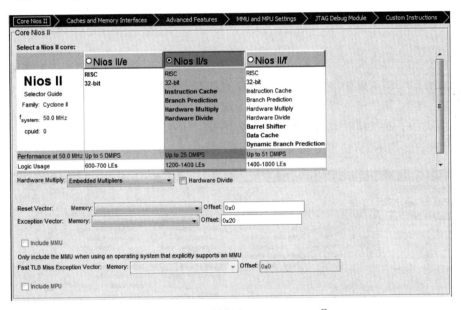

图 10-1　Nios Ⅱ设置——Core Nios Ⅱ

在选项卡的下方还有两个选项分别是 MMU 和 MPU,这两个选项只有在 Nios/f 模式下才可选。MMU(Memory Management Unit,存储器管理单元)通常只在系统需要时添加,这样更能发挥其优势。MPU(Memory Protection Unit,存储器保护单元)和 MMU 两者具有排斥性,选择时只能选其中一个。

(2) 打开 Caches and Memory Interfaces 选项卡,如图 10-2 所示。Instruction Cache 和 Data Cache 分别用于设置指令和数据 Cache 的容量,但是 Data Cache 只有在 Nios Ⅱ/f 模式才被支持。Include tightly coupled instruchon master port(s)选项用于在 CPU 核里面构建与 CPU 外部存储器紧密耦合的端口,如果选中该选项,则必须指定片内存储器,并手工将端口与存储器连接。

(3) Advanced Features 选项卡为 Nios 的高级功能设置选项卡,可使 Nios 具备专业功能的处理器。

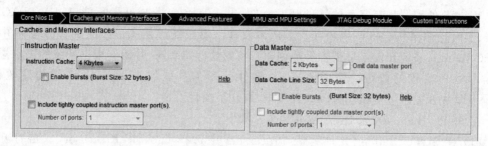

图 10-2　Nios Ⅱ 设置——Caches and Memory Interfaces

（4）当 MMU 或 MPU 被选中时，MMU and MPU Settings 选项卡可对 MMU 或 MPU 进行设置，通常使用其默认值即可。

（5）打开 JTAG Debug Module 选项卡，如图 10-3 所示。JTAG 调试模块根据功能的不同共分成 5 个级别。

① No Debugger：表示不使用调试模块，通常在系统调试完毕后为了节省资源而采取的一种设置。

② Level 1：调试模块具有 JTAG 目标接口连接、程序下载和软件断点三个功能。

③ Level 2：调试模块增加了两个硬件断点和两个数据触发器。

④ Level 3：调试模块增加了指令和片上跟踪。

⑤ Level 4：调试模块增加了数据和片外跟踪。

调试模块级别不同，使用资源也不同，通常选择 Level 1 即可。

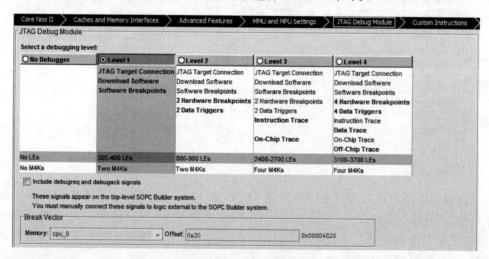

图 10-3　Nios Ⅱ 设置——JTAG Debug Module

（6）Custom Instructions 选项卡用于设置用户定制的指令。如果不使用用户定制的指令，则无须修改。最后单击 Finish 按钮即完成 Nios Ⅱ 的配置。

10.1.3　Nios Ⅱ外设接口

Nios 常用外设接口有并行 I/O、Jtag Uart、LCD、VGA、存储器和定时器等。下面将介绍这些外设的使用方法。

1. 并行 I/O

每个 Avalon 接口的 PIO 内核可以提供 32 个并行 I/O 端口,并行 I/O 可配置为输入、输出和三态,主要用于对 LED 灯、按键和开关等器件的控制。在 SOPC Builder 中添加并行 I/O 的步骤如下。

(1) 在 SOPC Builder 中的元件库列表 Peripherals→Microcontroller Peripherals 选择 PIO,双击将出现如图 10-4 所示的设置对话框,可以设置 I/O 的数据带宽及其 I/O 方向。

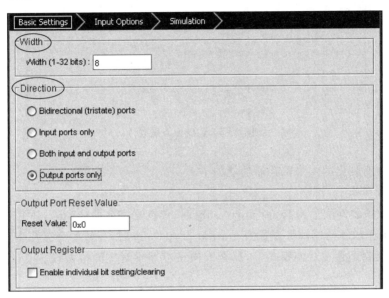

图 10-4 PIO 配置

(2) 可根据 I/O 的方向选择 Output ports only 或 Input ports only 等选项。如果选择 Input ports only,则选择 Input Options 选项卡,如图 10-5 所示。Input Options 选项卡可设定边沿捕获和产生 IRQ 的方式。若选中 Synchronously capture 复选框,可选择上升沿 (Rising edge)、下降沿(Falling edge)或双沿(Either edge)边沿捕获方式。当 I/O 口由边沿产生时,则会在边沿捕获寄存器的相应位置 1。若选中 Generate IRQ 复选框,则向系统申请 IRQ 中断,可选择电平(Level)或边沿(Edge)方式触发中断。

并行 I/O 的内核有 4 个寄存器,如表 10-1 所示。

表 10-1 PIO 内核寄存器

偏移量	寄存器名称		R/W	$n-1$	…	…	2	1	0
0	数据寄存器	读	R	读入输入引脚的逻辑电平值					
		写	W	向 PIO 口输出写入值					
1	方向寄存器		R/W	控制 PIO 口为输入或者输出方向,0:输入,1:输出					
2	中断屏蔽寄存器		R/W	使能或禁止每个输入口的 PIO,1:使能,0:禁止					
3	边沿捕获寄存器		R/W	当边沿事件发生时对应位置 1					

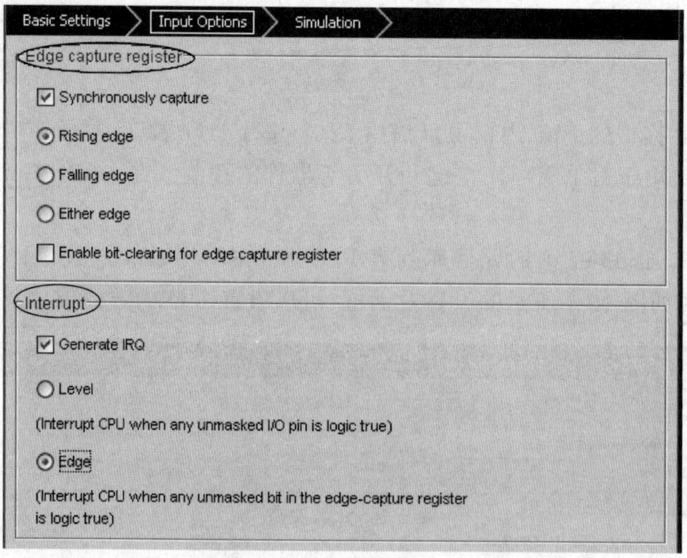

图 10-5　PIO 输入设置

表 10-1 中所列出的 4 个寄存器功能如下。

1）数据寄存器。

当 PIO 内核硬件配置为 Input ports only 时，读数据寄存器（Data），返回在输入引脚上出现的值；而当 PIO 内核硬件配置为 Output ports only 时，写数据寄存器驱动输出口。如果 PIO 内核硬件配置在双向模式下，那么方向寄存器中对应的位被设为 1（输出）时，值才输出。

通过 PIO 内核提供的寄存器访问头文件 altera_avalon_pio_regs.h，开发者可以通过以下两个函数对数据寄存器进行读写操作，函数中的 base 是指 I/O 模块的基地址。

读操作函数：IORD_ALTERA_AVALON_PIO_DATA(base)。

写操作函数：IOWR_ALTERA_AVALON_PIO_DATA(base,data)。

2）方向寄存器。

当 PIO 内核硬件配置为 Bidirectional ports 时，方向寄存器（Direction）可用来控制每个 I/O 口的数据方向。当第 n 位被设为 1 时，表示端口 n 为输出模式；当被设为 0 时，则表示为输入模式。

读方向寄存器函数：IORD_ALTERA_AVALON_PIO_DIRECTION(base)。

写方向寄存器函数：IOWR_ALTERA_AVALON_PIO_DIRECTION(base, data)。

3）中断屏蔽寄存器。

当 PIO 内核硬件配置为 Input ports only 时，并且在中断配置中选中 Generate IRQ，此时中断屏蔽寄存器的位设为 1 时，使能相对应的 PIO 输入口中断；否则中断屏蔽寄存器无效。

读中断屏蔽寄存器函数：IORD_ALTERA_AVALON_PIO_IRQ_MASK(base)。

写中断屏蔽寄存器函数：IOWR_ALTERA_AVALON _PIO_IRQ_MASK(base, data)。

4）边沿捕获寄存器。

只要在输入口上检测到边沿事件时，边沿捕获寄存器（Edgecapture）中对应位 n 置 1。

Avalon 主控制器可读边沿捕获寄存器来确定边沿在哪个 PIO 输入口出现。当硬件配置有边沿捕获功能时,边沿捕获寄存器才存在;否则,读边沿捕获寄存器返回未定义的值写边沿捕获寄存器无效。

读边沿捕获寄存器函数:IORD_ALTERA_AVALON_PIO_EDGE_CAP(base)。

写边沿捕获寄存器函数:IOWR_ALTERA_AVALON_PIO_EDGE_CAP(base, data)。

2. Jtag Uart

Jtag Uart 接口可以在 PC 主机和 SOPC Builder 系统之间进行串行字符流更新,主要用来调试、下载数据等,也可以作为标准输入/输出来使用。在 SOPC Builder 中的元件库列表 Interface Protocols→Serial 中选择 Jtag Uart,双击 Jtag Uart 打开其设置界面(如图 10-6 所示)。在 Write FIFO 和 Read FIFO 设置项中,通常设置 FIFO 深度为 64,设置 IRQ 阈值为 8。

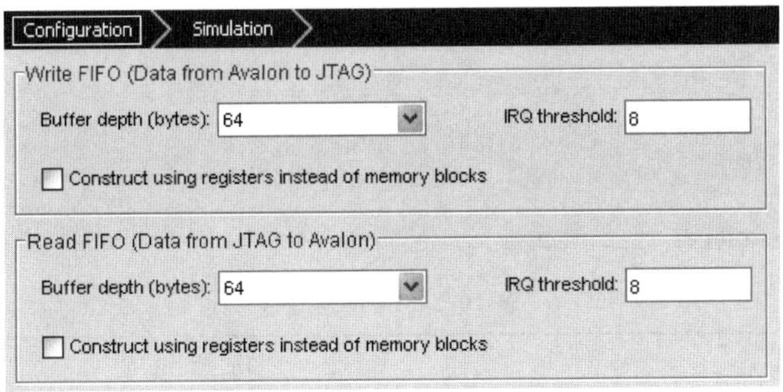

图 10-6　JTAG UART 设置

Altera 为 Nios Ⅱ 处理器用户提供 HAL 系统库驱动程序,设计者可以通过 printf() 和 getchar() 来访问 Jtag Uart。

当 Jtag Uart 作为标准输入/输出使用时,需要在 Nios Ⅱ 中对项目的 BSP 属性进行设置。右击工程,从弹出的快捷菜单中选择 Nios Ⅱ→BSP Editor 命令,会弹出如图 10-7 所示的对话框,在对话框右边的 stdout、stderr、stdin 下拉列表中选择 jtag_uart,单击 OK 按钮完成设置。

3. LCD

如果 LCD 是属于字符型 LCD,则在 SOPC Builder 中的元件库列表 Peripherals→Display 选择 Character LCD,双击加入即可,这个 LCD 内核的型号是 Optrex 16207 液晶显示器。

LCD 的编程包括对 LCD 的命令读写和数据读写。

LCD 写数据函数:lcd_write_data(base, data),其中参数 base 指 LCD 的基地址,而 data 指写给 LCD 显示的数据。

LCD 写指令函数:lcd_write_cmd(base, cmd),其中参数 base 指 LCD 的基地址,而 cmd 指写给 LCD 的指令。

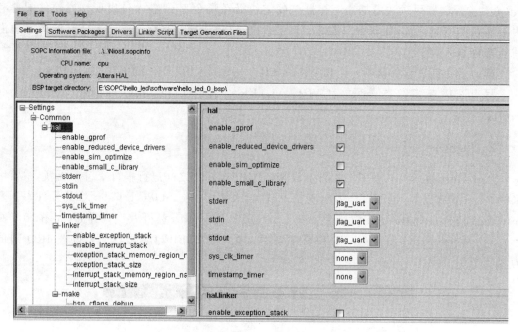

图 10-7   BSP 设置

LCD 的常用指令如表 10-2 所示。

表 10-2   LCD 指令表

指 令 码	功 能 说 明
0x01	清屏
0x06	不允许整屏移动
0x0C	开显示
0x38	采用 8 位数据总线方式,两行显示
0x80	显存指针指向第一行
0xC0	显存指针指向第二行

在对 LCD 进行编程时,需要用到两个与 LCD 底层开发有关的文件,分别是 LCD.h 和 LCD.c 文件。

根据对 LCD 的定义,需要在 LCD.h 头文件中定义 LCD 的指令和数据读写语句格式。LCD.h 头文件代码如下。

```
#ifndef __LCD_H__
#define __LCD_H__
//LCD Module 16 * 2
#define lcd_write_cmd(base, cmd) IOWR(base, 0, cmd)      //写命令
#define lcd_read_cmd(base) IORD(base, 1)                 //读命令
#define lcd_write_data(base, data) IOWR(base, 2, data)   //写数据
#define lcd_read_data(base) IORD(base, 3)                //读数据
void LCD_Init();
void LCD_Show_Text(char * Text);
void LCD_Line1();
```

```
void LCD_Line2();
void LCD_Test();
#endif
```

在 LCD.h 头文件中同时定义了 5 个函数,函数的功能在源程序 LCD.c 中实现。在源程序中假设 LCD 的基地址是 LCD_16207_0_BASE,其代码如下。

```
#include <unistd.h>
#include <string.h>
#include <io.h>
#include "system.h"
#include "LCD.h"
void LCD_Init()                                     //LCD 初始化
{
   //采用 8 位数据总线方式,两行显示
   lcd_write_cmd(LCD_16207_0_BASE,0x38);
   usleep(2000);
   //开显示
   lcd_write_cmd(LCD_16207_0_BASE,0x0C);
   usleep(2000);
   //清屏
   lcd_write_cmd(LCD_16207_0_BASE,0x01);
   usleep(2000);
   //不允许整屏移动
   lcd_write_cmd(LCD_16207_0_BASE,0x06);
   usleep(2000);
   //显存指针指向第一行
   lcd_write_cmd(LCD_16207_0_BASE,0x80);
   usleep(2000);
}
void LCD_Show_Text(char * Text)                     //显示字符串
{
   int i;
   for(i = 0;i < strlen(Text);i++)
   {
     lcd_write_data(LCD_16207_0_BASE,Text[i]);
     usleep(2000);
   }
}
void LCD_Line1()                                    //显存指针指向第一行
{
   lcd_write_cmd(LCD_16207_0_BASE,0x80);
   usleep(2000);
}
void LCD_Line2()                                    //显存指针指向第二行
{
   lcd_write_cmd(LCD_16207_0_BASE,0xC0);
   usleep(2000);
}
void LCD_Test()
{
```

```
char Text1[16] = "LCD test";
char Text2[16] = "It's OK!";
LCD_Init();
LCD_Show_Text(Text1);
LCD_Line2();
LCD_Show_Text(Text2);
}
```

4. 存储器

SOPC Builder 中的存储器内核包含片内存储器和片外存储器。片内存储器是使用嵌入在 FPGA 中的存储器模块，可分为 ROM 和 RAM；片内存储器的读写速度较快，但容量也比较小，通常用来存放小型应用程序和数据。

由于片内存储器的容量通常较小，因此一般 SOPC 系统都会外接片外存储器。片外存储器可分为 RAM（随机读写存储器）、ROM（只读存储器）和 Flash（闪存）。其中，RAM 又可分为 SRAM（静态 RAM）和 DRAM（动态 RAM）。片外存储器通常用来存放运行的数据和程序。

（1）片内存储器。

在 SOPC Builder 的元件库列表 Memories and Memory Controllers→On-Chip 中选择 Onchip Memory，双击弹出如图 10-8 所示的设置对话框。用户可以选择存储器的类型是 RAM 或 ROM，并设置存储器的数据宽度和容量，一般数据宽度设置为 32 位，对应处理器的 32 位总线结构。存储器的容量默认是 4KB，而具体设置值需要参考 FPGA 的片内存储器容量以及实际程序的大小。

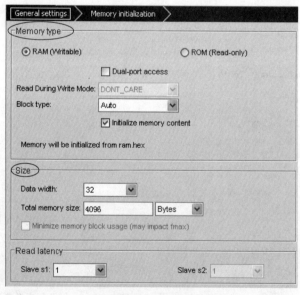

图 10-8　RAM 设置

（2）片外 RAM——SDRAM。

在 SOPC Builder 中的元件库列表 Memories and Memory Controllers→SDRAM 中选择 SDRAM Controller，双击弹出如图 10-9 所示对话框。其中，Presets 选项主要用于选择

预设置的 SDRAM 参数,通常选择 Custom。Data width(数据宽度)、Architecture(结构)和 Address widths(地址宽度)等存储器相关硬件参数必须与实际 SDRAM 芯片一致。当以上参数全部设置正确后,可以在最下方信息处看到 SDRAM 的存储容量,例如图 10-9 中所示的 Memory size=16Mbytes。

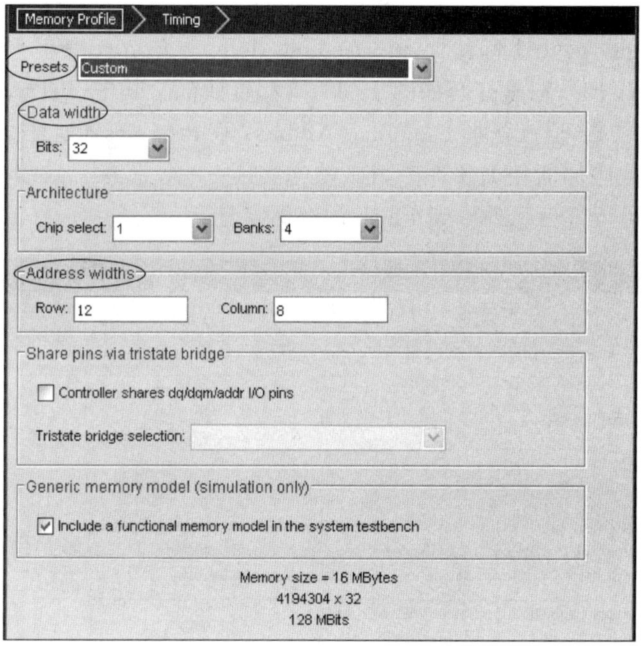

图 10-9 设置 SDRAM 控制器参数

SDRAM 的容量比片内 RAM 大得多,通常用来存放运行的程序,只需将 Nios CPU 的 Reset Vector(复位地址指针)指向 SDRAM 的基地址,如图 10-10 所示。其中,onchip_memeory 为片内 RAM、sdram 为片外 RAM。如果用 SDRAM 来存放数据,处理器不需要软件驱动程序即可直接对其进行访问。

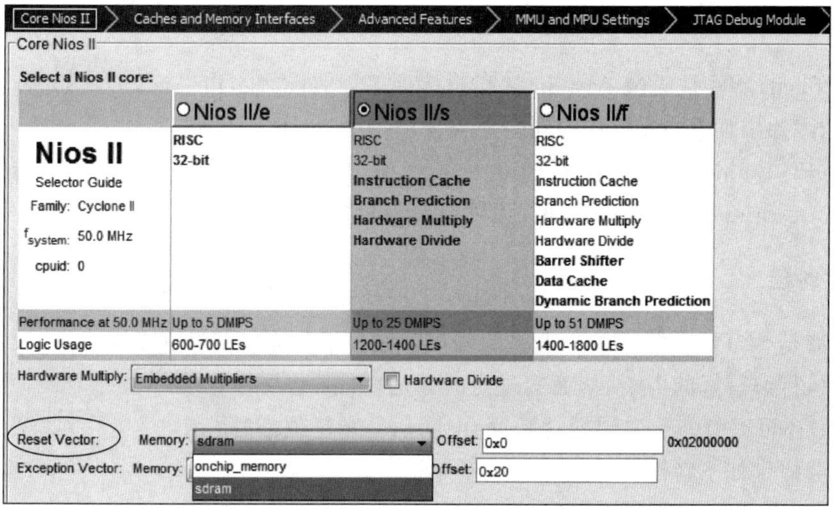

图 10-10 Nios CPU 的设置

（3）片外存储器——Flash。

由于 SDRAM 是属于易失性存储器（即掉电后数据会丢失），为了解决这一问题，通常在 Nios 系统中添加闪存 Flash，用于存放系统掉电后需要保存的程序和数据。由于 Flash 的存取速度比较慢，因此通常在系统上电启动后，通过 Nios 的 Boot 程序把保存在 Flash 中的程序复制到 SDRAM 中运行，以便提高程序运行的速度。

在 SOPC Builder 的元件列表 Memories and Memory Controllers→Flash 中选择 Flash Memory Interface(CFI)，双击打开如图 10-11 所示对话框。其中，Presets 选项主要用于选择预设置的 Flash 参数，通常选择 Custom。Address Width(bits)（地址宽度）和 Data Width (bits)（数据宽度）等存储器相关硬件参数必须与实际 Flash 芯片一致。当以上参数全部设置正确后，可以在最下方信息处看到 Flash 的存储容量。

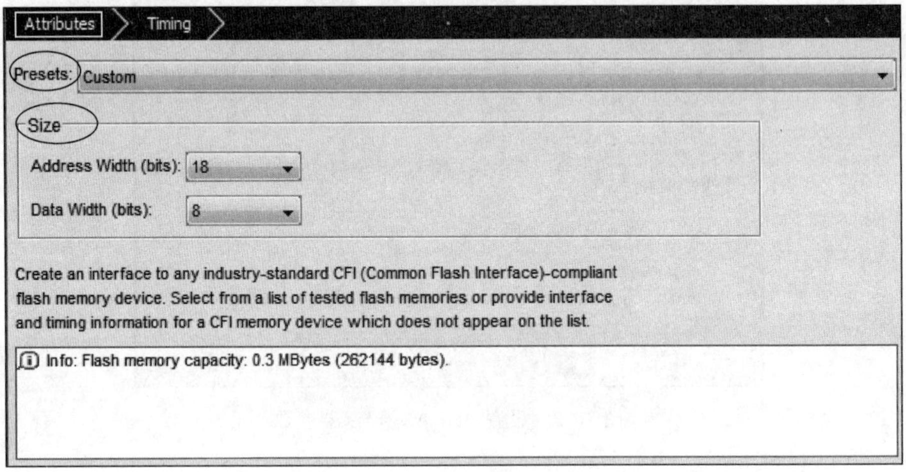

图 10-11　Flash 设置

为了将程序存放在 Flash 中，只需将 Nios CPU 的 Reset Vector（复位地址指针）指向 Flash 的基地址即可，方法类似于 SDRAM 中 CPU 的设置。而 Nios Ⅱ 的开发套件也提供了一个 Flash 的下载程序 Flash Programmer，Flash Programmer 可用来将程序下载到 Flash 中。

由于 Flash 器件是通过 Avalon 三态桥接到 Avalon 总线，由 Avalon 三态桥产生片外存储器总线，因此添加 Flash 器件的同时还需要添加 Avalon 三态桥。

在 SOPC Builder 的元件列表 Bridges and Adapters→Memory Mapped 中选择 Avalon-MM Tristate Bridge，双击加入即可，无须修改设置。

5. 定时器

定时器是 SOPC 系统中一个重要的外设。它可以为系统提供周期性时钟源，当周期时间到达时执行编写好的中断，从而实现定时器的功能；也可以作为一个计数器，测定程序执行的时间；还可以对外输出周期性脉冲、中断信号和复位信号。

定时器提供如下特性。

• 可启动、停止和复位定时器。

- 定时器到达 0 时产生中断信号。
- 定时器有两种计数模式：单次递减和连续递减。
- 可选的看门狗特性：定时器减到 0 时，复位系统。
- 可选的周期性脉冲输出特性：定时器减到 0 时，输出脉冲。
- 兼容 32 位和 16 位处理器。

添加定时器模块的步骤如下。

（1）在 SOPC Builder 窗口中选择 Other→Interval Timer 命令，弹出如图 10-12 所示对话框。

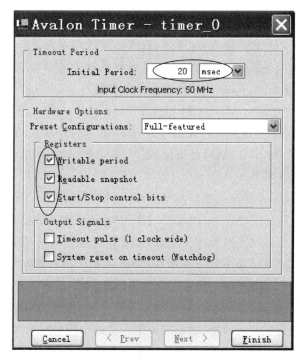

图 10-12　系统时钟定时器设置

（2）定时器的时间设置为 20ms，寄存器的三个选项 Writable period、Readable snapshot 和 Start/Stop control bits 全部选中。再把定时器重命名，作为系统时钟定时器。

在程序中调用定时器时，需要使用定时器的开启函数：

```
int alt_alarm_start ( alt_alarm * alarm,
                alt_u32 88 nticks,
                alt_u32 ( * callback) (void * context),
                void * context);
```

在过去 nticks 之后调用 callback 函数（即用户回调函数）。当调用 callback 函数时，输入参数 context 作为 callback 函数的输入参数；输入参数 alarm 指向的结构通过调用 alt_alarm_start()进行初始化，故不必对其初始化。在 callback 函数中不要实现复杂的功能，因为 callback 函数实际是定时器中断服务函数的一部分。

callback 函数对报警设备复位，返回下一次调用该函数所需间隔的 ticks 数量值。返回值为 0 表示停止报警。

若将 nticks 设置为 alt_ticks_per_second ()，则可以获得每秒系统时钟的"滴答"数，即表示每秒调用 callback 函数一次。

alarm 就是一个定时中断。对于一个操作系统而言，当一个进程需要等待某个事件发生又不想永远等待，该进程会设置一个超时 timeout。当到达这个超时时，系统就会发出一个 alarm，提醒进程。

10.1.4　Avalon 总线

Avalon 总线是由 Altera 开发的一种专用片内总线。Nios 系统的所有外设都是通过 Avalon 总线与 Nios CPU 相接的，Nios 通过 Avalon 总线与外设进行数据交换。Avalon 总线由 SOPC Builder 自动生成，SOPC Builder 能够利用最少的硬件资源产生最佳的总线结构。当硬件配置发生变化时，Avalon 总线也会随之改变。

Avalon 总线可分为两类：Master 和 Slave。Master 是一个主控接口，而 Slave 是一个从控接口。Master 和 Slave 主要的区别是对于 Avalon 总线控制权的把握。Master 接口具有 Avalon 总线控制权，而 Slave 接口是被动的。

Avalon 总线的特点如下。

- 支持同步操作，所有外设的接口与 Avalon 总线时钟同步，不需要复杂的握手/应答机制。这样就简化了 Avalon 总线的时序行为，而且便于集成高速外设。
- 所有的信号都是高电平或低电平有效，便于信号在总线中高速传输。在 Avalon 总线中，由数据选择器(而不是三态缓冲器)决定哪个信号驱动哪个外设。因此，外设即使在未被选中时也不需要将输出置为高阻态。
- 为了方便设计，地址、数据和控制信号使用分离的、独立的端口。外设不需要识别地址总线周期和数据总线周期，也不需要在未被选中时使输出无效。
- 支持动态地址对齐，可处理具有不同数据宽度的外设之间的数据传输。
- 占用资源少。

10.2　SOPC 开发实例

任务：通过 Nios 系统对 8 位 LED 灯进行流水灯控制。

设计步骤：实例的设计可分为硬件设计和软件设计。

步骤 1：硬件设计。

(1) 在 E:\sopc\下建立一个 hello_led 文件夹。

(2) 打开 Quartus Ⅱ，单击 File 下拉菜单中的 New project Wizard 命令，弹出如图 10-13 所示对话框。输入工程存放目录，或单击工程路径右边的按钮设置工程存放目录。在第二个文本框中输入工程名称，这里输入为"led"。

(3) 单击 Next 按钮，在器件设置页中选择芯片 EP2C35F672C6，如图 10-14 所示。

(4) 选择芯片后，单击 Finish 按钮完成新工程的建立。

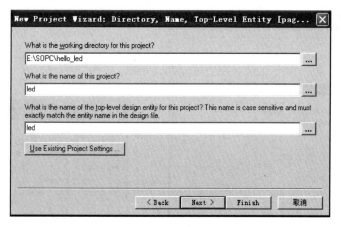

图 10-13 建立工程

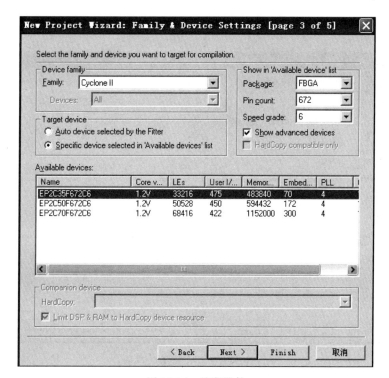

图 10-14 选定器件

（5）为新工程新建一个图形文件（如图 10-15 所示），并命名为"led. bdf"。

（6）使用 SOPC Builder 创建 Nios Ⅱ 系统。选择 Tools→SOPC Builder 命令，出现如图 10-16 所示对话框，在 System Name（系统名称）文本框中输入"Nios Ⅱ"，选择语言为 Verilog。

（7）单击 OK 按钮，进入 SOPC Builder 界面，如图 10-17 所示。

（8）在 SOPC Builder 界面的左边是可用元件库，可以从中选择需要的元件。本次任务需要为系统添加的元件有 Nios Ⅱ CPU、调试串口、PIO 和片内存储器。

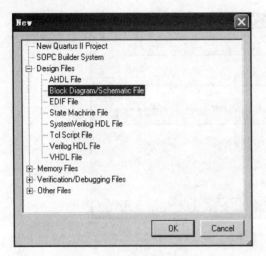

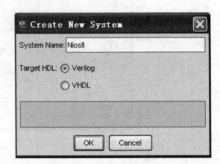

| 图 10-15　新建图形文件 | 图 10-16　设定名称 |

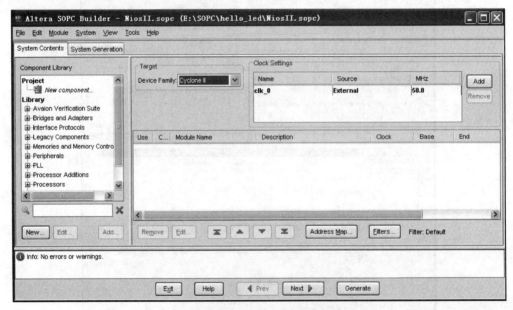

图 10-17　SOPC Builder 界面

（9）添加 Nios Ⅱ CPU。在 Component Library 列表框中选择如图 10-18 所示的 Nios Ⅱ Processor，双击后会弹出如图 10-19 所示对话框，在此选择标准型 CPU 核 Nios Ⅱ/s；Hardware Multiply(硬件乘法器)设置为 None；Reset Vector Memory(CPU 复位地址)和 Exception Vector Memory(CPU 异常地址)暂时不予以设置，因为系统中还未添加存储器。

（10）Nios Ⅱ配置向导的其他设置都选择默认，单击 Finish 按钮后返回 SOPC Builder 窗口，将 CPU_0 重新命名为"cpu"，如图 10-20 所示。

注意，对模块命名要遵循以下规则。

① 名字最前面应该使用英文。

② 能使用的字符只有英文字母、数字和下画线"_"。

③ 不能连续使用"_"符号,在名字的最后也不能使用"_"。

图 10-18 选择 Nios Ⅱ

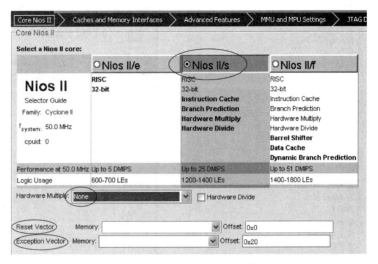

图 10-19 Nios Ⅱ配置向导

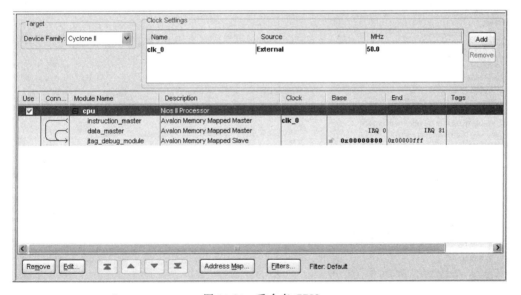

图 10-20 重命名 CPU

(11) 添加 Jtag Uart(调试串口)。在 Component Library 列表框的 Interface Protocols→ Serial 中选择 JTAG UART(如图 10-21 所示)双击,打开其设置界面(如图 10-22 所示),选择默认值。单击 Finish 按钮完成设置,再将其重命名为"jtag_uart"。

(12) 添加片内 RAM,RAM 用于存储数据和程序运行空间。在 Component Library 列表框的 Memories and Memory Controllers→On-Chip 中选择 On-Chip Memory(RAM or ROM)(如图 10-23 所示)双击,打开其设置界面,如图 10-24 所示。存储器类型设置为 RAM,存储器大小设置为 4KBytes。单击 Finish 按钮完成设置,再将其重命名为"ram"。

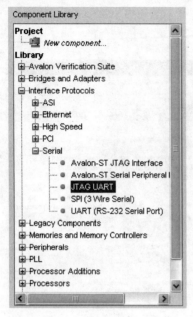

图 10-21　JTAG UART 选择

图 10-22　JTAG UART 设置页

图 10-23　Ram 选择

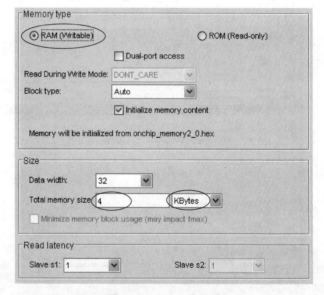

图 10-24　Ram 设置页

（13）添加 PIO，系统可以通过 PIO 驱动 8 个 LED 灯。在 Component Library 列表框的 Peripherals→Microcontroller Peripherals 中选择 PIO（如图 10-25 所示）双击，打开其配置界面，如图 10-26 所示。PIO 的数据宽度设置为 8，端口方向设置为 Output ports only（输出口）。单击 Finish 按钮完成设置，再将其重命名为"led_pio"。

（14）指定基地址和分配中断号。SOPC Builder 会给用户的 Nios Ⅱ系统模块分配默认的基地址，用户也可以更改这些默认地址。选择 System 下拉菜单中的 Auto-Assign Base Address 命令和 Auto-Assign IRQs 命令。

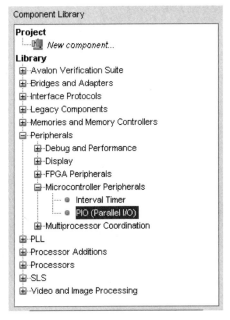

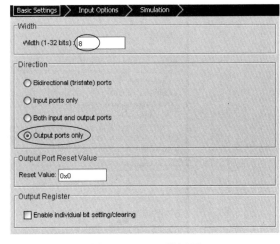

图 10-25 PIO 选择   图 10-26 PIO 设置页

（15）设置 CPU 的复位和异常地址。双击 cpu，再次打开 cpu 的配置页面，如图 10-27 所示，将 cpu 的复位和异常地址指针都指向刚刚加入的 ram，单击 Finish 按钮完成设置。

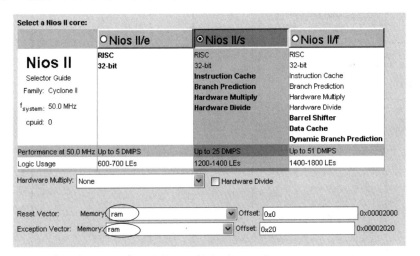

图 10-27 设置系统运行空间

（16）单击 SOPC Builder 窗口下方的 Generate 按钮，生成系统模块，如图 10-28 所示。在系统生成完成后单击 Exit 按钮，退出 SOPC Builder 界面。

（17）将生成好的 Nios Ⅱ 模块以图标形式添加到 led. bdf 文件中，SOPC Builder 在进行 System Generation 的过程中会生成系统模块的图标（Symbol），可以将该图标像一般 Quartus Ⅱ 图标一样添加到当前工程的 BDF 文件中。在如图 10-29 所示对话框中选择 Project→Nios Ⅱ 。

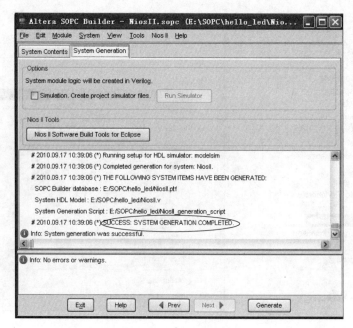

图 10-28 系统生成

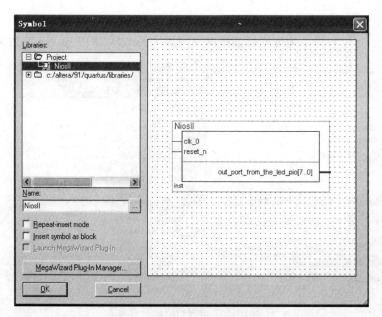

图 10-29 加入 Nios Ⅱ 元件

　　(18) 在原理图中右击,选择 Insert→Symbol 命令,在 primitives→pin 列表中选择 input 或 output,在图中相应位置加入输入/输出 pin,将输入/输出脚分别命名为 CLK_50、RESET 和 LEDR[7..0],其中,LEDR[7..0]为 8 位总线连接,如图 10-30 所示。

　　(19) 单击 按钮或选择 Processing→Start→Start Analysis & Synthesis 命令,检查是否有语法错误。

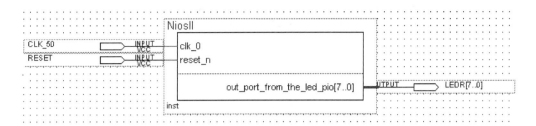

图 10-30　原理图

（20）编译通过后，选择 Assignments→Pins 命令，打开引脚配置窗口，为所有输入和输出端口指定 FPGA 的引脚。引脚分配的具体信息如图 10-31 所示。

		Node Name	Direction	Location	I/O Bank
1		CLK_50	Input	PIN_N2	2
2		LEDR[7]	Output	PIN_AC21	7
3		LEDR[6]	Output	PIN_AD21	7
4		LEDR[5]	Output	PIN_AD23	7
5		LEDR[4]	Output	PIN_AD22	7
6		LEDR[3]	Output	PIN_AC22	7
7		LEDR[2]	Output	PIN_AB21	7
8		LEDR[1]	Output	PIN_AF23	7
9		LEDR[0]	Output	PIN_AE23	7
10		RESET	Input	PIN_G26	5
11		<<new node>>			

图 10-31　引脚分配

（21）单击 ▶ 按钮或选择 Processing→Start 命令进行完全编译。编译通过后，再将编译生成的 SOF 文件下载到目标板上。选择 Tools→Programmer 命令进行目标文件下载，如图 10-32 所示。

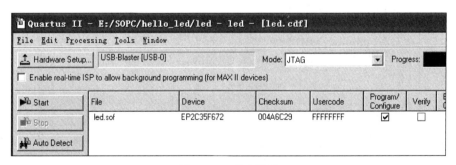

图 10-32　程序下载

步骤 2：软件设计。

（1）打开 Nios Ⅱ 9.1，首先会弹出如图 10-33 所示对话框，在对话框中单击 Browse 按钮，选择 E:\SOPC\hello_led 为工作空间。

（2）工作空间设定后，即进入 Nios Ⅱ 9.1 的开发界面。选择 File→New→Nios Ⅱ Application and BSP from Template 命令，弹出如图 10-34 所示窗口。在 Target hardware information 选项区域中单击 […] 按钮，选择 E:\SOPC\hello_led\NiosII. sopcinfo 文件，该文

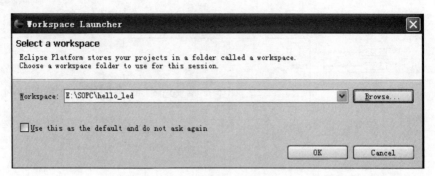

图 10-33　设置工作空间

件是在 SOPC Builder 生成系统时生成的 sopcinfo 文件。Project name 设置为 hello_led_0,在 Templates 列表框中选择 Hello World Small。单击 Finish 按钮完成工程的新建。

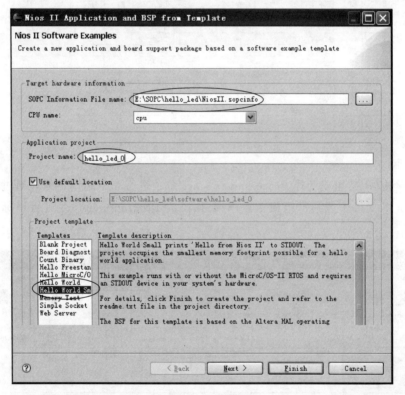

图 10-34　工程设置

(3) 工程新建完成后,Nios Ⅱ 的主界面如图 10-35 所示。

(4) 打开 hello_world_small.c,输入以下代码并保存。

```c
#include "system.h"
#include "altera_avalon_pio_regs.h"
#include "alt_types.h"
const alt_u8 led_data[8] = {0x01,0x03,0x07,0x0F,0x1F,0x3F,0x7F,0xFF};
int main (void)
```

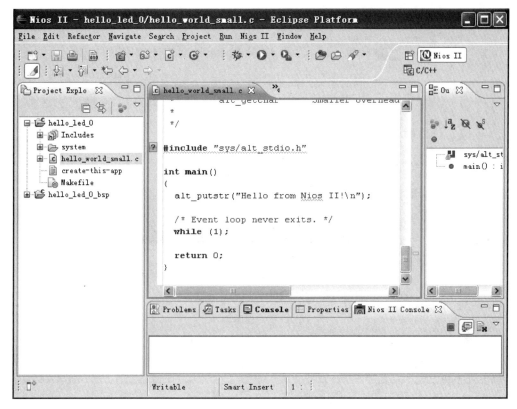

图 10-35　Nios Ⅱ 主界面

```
{
  int count = 0;
  alt_u8 led;
  volatile int i;
  while (1)
  { if (count == 7)
      {count = 0;}
    else
      {count++;}
    led = led_data[count];
      IOWR_ALTERA_AVALON_PIO_DATA(LED_PIO_BASE, led);
    i = 0;
    while (i < 500000)
      i++;
  }
  return 0;
}
```

（5）程序编译。右击 hello_led_0，从弹出的快捷菜单中选择 Build Project 命令，如图 10-36 所示。如果编译成功，则会在信息栏内出现如图 10-37 所示的信息。

（6）程序下载。选择 Run→Run 命令，弹出如图 10-38 所示窗口。选择 Nios Ⅱ Hardware，系统会自动侦测 JTAG 连接电缆，并弹出如图 10-39 所示的下载配置界面。在

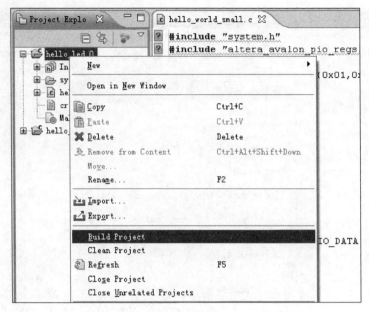

图 10-36　程序编译

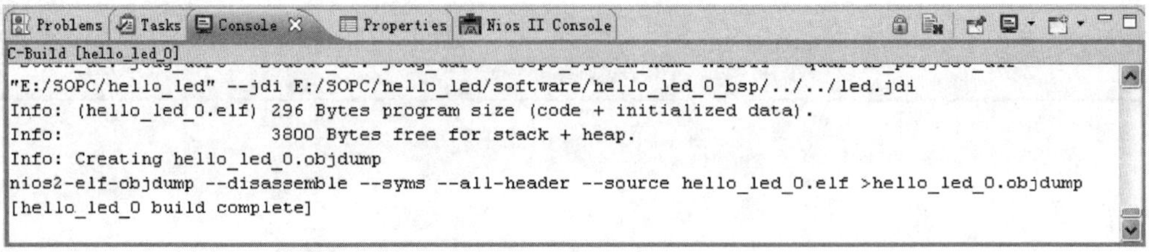

图 10-37　编译信息

Project 选项卡中显示刚刚编译生成的工程 hello_led_0. elf 文件。单击 Run 按钮即可下载程序到目标板中,目标板上的灯会出现逐个灭的状态。简单流水灯实验软硬件就此完成。

图 10-38　下载设置

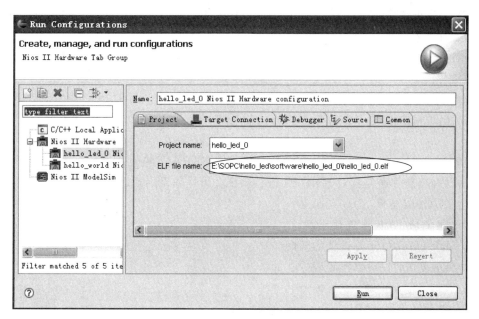

图 10-39　程序下载

10.3　SOPC 设计的常见问题及解决方法

（1）EPCS16（16MB）的作用是什么？

回答：EPCS16 是 16MB 的 Altera 专用配置芯片，它本质上是一块专用 Flash，用于保存 FPGA 的配置信息。FPGA 芯片通常都有片内 RAM，设计者可以通过下载电缆在线配置该芯片，但掉电后，FPGA 芯片内部的配置信息会丢失。如果配合相应的配置芯片（例如 EPCS16），应对该配置芯片进行在线的再配置，FPGA 可以在上电的时候，从配置芯片里面读出配置内容，这样上电后即可使用。

（2）EPCS16 能够多次擦除、写入吗？

回答：EPCS16 可以多次擦除、写入。

（3）在 SOPC Builder 中出现以下错误，是什么原因造成的？

Warning：FLEXlm software error：Future license file format or misspelling in license file. The file was issued for a later version of FLEXlm than this program understands. Feature：6AF7_00A2 License path：C:\Documents and Settings\Administrator\altera_tum. dat FLEXlm error：-90,313 For further information，refer to the FLEXlm End User Manual，available at "www. macrovision. com".

Error：Can't open encrypted VHDL or Verilog HDL file "D:/Works/NIOS/simgen_tmp_0/cpu_0. v" -- current license file does not contain a valid license for encrypted file.

回答：这是 license 的问题。license 可能没有被正确设置。

（4）下载配置程序时，该下载哪一个文件?. pof 还是. sof?

回答：JTAG 下载方式对应. sof，AS 下载方式对应. pof。

（5）出现报错信息"region onchip_ram is full. Region needs to be 30260 bytes larger."的原因是什么？

回答：这说明 SOPC 系统的片内 RAM 空间不够。解决办法是增加片内 RAM 的容量，但是通常片内 RAM 的容量都是有限的，而且比较容量较小，所以最好是增加一个片外 RAM 作为程序存储器。

（6）出现报错信息"Verify failed between address 0x4000000 and 0x400F547"的原因是什么？

回答：其中"0x4000000 and 0x400F547"是指 SDRAM 的硬件地址。当程序被存放在 SDRAM 内时，软件通常会对 SDRAM 进行验证。可是如果出现以上报错信息，则说明验证出错，主要原因可能是：

① SDRAM_CLK 未连接正确。

② SDRAM_DQ 不是设置为双向。

③ SDRAM 时序设置不正确。

④ 引脚锁定不正确。

（7）出现报错信息"Pausing target processor: not responding. Resetting and try again: failed"的原因是什么？

回答：这个问题是处理器无法正常启动，注意查看 reset_n 引脚的外接信号是否接在开关 Switch 上，如果是，则注意开关不能处在 0 状态，因为这会使该引脚一直处于有效状态，自然无法正常启动，必须把它拨到 1 状态。还有一种办法是在 Quartus 中修改 Assignments ＞ "Device & Pin Options" ＞ tab ："Unused Pins" 为" input tri-stated"。

（8）如何添加自定义 IP 模块？

回答：最简单的方法是将 IP 模块的文件夹直接复制到项目文件夹内，再重新打开 SOPC Builder 就可以从左边的元件库中看到新的 IP 模块了。

习题 10

1. 用 SOPC Builder 软件搭建一个 SOPC 硬件系统，该系统必须包含 DE2 开发板上的拨动开关 SW、按键 KEY、SDRAM、液晶屏 LCD、发光二极管 LED。

2. 利用上述硬件系统，设计一个交通灯系统。

3. 利用上述硬件系统，设计一个多功能电子钟。

4. 电力变压器局放检测系统设计。

附录A 常用EDA软件使用指南

本节介绍两种目前世界上比较流行和实用的 EDA 工具软件，包括 Altera 公司的 Quartus Ⅱ 和 Mentor 公司的 ModelSim，以适应不同读者的需要。两种软件主要是基于 PC 平台的，面向 FPGA 和 CPLD 或 ASIC 设计，比较适合学校教学、项目开发和相关科研。

A.1 Quartus Ⅱ 9.1 使用指南

Quartus Ⅱ 软件是 Altera 公司为 FPGA/CPLD 开发提供的一个 EDA 工具，该软件集成了设计输入、仿真验证、逻辑综合、布局布线、时序分析、器件编程等多个软件工具，同时也支持第三方的仿真工具，如 ModelSim。此外，Quartus Ⅱ 与 MATLAB 和 DSP Builder 结合，可以进行基于 FPGA 的 DSP 系统开发，是 DSP 硬件系统实现的关键 EDA 工具。

本节以文本输入法设计电路实例、混合输入法完成层次化设计实例及嵌入式锁相环宏功能模块使用实例为例介绍 Quartus Ⅱ 9.1 开发工具最基本的使用方法，讲解 Quartus Ⅱ 几个主要窗口的功能和操作步骤，介绍几个重要的概念，如，设计项目（project）、设计文件、原理图和 Verilog 代码的关系，在设计中添加内置元件、子模块、编译、功能仿真、时序仿真、程序下载等。操作 Quartus 前必须做的准备工作是创建目录来放置设计文件，设计者可以将目录设置到计算机文件系统的任何路径下。本文将设计文件保存在 Quartus 安装目录下。

A.1.1 Quartus Ⅱ 文体输入法设计电路实例

第 1 步：单击桌面 Quartus Ⅱ 9.1 蓝色图标 ，打开 Quartus Ⅱ 主界面。

第 2 步：新建一个空项目。

执行 File→New Project Wizard 命令，进入新建项目向导。如图 A-1 所示，填入项目的名称，默认项目保存路径在 Quartus 安装下，也可修改为其他地址，视具体情况而定。

第 3 步：单击 Next 按钮，弹出如图 A-2 所示对话框，单击"…"按钮，进入向导的下一页进行项目内文件的添加操作，如果没有文件需要添加，则直接单击 Next 按钮即可。

第 4 步：指定 CPLD/FPGA 器件，如图 A-3 所示，选择芯片系列为 Cyclone Ⅱ，型号为 EP2C35F672C6。选择型号时，可直接在列表框中查找，也可通过指定封装方式（Package）为 FBGA、引脚数（Pin count）为 672 以及速度等级（Speed grade）为 6 这 3 个参数值来进行筛选。

第 5 步：向导的后面几步不做更改，直接单击 Next 按钮即可，最后单击 Finish 按钮结束向导。到此即完成了一个项目的新建工作。

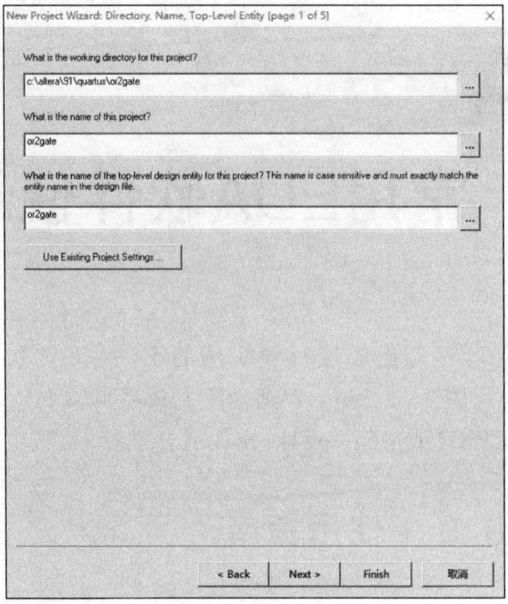

图 A-1　新建项目向导 1

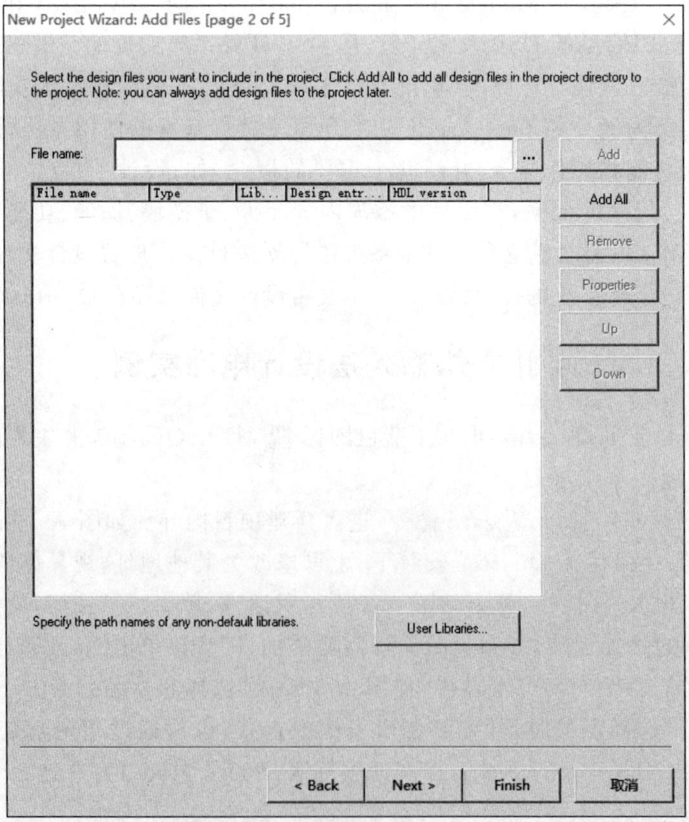

图 A-2　新建项目向导 2

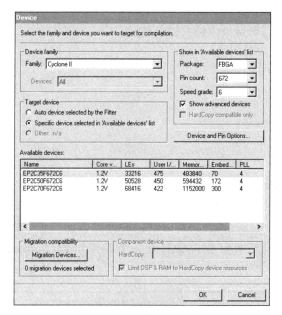

图 A-3　器件选择

第 6 步：新建一个 Verilog HDL 文件。

由于之前建立的项目还是一个空项目，所以接着需要为项目新建文件。执行 File→New 命令，在 Device Design Files 选项页中选择 Verilog HDL File，然后单击 OK 按钮。这时自动新建一个名为"Verilog1.v"的文档，执行 File→Save As 命令，将文档另存为 or2gate.v 文件，结果如图 A-4 所示。

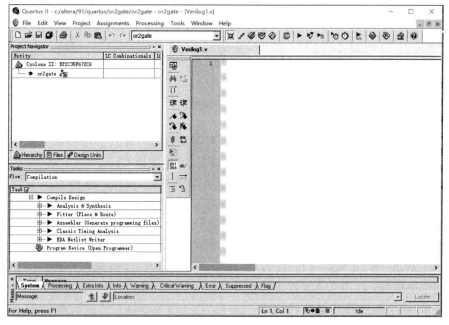

图 A-4　新建 Verilog HDL 文件

第7步：代码输入。

在 or2gate.v 代码编辑窗口内输入以下代码。

```verilog
module or2gate (y, a, b);
input a,b;
output y;
reg y;
always @ ( a or b)
    y < = a | b;
endmodule
```

第8步：代码的语法检查和编译。

通过快捷按钮 ❖ 对上面的代码进行语法检查和综合，同时在信息（Messages）窗口中显示检查结果，如代码中有错误，也将指出错误的地方以便修正。修改错误后，再使用快捷按钮 ❖ 进行编译。编译结束后会自动打开一个编译报告（Compilation Report）窗口，如图 A-5 所示。

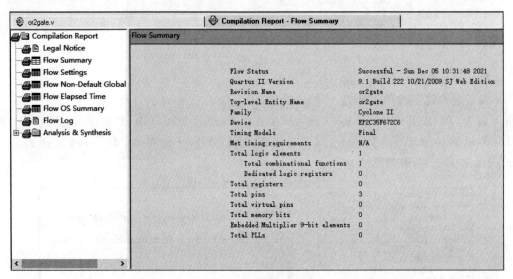

图 A-5　编译报告

第9步：功能仿真。工程编译通过后，必须对其功能和时序性质进行仿真测试，以了解设计结果是否满足原设计要求。执行 File→New 命令，选择 Other Files 选项页中 Vector Waveform File，并单击 OK 按钮，打开矢量波形编辑器窗口，如图 A-6 所示。

第10步：编辑波形文件。选择 File→save as，将矢量波形文件保存为 or2gate.vwf。在建立的波形文件左侧一栏中，单击鼠标右键，在弹出的菜单中选择 Insert Node or Bus，或者执行 Edit→Insert Node or Bus 命令，将需要仿真的输入和输出节点加入到波形中来，其窗口如图 A-7 所示。单击 Node Finder 按钮，打开节点搜索窗口，如图 A-8 所示。在 Filter 下拉列表框中选择"Pins：all"，通常默认选此项，但若希望看到未从端口输入输出的信号，即模块内部信号，则应该选择其他项，如"Design Entry（all names）"。然后单击 List 按钮，在 Nodes Found 框中列出所有的引脚。

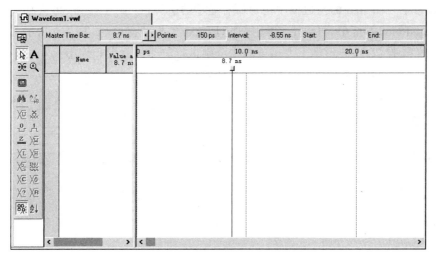

图 A-6　矢量波形编辑器窗口

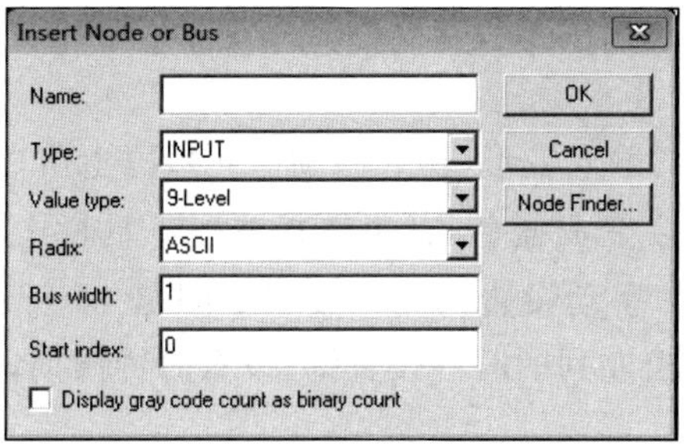

Insert Node or Bus

Name:	
Type:	INPUT
Value type:	9-Level
Radix:	ASCII
Bus width:	1
Start index:	0

☐ Display gray code count as binary count

OK　Cancel　Node Finder...

图 A-7　加入要仿真的输入/输出节点

Node Finder

Named: *　Filter: Pins: all　Customize...　List　OK

Look in: lor2gate　☑ Include subentities　Stop　Cancel

Nodes Found:

Name	Assignments
a	Unassigned
b	Unassigned
y	Unassigned

Selected Nodes:

Name	Assignments

>　>>　<　<<

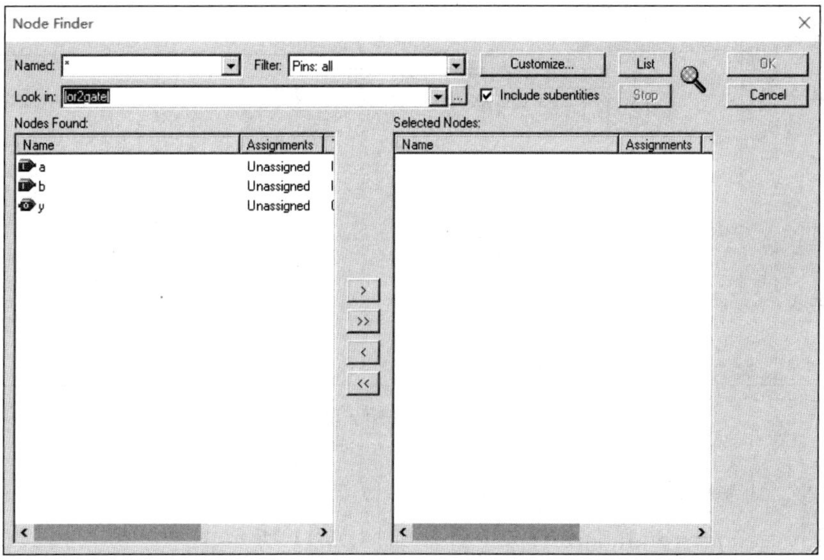

图 A-8　节点搜索窗口

第 11 步：在图 A-8 的左边框中选择所有显示的引脚，单击 ≥ 按钮，将所有引脚添加到右边 Selected Nodes 框中，再单击 OK 按钮返回波形编辑器窗口，如图 A-9 所示。选择波形工具栏中的 ⊕ 按钮，在波形图上左击或右击分别进行波形的放大和缩小。

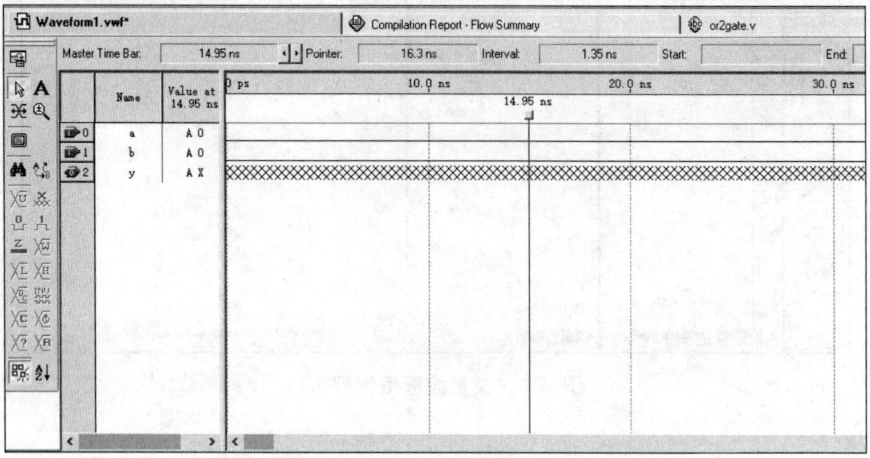

图 A-9　波形编辑器窗口

第 12 步：编辑 a 和 b 的输入波形(输入激励信号)，再由仿真器输出 y 的波形。首先选中需要编辑的波形区间，使之变成蓝色条，再选择波形工具栏中的 ⊥ 按钮，对选中区间进行置 1 或 0。如此操作后，手动设置的输入波形如图 A-10 所示，保存矢量波形文件。也可选中要编辑的信号，再单击左列的时钟设置键，设置时钟周期，单击"确定"按钮后，自动得到不同周期的方波信号。

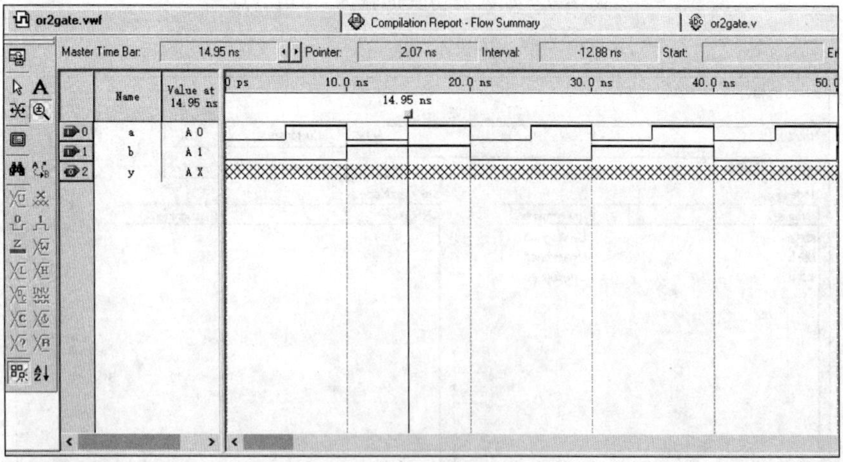

图 A-10　编辑输入波形

第 13 步：功能仿真。

选择 Processing→Simulator Tool，窗口如图 A-11 所示。选择仿真模式(Simulator mode)为 Functional，并选择仿真激励文件 or2gate. vwf 作为仿真输入(Simulation input)波形文件。

单击 Generate Functional Simulation Netlist 按钮，生成仿真网表。然后单击 Start 按钮，开始仿真。直到出现 Simulation was successfull，仿真结束，单击 Report 按钮即可观看仿真的结果，如图 A-12 所示。从波形可以看出，逻辑功能和或门逻辑相符。

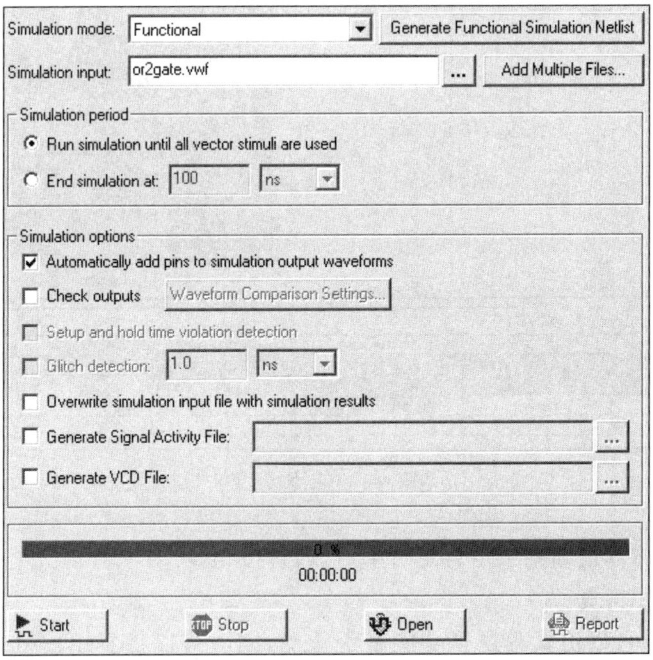

图 A-11　仿真模式选择

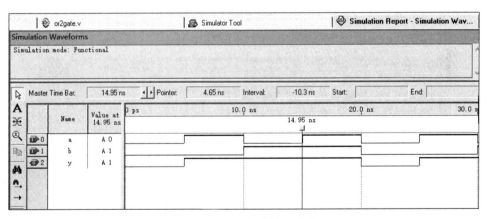

图 A-12　功能仿真输出波形

第 14 步：引脚分配。

通常，如果用户不对引脚进行分配，Quartus 软件会自动随机为设计分配引脚，这一般无法满足需求。在开发板上，FPGA 与外部器件的连接是确定的，其连接关系可参看附录 B。如果选择数码开关 SW0 和 SW1 分别代表输入信号 a 和 b、LEDG0 代表输出信号 y，则通过附录 B 查表可知它们分别对应 FPGA 的引脚 PIN_N25、PIN_N26 和 PIN_AE22。

选择 Assignments→Pins 命令，打开引脚规划器(Pin Planner)，如图 A-13 所示。接着

双击信号 a 的 Location 栏,在下拉框中选择 PIN_N25,其他信号通过相同的办法进行分配。

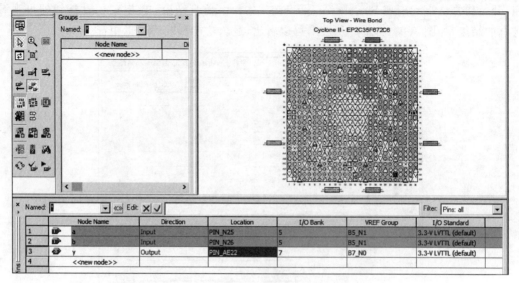

图 A-13　引脚分配

第 15 步:在仿真正确并锁定自定引脚后,通过按钮 ▶ 对项目再次全编译。

第 16 步:时序仿真。

时序仿真不仅可以仿真其逻辑功能是否正确,同时可以仿真出信号之间的时间延迟。时序仿真又称为后仿真,通常是在编译完成后进行。

再次选择 Processing→Simulator Tool,并将仿真模式设为 Timing,再次全编译,然后单击 Start 按钮。最后单击 Report 按钮查看仿真结果,结果如图 A-14 所示。与功能仿真结果图相比较,可以看出时序仿真的输出带有一定的延迟。

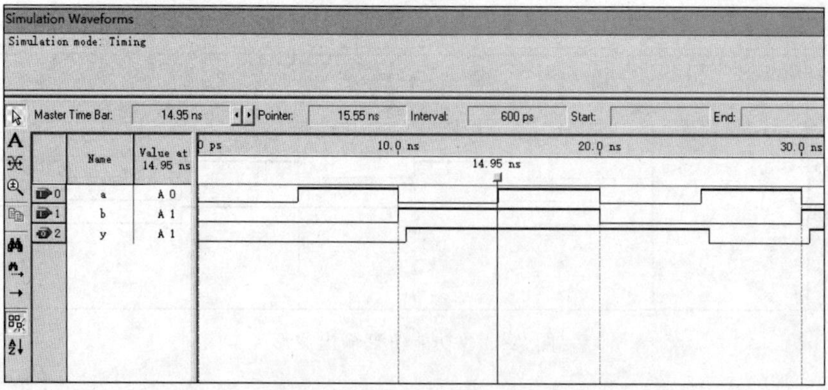

图 A-14　时序仿真波形

第 17 步:程序下载。

首先确定已经用 USB 连接线连接 DE2 的 USB Blaster 端口和计算机,才可进行程序的下载操作。在 DE2 平台上,可以对 FPGA 进行两种程序下载模式配置:一种是 JTAG 模式,通过 USB Blaster 直接对 FPGA 下载,但掉电后,FPGA 中的信息丢失,每次上电需要用计算机重新配置；另一种是在 AS 模式下，通过 USB Blaster 对 DE2 平台上的串行配置器件 EPCS16 下载，可以掉电保持，平台上电后，EPCS16 会自动配置 FPGA。

JTAG 下载模式配置：

（1）将 DE2 板上左边的 RUN/PROG 开关（SW19）拨到 RUN 位置。选择 Tools→Programmer 命令，弹出如图 A-15 所示的编辑配置窗口。此时，文件 or2gate.sof 及目标器件等信息显示在文件列表中，如果文件列表中没有文件，选择 Edit→Add File 命令，或者单击左侧的 Add File 按钮，手动添加 or2gate.sof。

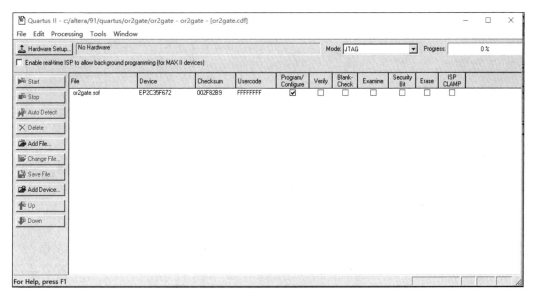

图 A-15　下载配置窗口

（2）设置编辑器。若初次安装 Quartus Ⅱ，在程序下载前，必须进行编程器选择，如图 A-15 中第一行显示 No Hardware，说明未指定下载接口方式，单击左上角 Hardware Setup 按钮，打开硬件设置窗口，如图 A-16 所示。双击此选项卡中的选项 USB-Blaster，然后点击 Close 按钮，关闭对话框即可。

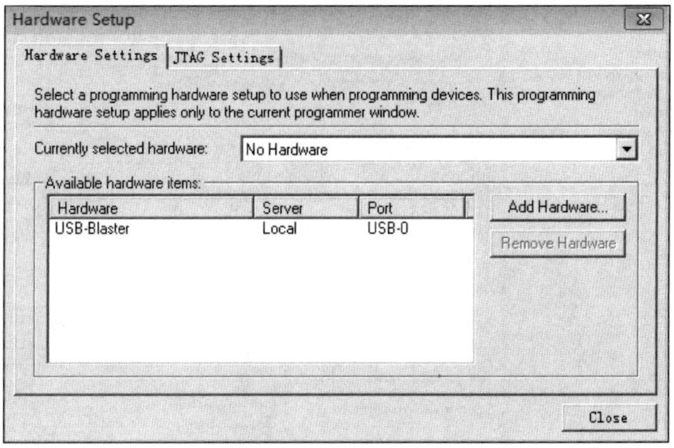

图 A-16　硬件设置对话框

(3) 从图 A-17 可以看出,硬件已经设置完成,向 FPGA 下载 sof 文件前,必须选中 Program/Config 项,最后单击 Start 按钮,开始下载。下载结束后,即可在 DE2 上验证,将 SW0 和 SW1 置于 1 的位置,可以看到 LEDG0 灯亮。

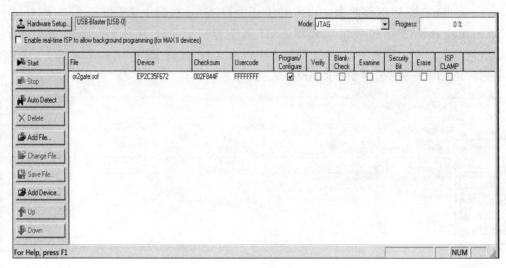

图 A-17　下载配置窗口

AS 下载模式配置:

(1) 为了使 FPGA 在上电启动后仍然保持原有的配置文件(程序),并能正常工作,必须将程序文件下载到专用的 Flash 配置芯片 EPCS16 中。这时首先需要设置串口配置器件,选择 Assignments→Settings 命令,打开如图 A-18 所示对话框。

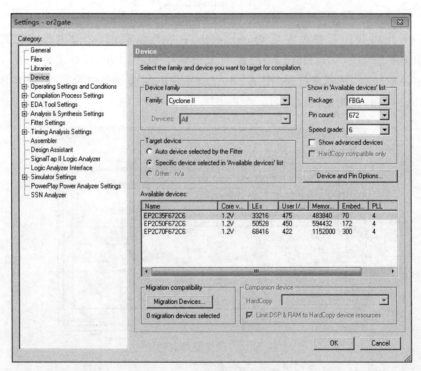

图 A-18　串口配置器件设置对话框

（2）单击图 A-18 中的 Device&Pin Options 按钮，打开 Device and Pin Options 对话框，如图 A-19 所示。单击 Configuration 选项卡，在 Configuration device 下拉列表中选择配置器件型号 EPCS16，单击"确定"按钮结束配置。

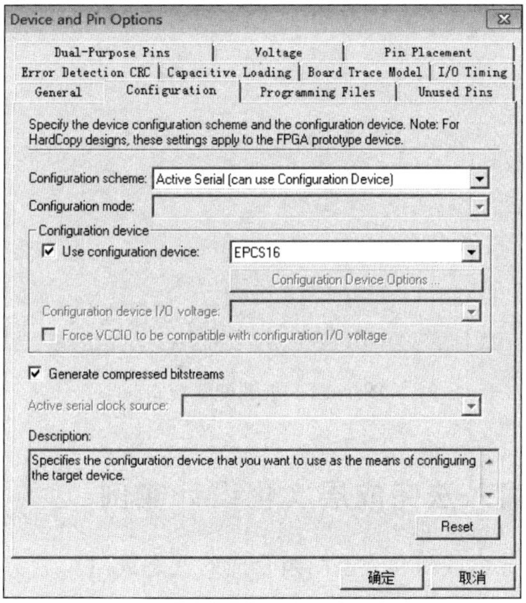

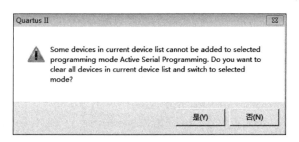

图 A-19　Device and Pin Options 对话框

（3）将 DE2 板上左边的 SW19 拨到 PROG 位置。重新选择 Tools→Programmer 命令，打开编程下载窗口，在 Mode 下拉列表框中选择 Active Serial Programming，这时会弹出如图 A-20 所示的对话框，提示是否清除当前编程器件，单击"是"按钮即可。

图 A-20　提示对话框

（4）接着需要重新手动添加配置文件，单击 Add Files 按钮，添加 or2gate. pof 配置文件。并选中（打钩）下载文件右侧的第一个小方框，如图 A-21 所示。单击 Start 按钮，开始下载，当 progress 显示 100% 以及在底部的处理栏中出现 Configuration Succeeded 时，表示程序下载成功。最后将 SW19 置于 RUN 位置，再进行测试。

第 18 步：硬件测试。

程序下载完成后，开始硬件测试。DE2 板上的电平开关 SW0 和 SW1 用来作为输入信号。当 SW0 和 SW1 处在不同状态时（0 或者 1），观察绿色发光二极管 LEDG0 的灯亮情况，验证结果是否符合设计需求。

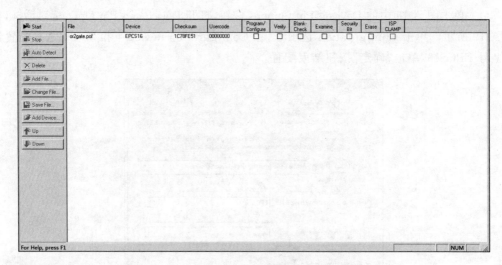

图 A-21　下载配置窗口

A.1.2　混合输入法完成层次化设计实例

采用混合输入法完成由或门和三态门组合成的三态或门。

1. 三态门

电路有两个输入信号：数据输入信号 din 和三态使能信号 en，有一个输出信号 dout。三态门的逻辑功能是：当 en＝'1'时，dout＜＝din；当 en＝'0'时，dout＜＝'Z'。

Verilog HDL 程序如下。

```
module trigate ( dout, din,en );
input din, en;
output dout;
reg dout;
always @ ( en or din)
    begin
        if (en)
        dout < = din;
        else
        dout < = 1'bZ;
    end
endmodule
```

实验步骤如下。

第 1 步：在前面那个项目的基础上新建一个 Verilog HDL 文件，起名为 trigate.v，并输入上面的源程序。

第 2 步：在项目导向（Project Navigator）中，如图 A-22 所示，选择文件（Files）管理页面，打开 Files 项，右击 trigate.v 文件，选择 Set as Top-Level Entity 选项，目的是将 trigate.v 文件设为项目的顶层实体。

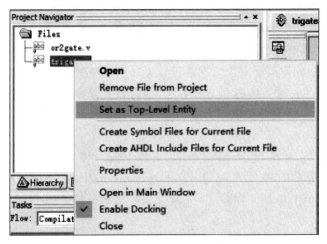

图 A-22　项目导向(1)

第 3 步：通过快捷按钮 ↯，对 trigate.v 源程序进行语法检查，直到程序无误。

第 4 步：功能仿真，新建矢量波形图，起名为 trigate.vwf，仿真结果如图 A-23 所示。

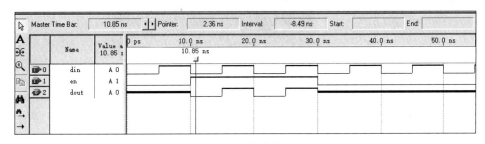

图 A-23　仿真结果

第 5 步：按照表 A-1 进行引脚分配。重新编译，并下载。

表 A-1　引脚分配

信号	FPGA 引脚	DE2 板上器件
din	PIN_N25	SW0
en	PIN_N26	SW1
dout	PIN_AE22	LEDG0

2. 三态或门

Quartus Ⅱ软件平台除了采用文本编辑器完成设计输入，还支持图形输入。图形输入通常包括原理图输入、状态图输入和波形图输入三种常用方法，本节主要以利用前面已完成的或门和三态门组合成一个三态或门为例介绍原理图输入设计方法。原理图输入设计法可以与传统的数字电路设计法接轨，即把传统方法得到的设计电路的原理图，用 EDA 平台完成设计电路的输入、仿真验证和综合，最后编程下载到可编程逻辑器件（FPGA/CPLD）。原理图输入设计法可以方便地实现数字系统的层次化设计，这是传统设计方法无法比拟的。层次化设计也称为"自底向上"的设计,即将一个大的设计项目分解为若干子项目或若干层次来完成。先从底层的电路设计开始,然后从高层次的设计中逐级调用低层次的设计结果,直至顶层系统电路的实现。对于每个层次的设计结果,都经过严格的仿真验证,以尽量减少系统设计中的错误。每个层次的设计可以用原理图输入法实现,也可以用其他方法(如 HDL 文本输入法)实现,这种方法称为"混合设计输入法"。层次化设计为大型系统设计及 SOC 或 SOPC 的设计提供了方便、直观的设计途径。

操作步骤如下。

第 1 步:首先将上述两个 Verilog HDL 文件生成为符号(Symbol),以供后续步骤使用。在如图 A-24 所示的项目导向(Project Navigator)中,右击 or2gate.v,选择 Create Symbol Files for Current File 命令,即生成了 or2gate 符号。用同样的方法生成 trigate 符号。

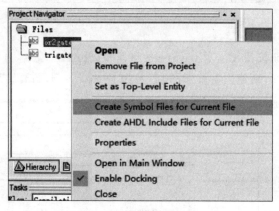

图 A-24　项目导向(2)

第 2 步:新建一个图形文件。选择 File→New 命令,选择 Block Diagram/Schematic File,单击 OK 按钮完成,生成一个空白的图形文件,将该文件另存为 tri_or_gate.bdf。图形编辑窗口如图 A-25 所示,窗口左边是图形编辑工具条。在图形编辑器中可使用各种逻辑功能符号,包括基本单元、参数化模块库函数和其他宏功能模块。设计者使用这些逻辑功能符号(元器件)来完成图形设计文件,即完成电路逻辑功能设计。

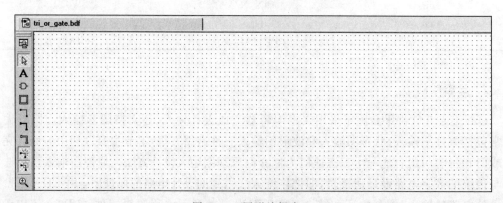

图 A-25　图形编辑窗口

第3步：在图形编辑窗口的空白处双击，打开符号库，如图 A-26 所示。在左边 Libraries 框内展开 Project 项，可以看到有两个之前生成的符号分别是 or2gate 和 trigate。选择 or2gate，单击 OK 按钮，该符号就会出现在图形编辑窗口，单击左键即在窗口内放置该符号。用同样的方法放置 trigate 符号。

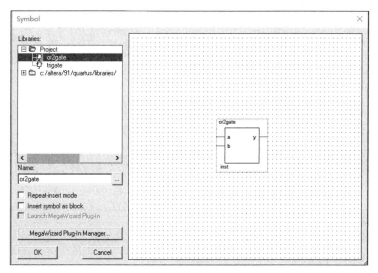

图 A-26　符号库

第4步：现在，逻辑门符号已经添加到原理图中了，至此还需要知道，如何添加表示电路输入和输出端的符号。再次打开符号库，在 name 输入栏中输入"input"，选中 Repeat-insert mode 项，单击 OK 按钮，如图 A-27 所示。可反复在编辑窗口中放入输入符号，直到单击右键取消放置为止。本设计需要放入 3 个输入符号，并将 3 个输入符号分别命名为 dina、dinb 和 en。用同样的方法放置一个输出(output)符号，并命名为 dout。再单击工具栏中的 ⌐ 按钮，将各符号连接起来，结果如图 A-28 所示。

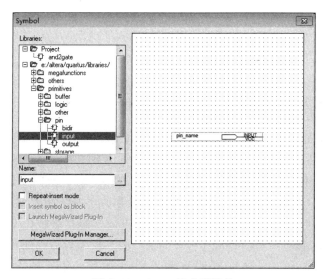

图 A-27　input 输入端符号

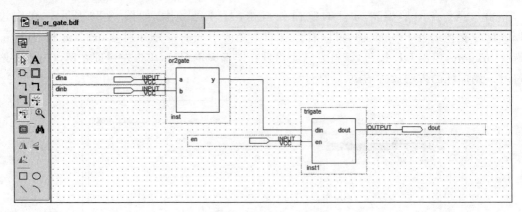

图 A-28　三态或门原理图

第 5 步：保存图形文件，并将 tri_or_gate.bdf 设置为顶层实体。再次编译项目文件，并进行功能仿真，仿真结果如图 A-29 所示。

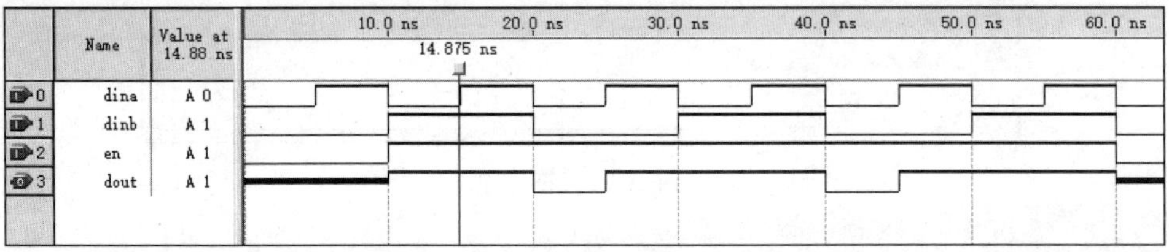

图 A-29　仿真结果

第 6 步：按照表 A-2 分配引脚，单击 ▶ 按钮，重新编译并下载验证。

表 A-2　引脚分配

信号	FPGA 引脚	DE2 上的器件
dina	PIN_N25	SW0
dinb	PIN_N26	SW1
en	PIN_P25	SW2
dout	PIN_AE22	LEDG0

A.1.3　嵌入式锁相环宏功能模块使用实例

锁相环 PLL 是 Quartus Ⅱ 软件提供的基本的 IP 核，可以实现与输入时钟信号同步，并以其作为参考，在一个很宽广的范围内实现任意的分频和倍频。基于 SOPC 技术的 FPGA 片内包含嵌入式锁相环，其产生的同步时钟比外部时钟的延迟时间少，波形畸变小，受外部干扰也少。下面介绍利用嵌入式锁相环产生频率为 100MHz 和 25MHz 的时钟信号。

首先为嵌入式锁相环的设计建立一个新工程(如 myp11)，然后在 Quartus Ⅱ 的主窗口执行 Tools 菜单的 MegaWizard Plug-In Manager 命令，便可以启动配置参数化模块的人机对话。随即弹出如图 A-30 所示的 MegaWizard Plug-In Manager[page1]对话框。

在对话框中，选择其中第一项，即创建一个新的由用户定义参数的宏模块，然后单击

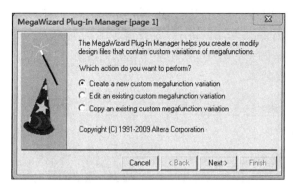

图 A-30　MegaWizard Plug-In Manager[page1]对话框

Next 选项,在随即弹出如图 A-31 所示对话框的左侧目录树中,可以看到很多设计资源。已经安装的资源包括的范围很广：Nios Ⅱ CPU 核、算术运算组件、通信组件、DSP 处理的组件、各种类型的门、输入/输出接口、各种 ROM/RAM 和 FIFO 等。用鼠标左键选中目录树中 I/O 选项下的 ALTPLL 项,表示将创建一个新的嵌入式锁相环设计项目。在对话框中确认位于右上角的长方格中下载目标芯片的类型为 Cyclone Ⅱ 系列的 FPGA,然后确定选择 Verilog HDL 作为创建的设计文件所用的语言,最后输入设计文件存放的路径和文件名,如“D:\mypll\myp11.v”。

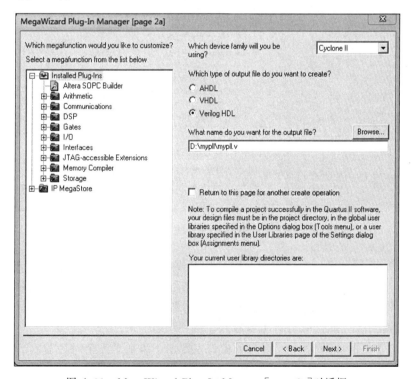

图 A-31　MegaWizard Plug-In Manager[page 2a]对话框

　　完成图 A-31 所示对话框的设置后,用鼠标左键单击对话框下方的 Next 按钮,弹出如图 A-32 所示窗口。在窗口的左边显示了嵌入式锁相环的元件符号,可以看到该元件包括两个输入端：外部时钟信号 inclk0、复位信号 areset；两个输出端：倍频（或分频）信号 c0、锁相标志输出 locked。在窗口中首先设置输入时钟频率 inclk0 为 50MHz，这是因为开发板上配置了此晶振。一般地，锁相环的输入时钟频率不低于 10MHz。对话框其他栏目中的内容可以选择默认。

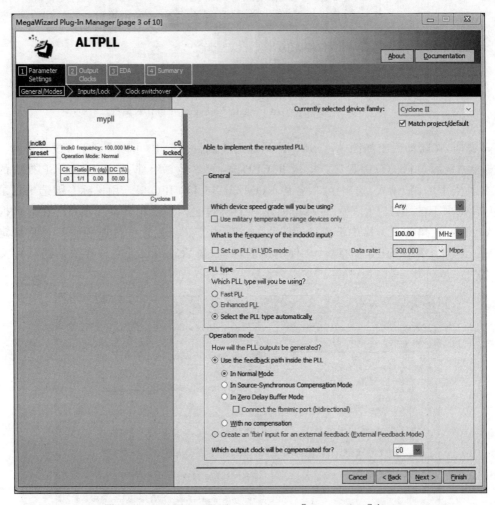

图 A-32　MegaWizard Plug-In Manager［page 3 of 10］窗口

完成图 A-32 所示窗口的设置后，用鼠标左键单击对话框下方的 Next 按钮，弹出如图 A-33 所示窗口。此窗口主要选择 PLL 的控制信号，如 PLL 的使能控制信号 pllena（高电平有效）、异步复位信号 areset、相位/频率检测器的使能控制信号 pfdena。Locked 是锁相标志指示输出，通过此信号可以了解有否失锁（失锁为'0'）。

单击窗口下方的 Next 按钮，弹出的窗口主要用于添加第 2 个时钟输入端 inclk1，本例设计对该窗口的设置保持默认，不添加该输出端。

单击 Next 按钮，弹出如图 A-34 所示窗口，此窗口主要用于设置输出时钟 c0 的相关参数，如倍频数、分频比、占空比等。在对话框的 Clock multiplication factor 栏中可选择时钟的倍频数，如选择倍频数为"2"，则 c0 的时钟频率为 100MHz。也可以在 Clock division

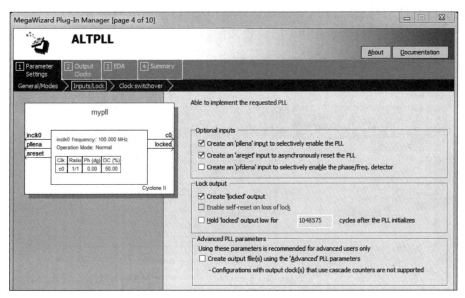

图 A-33 MegaWizard Plug-In Manager［page 4 of 10］窗口

factor 栏中选择 c0 的分频比，如选择分频比为"2"，则 c0 的输出频率为 25MHz。clock duty cycle(%)为 50.00，表示占空比为 50%。

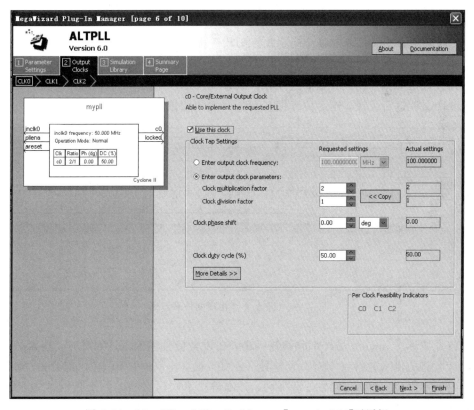

图 A-34 MegaWizard Plug-In Manager［page 6 of 10］对话框

单击图 A-34 对话框下的 Next 按钮,弹出如图 A-35 所示的窗口,这是嵌入式锁相环设计的最后一个窗口,用于选择输出设计文件,此窗口设置可保持默认。

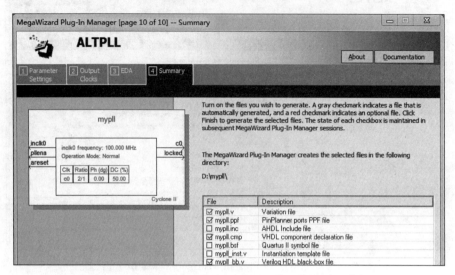

图 A-35   MegaWizard Plug-In Manager[page 10 of 10]窗口

单击如图 A-35 所示窗口下方的 Finish 按钮,完成嵌入式锁相环的设计。

注意:在设置参数的过程中必须密切关注编辑窗口右框上的一句提示"Able to implement…",此句表示所设置的参数是可以接受的,如果出现"Cannot implement…"提示,则表示设置的参数是不可接受的,需要及时修改。此外,不同的 FPGA 器件,其锁相环输入时钟频率的下限不同,注意了解相关资料。

完成嵌入式锁相环的设计后,打开嵌入式锁相环的 Verilog HDL 设计文件 mypll.v,首先对设计文件进行编译,然后仿真设计文件。嵌入式锁相环的仿真波形如图 A-36 所示。

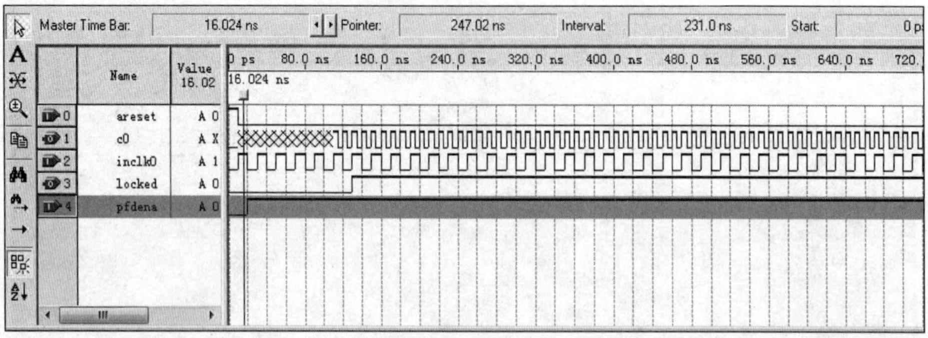

图 A-36   嵌入式锁相环的仿真波形

在仿真波形中,inclk0 是外部时钟输入端,在设置仿真输入时钟频率时,其频率不应与实际设计电路的输入时钟频率有太大差异。例如,设计电路时钟频率为50MHz,则仿真输入时钟的频率也应选择在50MHz 范围内,否则将得不到仿真结果。刚开始时,locked=0,锁相环处于失锁状态,c0 信号的输出是不确定的,不能使用;当 locked=1 后,锁相环输出信号 c0 才是稳定可靠的。

A.2　ModelSim 使用指南

Mentor 公司的 ModelSim 是业界优秀的 HDL 仿真软件,它能提供友好的仿真环境,支持 Verilog HDL、VHDL 以及两者的混合仿真。可以将整个程序分步执行,在程序执行的任何步骤任何时刻都可以查看任意变量的当前值,并可以查看某一单元或模块的输入/输出的连续变化等。ModelSim 分为几种不同的版本:SE、PE、LE 和 OEM,其中 SE 是最高级的版本。而集成在 Actel、Atmel、Altera、Xilinx 以及 Lattice 等 FPGA 厂商设计工具中的均是其 OEM 版本。本节针对初学者,以分频器仿真为例介绍 ModelSim SE 10.1a 的基本使用步骤。

第 1 步:打开 ModelSim 软件,启动界面如图 A-37 所示,进入 ModelSim 主窗口,如图 A-38 所示。

图 A-37　软件的启动画面

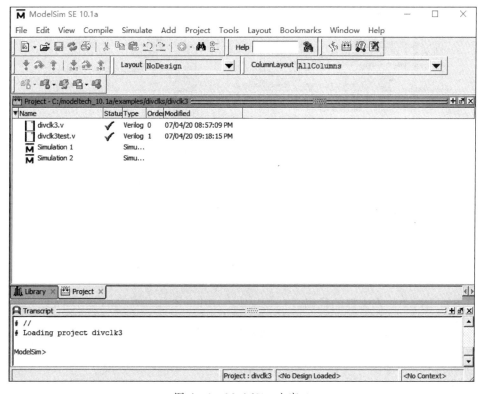

图 A-38　ModelSim 主窗口

第2步：工作目录的转换。选择菜单 File→Change Directory，在弹出的 Choose Directory 对话框中转换工作目录路径，本例设为 C:/Verilog/counter，单击"确定"按钮完成工作目录的转换。

第3步：新建仿真工程项目，增加仿真文件。选择 File 菜单下的 New→Project，新建一个工程，在弹出的对话框中，给该工程命名并指定一个存放的路径，在这里，工程名和顶层文件名保持一致是推荐的做法。默认的库名就是"work"，这个无须更改，如图 A-39 所示，单击 OK 按钮完成新工程项目的创建。此时会弹出如图 A-40 所示的对话框，提示添加文件到当前项目，如果仿真文件未准备，则选择 Create New File 选项，新建仿真文件。这里新建两个仿真文件，一个是 counter.v，一个是 counter_test.v，前者为原始的设计文件(源代码)，后者是其相应的仿真测试文件(测试代码)。首先建立 counter.v，如图 A-41 所示，在对话框 File Name 中填写 counter，Add file as type 选择 Verilog，单击 OK 按钮，此时，Project 页面中会出现 counter.v 的图标，双击图标，在出现的程序编辑区或者记事本中编写代码。类似步骤创建 counter_test.v 文件，这里省略具体操作。注意图 A-40 所示的 Add items to the Project 对话框中的 Create New File 等功能均可在 Project 选项卡中右击鼠标，通过弹出的快捷菜单实现。当如图 A-40 所示的对话框不再需要时，可以手动关闭它，单击 Close 按钮。

图 A-39　新建工程项目

图 A-40　新建仿真文件

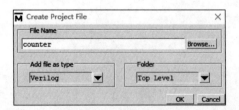

图 A-41　新建项目文件

以下给出两个仿真文件的代码。

```verilog
`timescale 1ns/1ps              //时间单位/时间精度
module counter(
input         clk,
input         rst,
output reg[3..0] cnt,           //时间计数器
output         div_2,          //2分频
```

```verilog
output          div_4,          //4 分频
output          div_8           //8 分频
    );
always @ (posedge clk or posedge rst)
begin
if(rst) begin
   cnt < = 4'h0;
        end
  else begin
       cnt < = cnt + 1'b1;
       end
   end
   assign div_2 = cnt[0];
   assign div_4 = cnt[1];
   assign div_8 = cnt[2];
   endmodule
```

测试代码 counter_test.v:

```verilog
`timescale 1ns/1ps              //仿真时间单位/时间精度
module counter_test();
reg          clk;
reg          rst;
wire[3..0]   cnt;
wire         div_2;
wire         div_4;
wire         div_8;

parameter clk_cycle = 10;       //20M 时钟
parameter clk_hcycle = 5;
counter dut(                    //实例化待测试模块
        .clk(clk),
        .rst(rst),
        .cnt(cnt),
        .div_2(div_2),
        .div_4(div_4),
        .div_8(div_8)
        );
initial begin
        clk = 1'b1;
        end
always # clk_hcycle clk = ~clk;   //产生时钟信号
initial begin                   //产生复位信号
        rst = 1'b1;
        #10                     //延时 10ns 即 10 个时间单位后,rst 从 1 变为 0
        rst = 1'b0;
        end
initial begin
          $ monitor( $ time,,clk,,rst,,cnt,,div_2,,div_4,,div_8);
          #10000  $ stop;
          end
  endmodule
```

当然新建这两个文件的步骤可以放在全部工作开始之前进行,无须等到第 3 步开始的时候再进行。这时选择 Add Existing File 选项,将已存在的仿真文件加入当前工程,如图 A-42 所示。通过新建文件或者添加已有的文件两种方式,最终都是在该工程路径下建立好了两个文件,如图 A-43 所示。因为还没有编译文件,所以 Status 一栏显示的是两个问号。

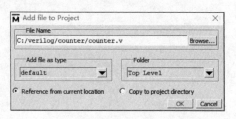

图 A-42　加入已存在的仿真文件到工程中

Name	Status	Type	Order	Modified
counter_test.v	?	Verilog	1	07/05/20 10:53:08 AM
counter.v	?	Verilog	0	07/05/20 10:40:43 AM

图 A-43　Project 区域状态

第 4 步:编译仿真文件到 work 工作库。ModelSim SE 是编译型仿真器,所以在仿真前必须对仿真文件进行编译,并加载到 work 工作库。

在 Project 区域右击鼠标,依次选择 Compile→Compile All,ModelSim 会对 counter.v 和 counter_test.v 两个文件进行编译,如果编译通过,则会在文件旁边的 Status 一栏中显示两个绿色的√,否则显示×,并在命令行中出现错误信息提示,双击错误信息可自动定位到代码中的错误处,修改后,重新编译,直到通过为止。编译完成后,选择 Library 选项卡,会发现在 work 工作库中出现了 counter 和 counter_test 图标,这是刚才编译的结果,如图 A-44 所示。

Name	Type	Path
work	Library	C:/verilog/counter/work
counter	Module	C:\verilog\counter\counter.v
counter_test	Module	C:\verilog\counter\counter_test.v
floatfixlib	Library	$MODEL_TECH/../floatfixlib
mc2_lib (empty)	Library	$MODEL_TECH/../mc2_lib
mtiAvm	Library	$MODEL_TECH/../avm
mtiOvm	Library	$MODEL_TECH/../ovm-2.1.2
mtiPA	Library	$MODEL_TECH/../pa_lib
mtiUPF	Library	$MODEL_TECH/../upf_lib
mtiUvm	Library	$MODEL_TECH/../uvm-1.1a
sv_std	Library	$MODEL_TECH/../sv_std
vital2000	Library	$MODEL_TECH/../vital2000
ieee	Library	$MODEL_TECH/../ieee
modelsim_lib	Library	$MODEL_TECH/../modelsim_lib
std	Library	$MODEL_TECH/../std
std_developerskit	Library	$MODEL_TECH/../std_developerskit
synopsys	Library	$MODEL_TECH/../synopsys
verilog	Library	$MODEL_TECH/../verilog

图 A-44　编译仿真文件到 work 工作库

第 5 步:仿真配置。

编译通过之后,在 Project 区域右击,依次选择 Add to Project → Simulation Configuration,如图 A-45 所示。

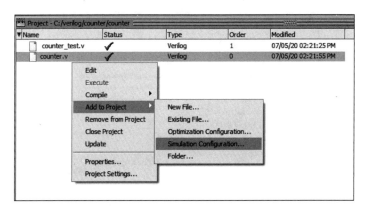

图 A-45 仿真配置

在出现的 Add Simulation Configuration 对话框(如图 A-46 所示)中单击右下角的 Optimization Options 按钮,打开后切换到 Options 选项卡,在 Optimization Level 中选择 Disable optimizations,如图 A-47 所示。

图 A-46 添加仿真配置

单击 OK 按钮返回 Add Simulation Configuration 对话框,在 Optimization 栏中关闭 Enable Optimization,再展开 work 目录,选中 Test Bench 文件 counter_test,之后单击 Save 按钮保存,如图 A-48 所示。

此时会在 Project 区域出现一个仿真配置文件 Simulation 1,如图 A-49 所示,双击它就能进入仿真了,在重启 ModelSim 之后,还可以双击它进入仿真,比较方便。

注意:如果不关闭优化选项的话,有时候 ModelSim 软件会报错导致不能正常进行仿真。

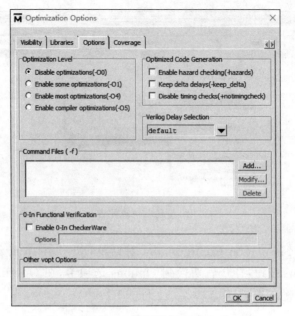

图 A-47　关闭优化选项 1

图 A-48　关闭优化选项 2

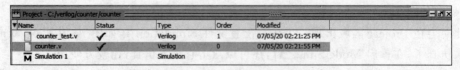

图 A-49　生成仿真配置文件 Simulation 1

第 6 步：加载设计。

双击 Simulation 1 后进入仿真波形界面。在工作区中出现 Sim 页面时，如图 A-50 所示圆圈处，说明装载成功。

第 7 步：加载信号到 Wave 窗口中。

在 Object 区域右击依次选择 Add to→Wave → Signals in Region，把待仿真的信号添加入 Wave 窗口，如图 A-50 所示。也可以将 Objects 窗口中出现的信号用鼠标左键拖到 Wave 窗口中（不想观察的信号则不需要拖）。

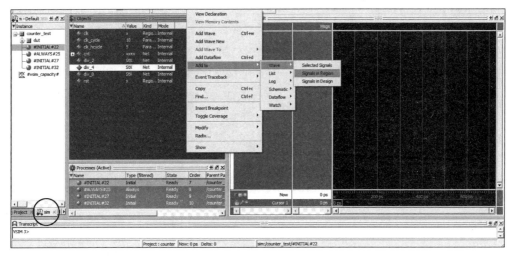

图 A-50　待仿真的信号添加入 Wave 窗口

如何修改信号值显示类型？如把 Wave 窗口中的 div_4 改成无符号数显示，在 div_4 上右击鼠标，按照图 A-51 的方法修改即可。

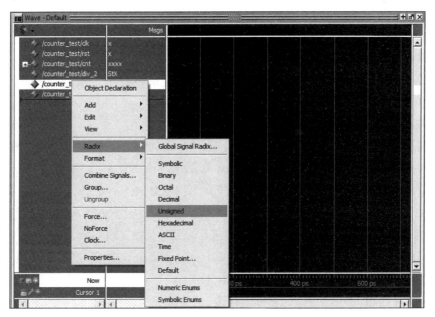

图 A-51　无符号数设置示例

第8步：仿真设计文件。

设置仿真运行时间，假设设置为10ms。可以通过主窗口菜单 Simulate→Runtime Options 设置运行时间等参数，或者在空白仿真波形窗口中调整工具栏中的运行时间长度（Run Length）。 ⬚10ms⬚ 为设定每次运行的时间长度；▣表示运行；▣表示继续运行；▣表示一直运行，直到单击 ▣ 中断。在最下面的命令行窗口输入"run"，或者选中 Simulate→Run→Run-All，如图 A-52 所示，得到功能仿真结果如图 A-53 所示。

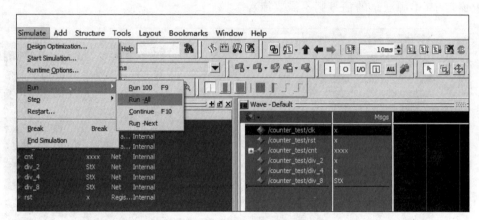

图 A-52　仿真运行命令

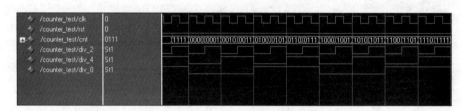

图 A-53　功能仿真波形

第9步：后仿真（时序仿真）。

后仿真的前提是 Quartus Ⅱ 已经对要仿真的源代码进行了全编译，并生成 modelsim 后仿真所需要的.vo 文件（网表文件）和.sdo 文件（时延文件）。

具体操作可以有以下两种方法。

一种是自动仿真。通过 Quartus Ⅱ 调用 Modelsim，Quartus 在编译之后自动把仿真需要的.vo 文件和.sdo 文件以及需要的仿真库加到 modelsim 中，操作简单，具体参考 Quartus Ⅱ 的相关参考资料；另一种是手动仿真。将需要的.vo 文件、.sdo 文件和库手动加入到 modelsim 进行仿真，这种方法可以增加主观能动性，充分发挥 modelsim 的强大仿真功能。下面主要以第二种方法手动仿真为例进行介绍。

进入 Quartus Ⅱ 主窗口，执行 File→New Project Wizard 命令，进入新建项目向导，填入项目的名称，并修改地址，如图 A-54 所示。

单击 Next 按钮，弹出如图 A-55 所示对话框，单击"…"按钮，进入向导的下一页进行项目内文件的添加操作，依次添加 counter.v 和 counter_test.v 文件，如图 A-55 所示。单击

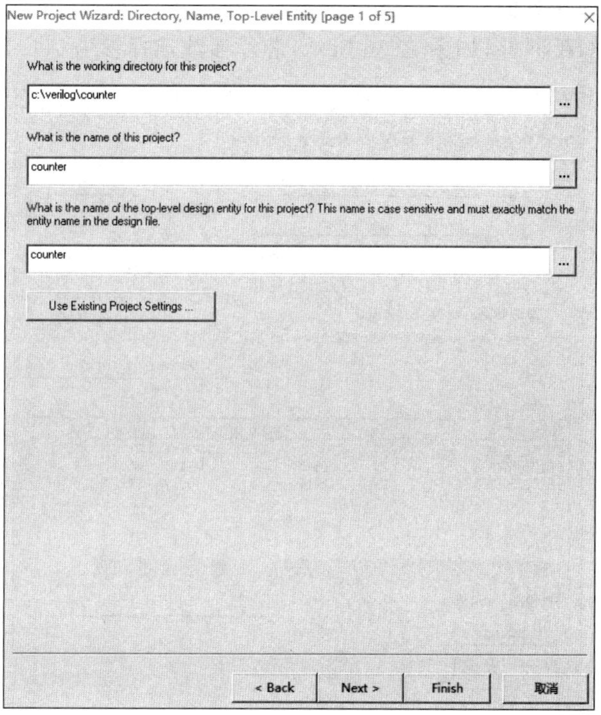

图 A-54　新建项目向导 1

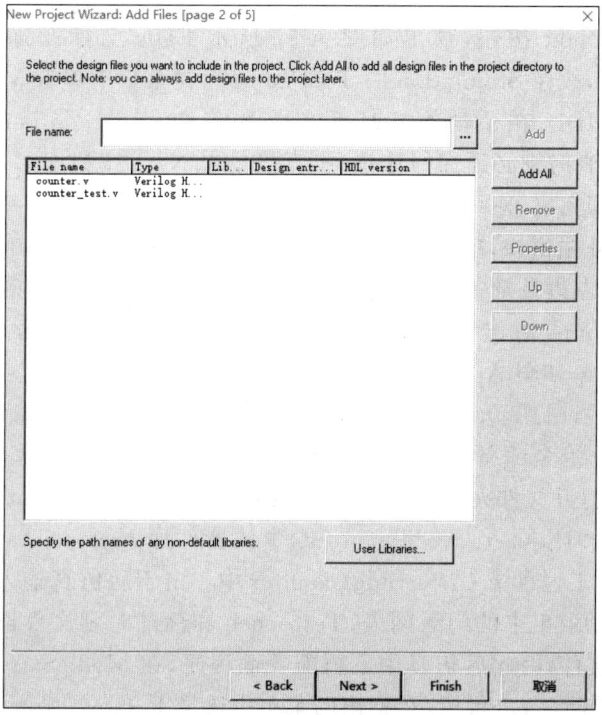

图 A-55　新建项目向导 2

Next 按钮进入器件选择页面。

指定 CPLD/FPGA 器件，如图 A-56 所示，芯片参数选择参考 A1.1 第 4 步。

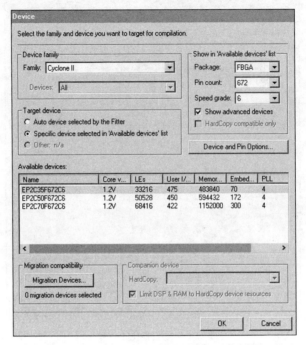

图 A-56　器件选择

选择完毕单击 Next 按钮，弹出如图 A-57 所示 EDA 工具设置对话框。因为要用 ModelSim 进行仿真，故在 Simulation 的 Tool name 下拉菜单中单击 ModelSim HDL，文件格式选择 Verilog HDL，在手动仿真时不选择 Run Gate Simulation automatically after compilation（自动仿真时则必须选择该项）。直接单击 Next 按钮即可，最后单击 Finish 按钮结束向导。到此即完成了一个项目的新建工作。

回到 Quartus Ⅱ 主窗口，单击菜单 Assignments→EDA Tools Settings，在弹出的对话框中进行设置，展开左边目录中 EDA Tools Settings 前的"+"号后，单击 Simulation，然后设置工具为 ModelSim，输出网表格式为 Verilog HDL，时间尺度为 1ps，输出路径为 simulation/modelsim，如图 A-58 所示。

以上设置完成后，回到 Quartus Ⅱ 主窗口中，单击菜单 Processing→Start Compilation 或工具栏中的 ▶ 开始全编译。成功后会在 C:\verilog\counter 文件夹中自动创建了 simulation 文件夹，打开文件夹，将其下的 modlesim 文件夹中的 counter.vo 和 counter_v.sdo 以及 C:\altera\91\quartus\eda\sim_lib 中的器件库 cycloneii_atoms.v 文件复制到 ModleSim 工程中的工程目录 C:\verilog\counter 中。由于后仿真输入文件为从布局布线（全编译后）结果中抽取出来的门级网表、Testbench 和标准时延文件以及布局布线时所用的 altera 的器件库文件，因此后仿真中不再需要源程序，在 ModleSim 主窗口 Project 中将源程序 counter.v 移除（右击鼠标，在弹出的菜单中选择 Remove from Project），保留测试代码 counter_test.v，在 Project 中右击鼠标，在弹出的菜单中单击 Add to Project→Existing File，分别将文件 counter.vo、counter_v.sdo cycloneii_atoms.v 添加到工程中，然后右击，在

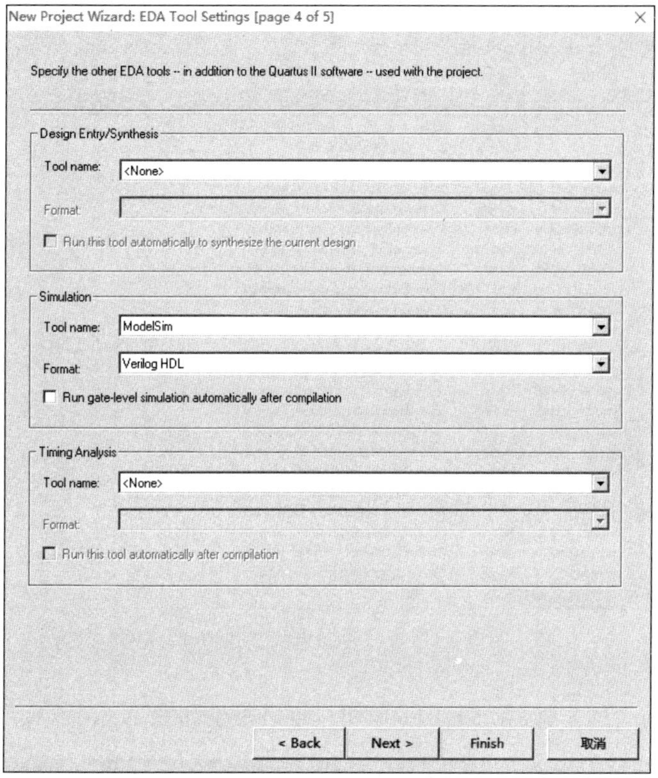

图 A-57 EDA 工具设置 1

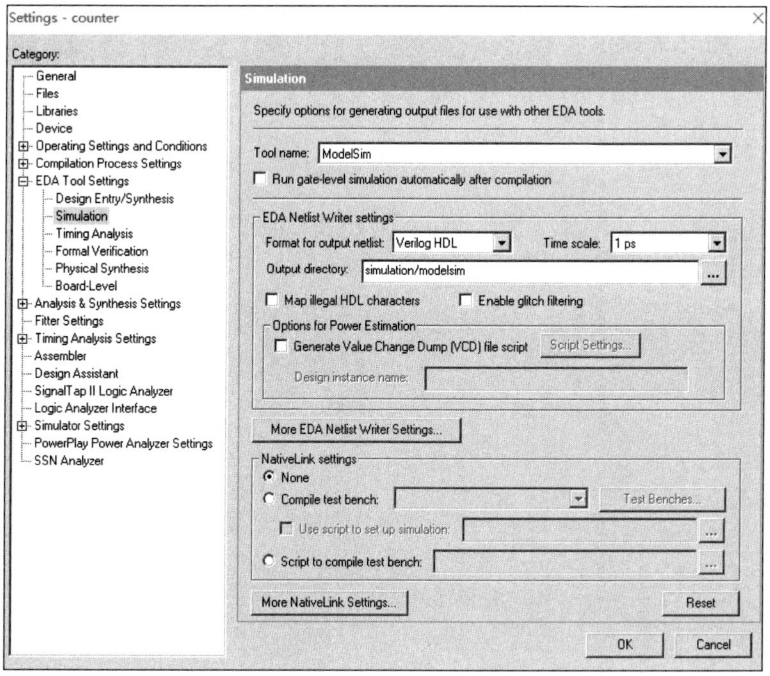

图 A-58 EDA 工具设置 2

弹出的菜单中单击 Compile→Compile All,全部重新编译到本工程的工作库 work 中。单击 Workspace 的选项卡 Project,如图 A-59 所示。

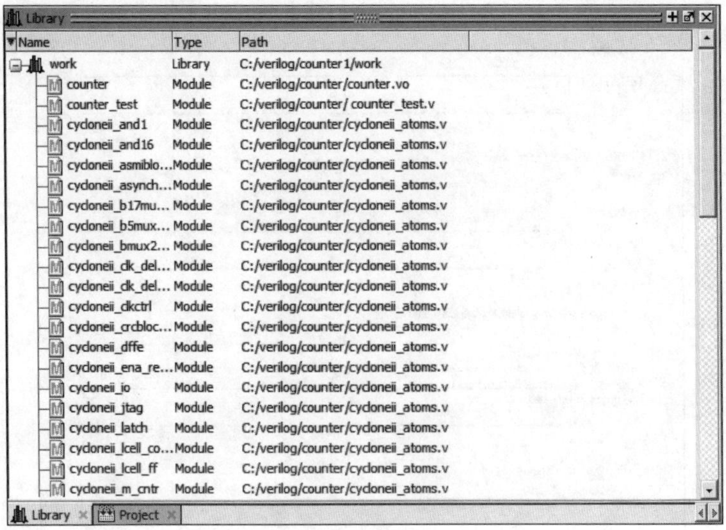

图 A-59　重新编译后的工作库 work

后面按照前仿真的步骤(第 5～8 步操作),可以得到如图 A-60 所示后仿真波形。

图 A-60　后仿真波形

DE2介绍

1. DE2 简介

DE2 实验平台是 Altera 公司针对大学和研究机构推出的 FPGA 开发平台,它为用户提供了丰富的外设,涵盖了常用的各类硬件和接口,如各类存储器、USB、以太网、视频、音频、SD 卡和液晶显示等。除此之外,DE2 还提供扩展接口供用户定制使用,可用于多媒体开发、SOPC 嵌入式系统和 DSP 等各类应用的实验和开发。

DE2 平台布局如图 B-1 所示。

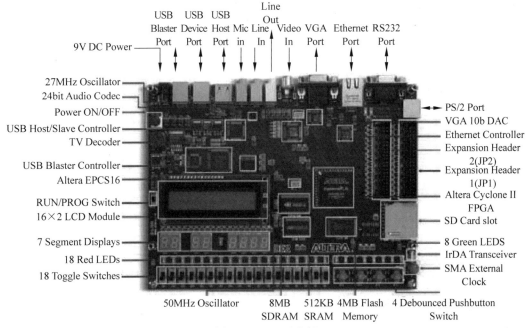

图 B-1   DE2 开发板

DE2 平台提供的主要资源有:
- Altera Cyclone Ⅱ 系列 FPGA 芯片 EP2C35F672C6(U16)。
- 主动串行配置器件 EPCS16(U30)。
- 编程调试接口 USB-Blaster,支持 JTAG 模式和 AS 模式,其中,U25 是实现 USB-Blaster 的 USB 接口芯片 FT245B;U26 为 CPLD 芯片 EPM3128,用以实现 JTAG 模式和 AS 模式配置,可以用 SW19 选择配置模式;USB-Blaster 的 USB 口为 J9。

- 512KB SRAM(U18)。
- 8MB SDRAM(U17)。
- 1MB 闪存(U20)。
- SD 卡接口(U19)。
- 4 个手动按钮(KEY0～KEY3)和 18 个拨动开关(SW0～SW17)。
- 9 个绿色 LED(LEDG0～LEDG8)和 18 个红色 LED(LEDR0～LEDR17)。
- 板上时钟源(50MHz 晶振 Y1 和 27MHz 晶振 Y3),外部时钟接口(J5)。
- 音频编解码芯片 WM8371(U1),麦克风输入(J1)、线路输入(J2)、线路输出(J3)。
- VGA 数模转换芯片 ADV7123(U34),VGA 输出接口(J13)。
- TV 解码器 ADV7178B(U33),TV 接口(J12)。
- 10/100M 以太网控制器 DM9000AE(U35),网络接口(J4)。
- USB 主从控制器 ISP1362(U31),USB 主机接口(J10),设备接口(J11)。
- RS232 收发器(U15),DB9 连接器(J6)。
- PS/2 鼠标/键盘连接器(J7)。
- IRDA 红外收发器(U14)。
- 带二极管保护的 40 针扩展口(JP1、JP2)。
- 2×16 字符 LCD 模块(U2)。
- 总电源开关(SW18),直流 9V 供电(J8)。

2. DE2 实验平台结构

DE2 平台上包含丰富的硬件接口,组成结构如图 B-2 所示。

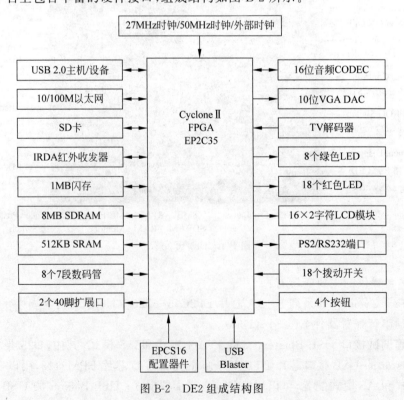

图 B-2　DE2 组成结构图

DE2 平台的核心是 Altera 公司的 FPGA 芯片 EP2C35F672，该芯片是 Altera 公司 Cyclone Ⅱ系列产品之一。EP2C35F672 采用 Fineline BGA 672 脚的封装，可以提供多达 475 个 I/O 引脚供使用者使用。图 B-2 中各个模块的具体功能如表 B-1 所示。

表 B-1 模块功能表

名　　　称	功　　　能
Cyclone Ⅱ 2C35 FPGA	33 216 个逻辑单元、105×M4K RAM
	35 个乘法器、4 个同步逻辑器
	475 个 I/O 口、672 脚 BGA 封装
	串行配置设备和 USB Blaster 电路
	Altera EPCS16 串行配置设备
	支持 JTAG 和 AS 配置模式
SRAM	512KB SRAM 存储芯片
	256K×16b 架构
	可作为 Nios Ⅱ 处理器与 DE2 控制面板的存储器
SDRAM	8MB 单数据传输率同步动态随机存储芯片
	1M×16b×4banks 构架
	可作为 Nios Ⅱ 处理器与 DE2 控制面板的存储器
Flash memory	4MB 或非门闪存、8 位数据总线
	可作为 Nios Ⅱ 处理器与 DE2 控制面板的存储器
SD 卡插槽	提供 SPI 模式对 SD 卡的访问
（SD card socket）	可作为 Nios Ⅱ 处理器与 DE2 控制面板的存储器
按钮开关	施密特触发电路反跳
（Pushbutton switches）	通常高电平，按下时产生低电平脉冲
拨动开关	18 个拨动开关作为用户输入
（Toggle switch）	由按下转为弹起时产生逻辑 0；由弹起转为按下时产生逻辑 1
晶振输入	50MHz、27MHz 晶体振荡器
（Clock inputs）	SMS 外部时钟输入
音频编码转换器	Wolfson WM87312 24 位音频编码转换器
（Audio CODEC）	串行输入、串行输出、麦克风输入插孔
	采样频率：8～96kHz
	适用于 MP3 播放器、录音机、个人数字助理（PDA）、智能电话等
视频输出	采用 3 路 10 位高速视频数/模转换器 ADV7123(240MHz)
（VGA output）	带有 15 脚高密度 D 形接口
	支持 100Hz 刷新率时的高达 1600×1200 分辨率
	可与 Cyclone Ⅱ FPGA 联合使用实现高性能 TV 编码器
NTFC/PAL TV 解码电路	采用 ADV7181B 多格式 SDTV 视频解码器
（NTFC/PAL TV decoder	支持 NTFC、PAL、SECAM 制式
circuit）	集成三个 54MHz 9 位模/数转换器（ADC）
	27MHz 晶体振荡器输入作为时钟源
	支持复合视频（CVBS）RCA 接口输入
	适用于 DVD 录像机（DVD recorder）、液晶电视（LCD TV）、机顶盒（Set-top-box）、数字电视（Digital TV）、带接口的数字设备

名　　　称	功　　　能
10/100Mb/s 以太网控制器(Ethernet controller)	集成带有一个总处理器接口的 MAC 和 PHY 支持 100Base-T 和 10Base-T 支持带 10Mb/s 和 100Mb/s 自动 MDIX 的全双工操作 支持 IP/TCP/UDP 校验求和操作与校验 支持半双工流控制的后压方式
USB 主/从控制器	完全遵从 USB 2.0 规范,支持高速数据传输 支持 USB 主机和设备 并行接口,支持 Nios Ⅱ
串行口(Serial ports)	一个 RS-232 口、一个 PS/2 口 DB-9 作为 RS-232 串口连接器 PS/2 连接器连接 PS2 鼠标或键盘
红外端口收发器(IrDA transceiver)	拥有一个 115.2kb/s 的红外收发器 32mA LED 驱动电流、集成电磁干扰屏蔽 IEC825-11 级眼保护、边沿侦测输入
两个 40 针扩展跳线	72 个 Cyclone Ⅱ I/O 口和 8 只电源和地线端连接到两个 40 针扩展跳线 按照可接插标准 40 针 IDE 硬驱动排线标准设计

3. DE2 平台上的引脚连接

DE2 平台上 FPGA 芯片 EP2C35F672 与外围各接口的引脚连接是固定不变的,其连接关系如表 B-2～表 B-13 所示。

表 B-2　开关与 FPGA 芯片的引脚连接表

开关引脚	芯片引脚	开关引脚	芯片引脚	开关引脚	芯片引脚
SW[0]	PIN_N25	SW[8]	PIN_B13	SW[16]	PIN_V1
SW[1]	PIN_N26	SW[9]	PIN_A13	SW[17]	PIN_V2
SW[2]	PIN_P25	SW[10]	PIN_N1	KEY[0]	PIN_G26
SW[3]	PIN_AE14	SW[11]	PIN_P1	KEY[1]	PIN_N23
SW[4]	PIN_AF14	SW[12]	PIN_P2	KEY[2]	PIN_P23
SW[5]	PIN_AD13	SW[13]	PIN_T7	KEY[3]	PIN_W26
SW[6]	PIN_AC13	SW[14]	PIN_U3		
SW[7]	PIN_C13	SW[15]	PIN_U4		

表 B-3　LED 与 FPGA 芯片的引脚连接表

LED 引脚	芯片引脚	LED 引脚	芯片引脚	LED 引脚	芯片引脚
LEDR[0]	PIN_AE23	LEDR[9]	PIN_Y13	LEDG[0]	PIN_AE22
LEDR[1]	PIN_AF23	LEDR[10]	PIN_AA13	LEDG[1]	PIN_AF22
LEDR[2]	PIN_AB21	LEDR[11]	PIN_AC14	LEDG[2]	PIN_W19
LEDR[3]	PIN_AC22	LEDR[12]	PIN_AD15	LEDG[3]	PIN_V18
LEDR[4]	PIN_AD22	LEDR[13]	PIN_AE15	LEDG[4]	PIN_U18
LEDR[5]	PIN_AD23	LEDR[14]	PIN_AF13	LEDG[5]	PIN_U17
LEDR[6]	PIN_AD21	LEDR[15]	PIN_AE13	LEDG[6]	PIN_AA20
LEDR[7]	PIN_AC21	LEDR[16]	PIN_AE12	LEDG[7]	PIN_Y18
LEDR[8]	PIN_AA14	LEDR[17]	PIN_AD12	LEDG[8]	PIN_Y12

表 B-4　7 段数码管 HEX 与 FPGA 芯片的引脚连接表

HEX 引脚	芯片引脚	HEX 引脚	芯片引脚	HEX 引脚	芯片引脚
HEX0[0]	PIN_AF10	HEX2[5]	PIN_AB25	HEX5[3]	PIN_T9
HEX0[1]	PIN_AB12	HEX2[6]	PIN_Y24	HEX5[4]	PIN_R5
HEX0[2]	PIN_AC12	HEX3[0]	PIN_Y23	HEX5[5]	PIN_R4
HEX0[3]	PIN_AD11	HEX3[1]	PIN_AA25	HEX5[6]	PIN_R3
HEX0[4]	PIN_AE11	HEX3[2]	PIN_AA26	HEX6[0]	PIN_R2
HEX0[5]	PIN_V14	HEX3[3]	PIN_Y26	HEX6[1]	PIN_P4
HEX0[6]	PIN_V13	HEX3[4]	PIN_Y25	HEX6[2]	PIN_P3
HEX1[0]	PIN_V20	HEX3[5]	PIN_U22	HEX6[3]	PIN_M2
HEX1[1]	PIN_V21	HEX3[6]	PIN_W24	HEX6[4]	PIN_M3
HEX1[2]	PIN_W21	HEX4[0]	PIN_U9	HEX6[5]	PIN_M5
HEX1[3]	PIN_Y22	HEX4[1]	PIN_U1	HEX6[6]	PIN_M4
HEX1[4]	PIN_AA24	HEX4[2]	PIN_U2	HEX7[0]	PIN_L3
HEX1[5]	PIN_AA23	HEX4[3]	PIN_T4	HEX7[1]	PIN_L2
HEX1[6]	PIN_AB24	HEX4[4]	PIN_R7	HEX7[2]	PIN_L9
HEX2[0]	PIN_AB23	HEX4[5]	PIN_R6	HEX7[3]	PIN_L6
HEX2[1]	PIN_V22	HEX4[6]	PIN_T3	HEX7[4]	PIN_L7
HEX2[2]	PIN_AC25	HEX5[0]	PIN_T2	HEX7[5]	PIN_P9
HEX2[3]	PIN_AC26	HEX5[1]	PIN_P6	HEX7[6]	PIN_N9
HEX2[4]	PIN_AB26	HEX5[2]	PIN_P7		

表 B-5　SRAM 与 FPGA 芯片的引脚连接表

SRAM 引脚	芯片引脚	SRAM 引脚	芯片引脚	SRAM 引脚	芯片引脚
SRAM_ADDR[0]	PIN_AE4	SRAM_ADDR[13]	PIN_W8	SRAM_DQ[8]	PIN_AE7
SRAM_ADDR[1]	PIN_AF4	SRAM_ADDR[14]	PIN_W10	SRAM_DQ[9]	PIN_AF7
SRAM_ADDR[2]	PIN_AC5	SRAM_ADDR[15]	PIN_Y10	SRAM_DQ[10]	PIN_AE8
SRAM_ADDR[3]	PIN_AC6	SRAM_ADDR[16]	PIN_AB8	SRAM_DQ[11]	PIN_AF8
SRAM_ADDR[4]	PIN_AD4	SRAM_ADDR[17]	PIN_AC8	SRAM_DQ[12]	PIN_W11
SRAM_ADDR[5]	PIN_AD5	SRAM_DQ[0]	PIN_AD8	SRAM_DQ[13]	PIN_W12
SRAM_ADDR[6]	PIN_AE5	SRAM_DQ[1]	PIN_AE6	SRAM_DQ[14]	PIN_AC9
SRAM_ADDR[7]	PIN_AF5	SRAM_DQ[2]	PIN_AF6	SRAM_DQ[15]	PIN_AC10
SRAM_ADDR[8]	PIN_AD6	SRAM_DQ[3]	PIN_AA9	SRAM_WE_N	PIN_AE10
SRAM_ADDR[9]	PIN_AD7	SRAM_DQ[4]	PIN_AA10	SRAM_OE_N	PIN_AD10
SRAM_ADDR[10]	PIN_V10	SRAM_DQ[5]	PIN_AB10	SRAM_UB_N	PIN_AF9
SRAM_ADDR[11]	PIN_V9	SRAM_DQ[6]	PIN_AA11	SRAM_LB_N	PIN_AE9
SRAM_ADDR[12]	PIN_AC7	SRAM_DQ[7]	PIN_Y11	SRAM_CE_N	PIN_AC11

表 B-6　SDRAM 与 FPGA 芯片的引脚连接表

SDRAM 引脚	芯片引脚	SDRAM 引脚	芯片引脚	SDRAM 引脚	芯片引脚
DRAM_ADDR[0]	PIN_T6	DRAM_BA_1	PIN_AE3	DRAM_DQ[8]	PIN_W6
DRAM_ADDR[1]	PIN_V4	DRAM_CAS_N	PIN_AB3	DRAM_DQ[9]	PIN_AB2
DRAM_ADDR[2]	PIN_V3	DRAM_CKE	PIN_AA6	DRAM_DQ[10]	PIN_AB1
DRAM_ADDR[3]	PIN_W2	DRAM_CLK	PIN_AA7	DRAM_DQ[11]	PIN_AA4
DRAM_ADDR[4]	PIN_W1	DRAM_CS_N	PIN_AC3	DRAM_DQ[12]	PIN_AA3
DRAM_ADDR[5]	PIN_U6	DRAM_DQ[0]	PIN_V6	DRAM_DQ[13]	PIN_AC2
DRAM_ADDR[6]	PIN_U7	DRAM_DQ[1]	PIN_AA2	DRAM_DQ[14]	PIN_AC1
DRAM_ADDR[7]	PIN_U5	DRAM_DQ[2]	PIN_AA1	DRAM_DQ[15]	PIN_AA5
DRAM_ADDR[8]	PIN_W4	DRAM_DQ[3]	PIN_Y3	DRAM_LDQM	PIN_AD2
DRAM_ADDR[9]	PIN_W3	DRAM_DQ[4]	PIN_Y4	DRAM_UDQM	PIN_Y5
DRAM_ADDR[10]	PIN_Y1	DRAM_DQ[5]	PIN_R8	DRAM_RAS_N	PIN_AB4
DRAM_ADDR[11]	PIN_V5	DRAM_DQ[6]	PIN_T8	DRAM_WE_N	PIN_AD3
DRAM_BA_0	PIN_AE2	DRAM_DQ[7]	PIN_V7		

表 B-7　Flash 与 FPGA 芯片的引脚连接表

Flash 引脚	芯片引脚	Flash 引脚	芯片引脚	Flash 引脚	芯片引脚
FL_ADDR[0]	PIN_AC18	FL_ADDR[12]	PIN_W16	FL_DQ[0]	PIN_AD19
FL_ADDR[1]	PIN_AB18	FL_ADDR[13]	PIN_W15	FL_DQ[1]	PIN_AC19
FL_ADDR[2]	PIN_AE19	FL_ADDR[14]	PIN_AC16	FL_DQ[2]	PIN_AF20
FL_ADDR[3]	PIN_AF19	FL_ADDR[15]	PIN_AD16	FL_DQ[3]	PIN_AE20
FL_ADDR[4]	PIN_AE18	FL_ADDR[16]	PIN_AE16	FL_DQ[4]	PIN_AB20
FL_ADDR[5]	PIN_AF18	FL_ADDR[17]	PIN_AC15	FL_DQ[5]	PIN_AC20
FL_ADDR[6]	PIN_Y16	FL_ADDR[18]	PIN_AB15	FL_DQ[6]	PIN_AF21
FL_ADDR[7]	PIN_AA16	FL_ADDR[19]	PIN_AA15	FL_DQ[7]	PIN_AE21
FL_ADDR[8]	PIN_AD17	FL_ADDR[20]	PIN_Y15	FL_RST_N	PIN_AA18
FL_ADDR[9]	PIN_AC17	FL_ADDR[21]	PIN_Y14	FL_WE_N	PIN_AA17
FL_ADDR[10]	PIN_AE17	FL_CE_N	PIN_V17		
FL_ADDR[11]	PIN_AF17	FL_OE_N	PIN_W17		

表 B-8　LCD 与 FPGA 芯片的引脚连接表

LCD 引脚	芯片引脚	LCD 引脚	芯片引脚	LCD 引脚	芯片引脚
LCD_RW	PIN_K4	LCD_DATA[2]	PIN_H1	LCD_DATA[7]	PIN_H3
LCD_EN	PIN_K3	LCD_DATA[3]	PIN_H2	LCD_ON	PIN_L4
LCD_RS	PIN_K1	LCD_DATA[4]	PIN_J4	LCD_BLON	PIN_K2
LCD_DATA[0]	PIN_J1	LCD_DATA[5]	PIN_J3		
LCD_DATA[1]	PIN_J2	LCD_DATA[6]	PIN_H4		

表 B-9　VGA 与 FPGA 芯片的引脚连接表

VGA 引脚	芯片引脚	VGA 引脚	芯片引脚	VGA 引脚	芯片引脚
VGA_R[0]	PIN_C8	VGA_G[2]	PIN_C10	VGA_B[4]	PIN_J10
VGA_R[1]	PIN_F10	VGA_G[3]	PIN_D10	VGA_B[5]	PIN_J11
VGA_R[2]	PIN_G10	VGA_G[4]	PIN_B10	VGA_B[6]	PIN_C11
VGA_R[3]	PIN_D9	VGA_G[5]	PIN_A10	VGA_B[7]	PIN_B11
VGA_R[4]	PIN_C9	VGA_G[6]	PIN_G11	VGA_B[8]	PIN_C12
VGA_R[5]	PIN_A8	VGA_G[7]	PIN_D11	VGA_B[9]	PIN_B12
VGA_R[6]	PIN_H11	VGA_G[8]	PIN_E12	VGA_CLK	PIN_B8
VGA_R[7]	PIN_H12	VGA_G[9]	PIN_D12	VGA_BLANK	PIN_D6
VGA_R[8]	PIN_F11	VGA_B[0]	PIN_J13	VGA_HS	PIN_A7
VGA_R[9]	PIN_E10	VGA_B[1]	PIN_J14	VGA_VS	PIN_D8
VGA_G[0]	PIN_B9	VGA_B[2]	PIN_F12	VGA_SYNC	PIN_B7
VGA_G[1]	PIN_A9	VGA_B[3]	PIN_G12		

表 B-10　时钟、各接口与 FPGA 芯片的引脚连接表

接口引脚	芯片引脚	接口引脚	芯片引脚	接口引脚	芯片引脚
CLOCK_27	PIN_D13	TD_DATA[4]	PIN_G9	SD_DAT	PIN_AD24
CLOCK_50	PIN_N2	TD_DATA[5]	PIN_F9	SD_DAT3	PIN_AC23
EXT_CLOCK	PIN_P26	TD_DATA[6]	PIN_D7	SD_CMD	PIN_Y21
PS2_CLK	PIN_D26	TD_DATA[7]	PIN_C7	SD_CLK	PIN_AD25
PS2_DAT	PIN_C24	TD_HS	PIN_D5	AUD_ADCLRCK	PIN_C5
UART_RXD	PIN_C25	TD_VS	PIN_K9	AUD_ADCDAT	PIN_B5
UART_TXD	PIN_B25	TD_RESET	PIN_C4	AUD_DACLRCK	PIN_C6
TD_DATA[0]	PIN_J9	I2C_SCLK	PIN_A6	AUD_DACDAT	PIN_A4
TD_DATA[1]	PIN_E8	I2C_SDAT	PIN_B6	AUD_XCK	PIN_A5
TD_DATA[2]	PIN_H8	IRDA_TXD	PIN_AE24	AUD_BCLK	PIN_B4
TD_DATA[3]	PIN_H10	IRDA_RXD	PIN_AE25		

表 B-11　USB 控制器与 FPGA 芯片的引脚连接表

USB 引脚	芯片引脚	USB 引脚	芯片引脚	USB 引脚	芯片引脚
OTG_ADDR[0]	PIN_K7	OTG_DATA[0]	PIN_F4	OTG_DATA[10]	PIN_K6
OTG_ADDR[1]	PIN_F2	OTG_DATA[1]	PIN_D2	OTG_DATA[11]	PIN_K5
OTG_INT0	PIN_B3	OTG_DATA[2]	PIN_D1	OTG_DATA[12]	PIN_G4
OTG_INT1	PIN_C3	OTG_DATA[3]	PIN_F7	OTG_DATA[13]	PIN_G3
OTG_DACK0_N	PIN_C2	OTG_DATA[4]	PIN_J5	OTG_DATA[14]	PIN_J6
OTG_DACK1_N	PIN_B2	OTG_DATA[5]	PIN_J8	OTG_DATA[15]	PIN_K8
OTG_DREQ0	PIN_F6	OTG_DATA[6]	PIN_J7	OTG_CS_N	PIN_F1
OTG_DREQ1	PIN_E5	OTG_DATA[7]	PIN_H6	OTG_RD_N	PIN_G2
OTG_FSPEED	PIN_F3	OTG_DATA[8]	PIN_E2	OTG_WR_N	PIN_G1
OTG_LSPEED	PIN_G6	OTG_DATA[9]	PIN_E1	OTG_RST_N	PIN_G5

表 B-12　网络接口与 FPGA 芯片的引脚连接表

网络接口引脚	芯片引脚	网络接口引脚	芯片引脚	网络接口引脚	芯片引脚
ENET_DATA[0]	PIN_D17	ENET_DATA[8]	PIN_B20	ENET_CLK	PIN_B24
ENET_DATA[1]	PIN_C17	ENET_DATA[9]	PIN_A20	ENET_CMD	PIN_A21
ENET_DATA[2]	PIN_B18	ENET_DATA[10]	PIN_C19	ENET_CS_N	PIN_A23
ENET_DATA[3]	PIN_A18	ENET_DATA[11]	PIN_D19	ENET_INT	PIN_B21
ENET_DATA[4]	PIN_B17	ENET_DATA[12]	PIN_B19	ENET_RD_N	PIN_A22
ENET_DATA[5]	PIN_A17	ENET_DATA[13]	PIN_A19	ENET_WR_N	PIN_B22
ENET_DATA[6]	PIN_B16	ENET_DATA[14]	PIN_E18	ENET_RST_N	PIN_B23
ENET_DATA[7]	PIN_B15	ENET_DATA[15]	PIN_D18		

表 B-13　扩展 IO 与 FPGA 芯片的引脚连接表

扩展 IO 引脚	芯片引脚	扩展 IO 引脚	芯片引脚	扩展 IO 引脚	芯片引脚
GPIO_0[0]	PIN_D25	GPIO_0[24]	PIN_K19	GPIO_1[12]	PIN_R25
GPIO_0[1]	PIN_J22	GPIO_0[25]	PIN_K21	GPIO_1[13]	PIN_R24
GPIO_0[2]	PIN_E26	GPIO_0[26]	PIN_K23	GPIO_1[14]	PIN_R20
GPIO_0[3]	PIN_E25	GPIO_0[27]	PIN_K24	GPIO_1[15]	PIN_T22
GPIO_0[4]	PIN_F24	GPIO_0[28]	PIN_L21	GPIO_1[16]	PIN_T23
GPIO_0[5]	PIN_F23	GPIO_0[29]	PIN_L20	GPIO_1[17]	PIN_T24
GPIO_0[6]	PIN_J21	GPIO_0[30]	PIN_J25	GPIO_1[18]	PIN_T25
GPIO_0[7]	PIN_J20	GPIO_0[31]	PIN_J26	GPIO_1[19]	PIN_T18
GPIO_0[8]	PIN_F25	GPIO_0[32]	PIN_L23	GPIO_1[20]	PIN_T21
GPIO_0[9]	PIN_F26	GPIO_0[33]	PIN_L24	GPIO_1[21]	PIN_T20
GPIO_0[10]	PIN_N18	GPIO_0[34]	PIN_L25	GPIO_1[22]	PIN_U26
GPIO_0[11]	PIN_P18	GPIO_0[35]	PIN_L19	GPIO_1[23]	PIN_U25
GPIO_0[12]	PIN_G23	GPIO_1[0]	PIN_K25	GPIO_1[24]	PIN_U23
GPIO_0[13]	PIN_G24	GPIO_1[1]	PIN_K26	GPIO_1[25]	PIN_U24
GPIO_0[14]	PIN_K22	GPIO_1[2]	PIN_M22	GPIO_1[26]	PIN_R19
GPIO_0[15]	PIN_G25	GPIO_1[3]	PIN_M23	GPIO_1[27]	PIN_T19
GPIO_0[16]	PIN_H23	GPIO_1[4]	PIN_M19	GPIO_1[28]	PIN_U20
GPIO_0[17]	PIN_H24	GPIO_1[5]	PIN_M20	GPIO_1[29]	PIN_U21
GPIO_0[18]	PIN_J23	GPIO_1[6]	PIN_N20	GPIO_1[30]	PIN_V26
GPIO_0[19]	PIN_J24	GPIO_1[7]	PIN_M21	GPIO_1[31]	PIN_V25
GPIO_0[20]	PIN_H25	GPIO_1[8]	PIN_M24	GPIO_1[32]	PIN_V24
GPIO_0[21]	PIN_H26	GPIO_1[9]	PIN_M25	GPIO_1[33]	PIN_V23
GPIO_0[22]	PIN_H19	GPIO_1[10]	PIN_N24	GPIO_1[34]	PIN_W25
GPIO_0[23]	PIN_K18	GPIO_1[11]	PIN_P24	GPIO_1[35]	PIN_W23

参 考 文 献

[1] 王诚,吴继华,范丽珍.Altera FPGA/CPLD 设计(基础篇)[M].北京:人民邮电出版社,2009.

[2] 吴继华,王诚.Verilog HDL 设计与验证[M].北京:人民邮电出版社,2006.

[3] IEEE Standard Hardware Description Language Based on the Verilog Hardware Description Language, Language Reference Manual (LRM), IEEE Std. 1364-1995. Piscataway, NJ: Institute of Electrical and Electronic Engineers, 1996.

[4] 刘延飞.基于 Altera FPGA/CPLD 的电子系统设计及工程实践[M].北京:人民邮电出版社,2009.

[5] 郭炜.SoC 设计方法与实现[M].北京:电子工业出版社,2008.

[6] 宋烈武.EDA 技术与实践教程[M].北京:电子工业出版社,2009.

[7] 袁文波.FPGA 应用开发从实践到提高[M].北京:中国电力出版社,2007.

[8] 王建校,危建国.SOPC 设计基础与实践[M].西安:西安电子科技大学出版社,2006.

[9] 江国强.SOPC 技术与应用[M].北京:机械工业出版社,2006.

[10] Zainalabedin N. Verilog 数字系统设计——RTL 综合、测试平台与验证[M].北京:电子工业出版社,2007.

[11] Michael D C. Verilog HDL 高级数字设计[M].张雅绮,等译.北京:电子工业出版社,2008.

[12] Himanshu B. 高级 ASIC 芯片综合[M].2 版.张文俊,译.北京:清华大学出版社,2007.

[13] 杨跃.FPGA 应用开发实战技巧精粹[M].北京:人民邮电出版社,2009.

[14] 侯伯亨,顾新.VHDL 硬件描述语言与数字逻辑电路设计[M].西安:西安电子科技大学出版社,1997.

[15] Jayaram B. A VHDL Primer[M]. New Jersey: PTR Prentice Hall. 1991.

[16] Jan M R. 数字集成电路——电路、系统与设计[M].2 版.周润德,译.北京:电子工业出版社,2008.

[17] 王伟.Verilog HDL 程序设计与应用[M].北京:人民邮电出版社,2005.

[18] 罗杰.Verilog HDL 与数字 ASIC 设计基础[M].武汉:华中科技大学出版社,2008.

[19] 潘松.EDA 技术实用教程——Verilog HDL 版[M].4 版.北京:科学出版社,2010.

[20] 王金明.数字系统设计与 Verilog HDL[M].2 版.北京:电子工业出版社,2005.

[21] 汪国强.EDA 技术与应用[M].3 版.北京:电子工业出版社,2010.

[22] 帕尔尼卡.Verilog HDL 数字设计与综合[M].2 版.北京:电子工业出版社,2004.

[23] 维斯特,哈里斯.CMOS 超大规模集成电路设计[M].3 版.北京:中国电力出版社,2005.

[24] 杨恒,李爱国,王辉,等.FPGA/CPLD 最新实用技术指南[M].北京:清华大学出版社,2005.

[25] Wayne W. 基于 FPGA 的系统设计[M].闫敬文,译.北京:机械工业出版社,2006.

[26] Bhasker J. Verilog HDL 入门[M].夏宇闻,甘伟,译.北京:北京航空航天大学出版社,2008.

[27] 夏宇闻.复杂数字电路与系统的 Verilog HDL 设计技术[M].北京:北京航空航天大学出版社,2002.

[28] 吴继华,王诚.Altera FPGA/CPLD 设计(高级篇)[M].北京:人民邮电出版社,2006.

[29] Ian G. 基于 FPGA 和 CPLD 的数字系统设计[M].黄以华,译.北京:电子工业出版社,2009.

[30] 黄智伟,王彦.FPGA 系统设计与实践[M].北京:电子工业出版社,2005.

[31] 陈忠平,高金定,高见方.基于 Quartus Ⅱ 的 FPGA/CPLD 设计与实践[M].北京:电子工业出版社,2010.

[32] 王道宪.CPLD/FPGA 可编程逻辑器件应用与开发[M].北京:国防工业出版社,2004.

[33] 段吉海,黄智伟.基于 CPLD/FPGA 的数字通信系统建模与设计[M].北京:电子工业出版社,2006.

［34］　姜咏江.基于 Quartus Ⅱ 的计算机核心设计［M］.北京：清华大学出版社,2007.

［35］　牛风举,刘元成.基于 IP 复用的数字 IC 设计技术［M］.北京：电子工业出版社,2003.

［36］　Zainalabedin N. Verilog 数字系统设计——RTL 综合、测试平台与验证［M］.北京：电子工业出版社,2007.

［37］　王金明.程序设计教程［M］.北京：人民邮电出版社,2004.

［38］　Altera 公司官网,www. altera. com. cn.

［39］　张国斌.FPGA 开发全攻略——工程师创新设计宝典［M］.2009.

［40］　赵艳华,曹丙霞,张睿.基于 Quartus Ⅱ 的 FPGA/CPLD 设计与应用［M］.北京：电子工业出版社,2009.

［41］　陈曦,邱志成,张鹏,等.基于 Verilog HDL 的通信系统设计［M］.北京：中国水利水电出版社,2009.

［42］　王辉,殷颖,陈婷,等.MAX＋plus Ⅱ 和 Quartus Ⅱ 应用与开发技巧［M］.北京：机械工业出版社,2007.

［43］　EDN 电子设计技术,http://group. ednchina. com/.

［44］　电子技术应用,http://www. chinaaet. com/.

［45］　电子与电脑,http://www. compotech. com. cn/index. php.

［46］　世界电子元器件,http://gec. eccn. com/index. asp.

［47］　中国集成电路,http://www. cicmag. com.

［48］　中国电子商情,http://www. chinaem. com. cn/.

［49］　CFAH1602B-TMC-JP. WA,USA：Crystalfontz America，Inc. ,2006：7-20.

［50］　胡越黎,计慧杰,吴频.图像的中值滤波算法及其 FPGA 实现.计算机测量与控制,2008. 16(11)：1672-1675.

［51］　周立功.SOPC 嵌入式系统实验教程［M］.北京：航空航天大学出版社,2006.

［52］　蔡伟纲.Nios Ⅱ 软件架构解析［M］.西安：西安电子科技大学出版社,2007.

［53］　江国强.EDA 技术与应用［M］.3 版.北京：电子工业出版社,2010.

［54］　侯建军.SOPC 技术基础教程［M］.北京：北京交通大学出版社,2008.

［55］　罗杰.Verilog HDL 与 FPGA 数字系统设计［M］.北京：机械工业出版社,2019.

［56］　王建民.Verilog HDL 数字系统设计原理与实践［M］.北京：机械工业出版社,2017.

［57］　赵倩,黄琼,林丽萍.电子技术实验与仿真［M］.北京：中国电力出版社,2017.

图 书 资 源 支 持

感谢您一直以来对清华大学出版社图书的支持和爱护。为了配合本书的使用，本书提供配套的资源，有需求的读者请扫描下方的"书圈"微信公众号二维码，在图书专区下载，也可以拨打电话或发送电子邮件咨询。

如果您在使用本书的过程中遇到了什么问题，或者有相关图书出版计划，也请您发邮件告诉我们，以便我们更好地为您服务。

我们的联系方式：

教学资源·教学样书·新书信息

地　　址：北京市海淀区双清路学研大厦 A 座 714

邮　　编：100084

电　　话：010-83470236　010-83470237

资源下载：http://www.tup.com.cn

客服邮箱：tupjsj@vip.163.com

QQ：2301891038（请写明您的单位和姓名）

用微信扫一扫右边的二维码,即可关注清华大学出版社公众号。

人工智能科学与技术
人工智能|电子通信|自动控制

资料下载·样书申请

书圈